合成生物工学の隆起
―有用物質の新たな生産法構築をめざして―

Development of Synthetic Bioengineering
― For Construction of Novel Production Technologies of Useful Compounds ―

監修:植田充美
Supervisor : Mitsuyoshi Ueda

シーエムシー出版

はじめに

　2011年の東日本大震災による福島原発事故と2013年以降のポスト京都議定書の策定の遅れにより，太陽光，風力，バイオマスなどの自然の利活用が重要視され，それによる地球環境の維持が人類への課題となってきている。ところが，バイオマスの利用に関しては，食糧と競合するものもあり，国際的な食糧価格の上昇を招く要因となっている。そこで，古紙や農林・食糧廃棄物の主成分であるセルロース系バイオマスを原料とした技術開発が急務である。これまで物理学的手法や化学的手法が用いられてきたが，エネルギー的にもコスト的にも，また，環境保全的にも，「微生物利用法」が注目を集めている。製造コストを考え，プロセス全体をより簡便なものにしていくためには，1つの発酵槽にて生産可能なプロセスが設備コストの面でも有利となる。このようなプロセスを実現するためには，全プロセスを1つの微生物にて行うことが求められるため，現在，糖化・変換能をすべて包含するような合成生物学的手法が実用的技術として確立し注目を集めているのである。

　この過程において，多くの重要な遺伝子群とその機能を自在に操作できなければならない。実際，石油に替わってエネルギーだけでなく現在の化成品のすべてを古紙や農林廃棄物から産出する「リサイクルバイオテクノロジー」のような先端技術の開発が提唱されてきている。

　こういう時代背景の下，生体内分子を網羅的に解析するオミクス解析の進展は，生命現象を多角的に解析して，石油を起点とする研究に代わって，古紙や農林・食糧廃棄物を原料とする低環境負荷・省エネルギーなどの観点から微生物などを利用して，バイオ燃料や化成品などの有用物質を生産する研究へと転換していくことが不可欠となってきている。そういった生産法を新しく考案したり，生産効率を高めたりするためには，これまでになかった代謝を創造したり構築したりするなどの必要がある。そこで重要となるのが隆起しつつある「合成生物学」の発想である。

　本書では，微生物などの産業・工業利用に特化した合成生物学を「合成生物工学」とし，その先進的で創造的な研究内容を展開しておられる研究を紹介する。

　最後に，ご多忙の中，ご執筆いただきました先生方に，感謝いたしますとともに，本著での研究分野でのさらなるご活躍を祈念いたします。

　2012年1月1日

京都大学大学院　農学研究科

植田充美

普及版の刊行にあたって

本書は2012年に『合成生物工学の隆起』として刊行されました。普及版の刊行にあたり，内容は当時のままであり加筆・訂正などの手は加えておりませんので，ご了承ください。

2018年12月

シーエムシー出版　編集部

執筆者一覧（執筆順）

植　田　充　美	京都大学大学院　農学研究科　応用生命科学専攻　教授
柘　植　謙　爾	慶應義塾大学　先端生命科学研究所　特任講師
板　谷　光　泰	慶應義塾大学　先端生命科学研究所　教授
西　沢　正　文	慶應義塾大学　医学部　微生物学・免疫学教室　専任講師
原　島　　俊	大阪大学　大学院工学研究科　生命先端工学専攻　教授
穴　澤　秀　治	(一財)バイオインダストリー協会　先端・技術情報部長
北　本　勝ひこ	東京大学大学院　農学生命科学研究科　応用生命工学専攻　教授
木　賀　大　介	東京工業大学　大学院総合理工学研究科　准教授
光　永　　均	大阪大学大学院　工学研究科　生命先端工学専攻
馬　場　健　史	大阪大学大学院　工学研究科　生命先端工学専攻　准教授
Danang Waluyo	大阪大学大学院　工学研究科　生命先端工学専攻　非常勤職員
畠　中　治　代	サントリービジネスエキスパート㈱　価値フロンティアセンター 微生物科学研究所　主任研究員
福　崎　英一郎	大阪大学大学院　工学研究科　生命先端工学専攻　教授
清　水　　浩	大阪大学　大学院情報科学研究科　バイオ情報工学専攻　教授
古　澤　　力	大阪大学　大学院情報科学研究科　バイオ情報工学専攻　准教授
白　井　智　量	三井化学㈱　触媒科学研究所　生体触媒技術ユニット　研究員
吉　川　勝　徳	大阪大学　大学院情報科学研究科　バイオ情報工学専攻　特任助教
平　沢　　敬	大阪大学　大学院情報科学研究科　バイオ情報工学専攻　助教
古　林　真衣子	千葉大学大学院　工学研究科　共生応用化学専攻
梅　野　太　輔	千葉大学大学院　工学研究科　共生応用化学専攻　准教授
臼　田　佳　弘	味の素㈱　バイオ・ファイン研究所　主席研究員
厨　　　祐　喜	九州大学　大学院農学研究院　生命機能科学部門　博士研究員
岡　本　正　宏	九州大学　大学院農学研究院　生命機能科学部門　主幹教授
花　井　泰　三	九州大学大学院　農学研究院　准教授
荒　　　勝　俊	花王(中国)研究開発中心有限公司　基盤研究部　部長
東　田　英　毅	旭硝子㈱　ASPEX事業部　主幹
田　村　具　博	㈱産業技術総合研究所　生物プロセス研究部門 遺伝子発現工学研究グループ　グループ長
黒　田　浩　一	京都大学　大学院農学研究科　応用生命科学専攻　准教授

道 久 則 之	東洋大学　生命科学部　教授
本 田 孝 祐	大阪大学　大学院工学研究科　生命先端工学専攻　准教授
岡 野 憲 司	大阪大学　大学院工学研究科　生命先端工学専攻　助教
大 竹 久 夫	大阪大学　大学院工学研究科　生命先端工学専攻　教授
蓮 沼 誠 久	神戸大学　自然科学系先端融合研究環　重点研究部　講師
近 藤 昭 彦	神戸大学大学院　工学研究科　応用化学専攻　教授
乾 　 将 行	(公財)地球環境産業技術研究機構　バイオ研究グループ 副主席研究員
湯 川 英 明	(公財)地球環境産業技術研究機構　バイオ研究グループ 理事，グループリーダー
髙 久 洋 暁	新潟薬科大学　応用生命科学部　応用生命科学科　准教授
宮 﨑 達 雄	新潟薬科大学　応用生命科学部　食品科学科　助教
脇 坂 直 樹	新潟薬科大学　応用生命科学部　応用微生物・遺伝子工学研究室 研究員
山 崎 晴 丈	新潟薬科大学　応用生命科学部　応用微生物・遺伝子工学研究室 研究員
鰺 坂 勝 美	新潟薬科大学　応用生命科学部　食品科学科　教授
髙 木 正 道	新潟薬科大学　学長
岩 田 英 之	㈱耐熱性酵素研究所　技術開発部　研究員
浦 野 信 行	大阪府立大学　大学院生命環境科学研究科　博士研究員
片 岡 道 彦	大阪府立大学　大学院生命環境科学研究科　教授
吉 田 　 聡	キリンホールディングス㈱　フロンティア技術研究所　主任研究員
村 田 幸 作	京都大学　大学院農学研究科　食品生物科学専攻 生物機能変換学分野　教授
渡 辺 剛 志	北海道大学　大学院工学研究院　生物機能高分子部門　生物工学分野 バイオ分子工学研究室　博士研究員
越 智 杏 奈	北海道大学　大学院工学研究院　生物機能高分子部門　生物工学分野 バイオ分子工学研究室　博士研究員
田 口 精 一	北海道大学　大学院工学研究院　生物機能高分子部門　生物工学分野 バイオ分子工学研究室　教授

執筆者の所属表記は，2012 年当時のものを使用しております。

目　　次

【技術編】

第1章　ゲノムからの視点

1　ゲノム再構築技術の応用と課題：汎用性，迅速性，コスト
　　　　　　……………… **柘植謙爾，板谷光泰**　1

　1.1　ゲノム丸ごとクローニング時代の幕開け ……………　1

　1.2　全塩基配列とゲノム工学 …………　3

　1.3　世界初のバクテリアゲノム丸ごとクローニング：KEIO法 …………　4

　1.4　酵母を用いたゲノム丸ごとクローニング：JCVI法 ………………　5

　1.5　ゲノム丸ごとクローニングの課題（汎用性，迅速性，コスト）…………　5

　1.6　ゲノム丸ごとクローニングからゲノム丸ごとデザインへ ……………　7

　1.7　ゲノム丸ごとデザインのための基盤技術 ………………　7

　1.8　まとめ ………………………　8

2　出芽酵母ゲノムの自在な操作と細胞育種への応用
　　　　　　……………… **西沢正文，原島　俊** …　10

　2.1　はじめに ……………………　10

　2.2　ゲノム操作技術の開発とゲノム削除株の創製 …………………　10

　2.3　ゲノム削除・分断株の性質 ………　11

　2.4　ゲノム削除・分断株の遺伝子発現プロファイルの変化 …………　11

　2.5　ゲノム削除株による炭素代謝物の生産 ………………………………　14

　2.6　ゲノム削除の遺伝子操作によるエタノール生産株の育種 …………　15

3　ミニマムゲノムファクトリーの発想
　　　　　　……………………… **穴澤秀治** …　18

　3.1　有用物質生産菌の探索 …………　18

　3.2　培地・培養条件の検討 …………　18

　3.3　変異育種による生産性向上 ………　19

　3.4　遺伝子組換え技術を駆使した育種 …………………………………　19

　3.5　システムバイオロジー技術とオミクス情報 …………………………　20

　3.6　変異株ライブラリー ……………　21

　3.7　ミニマムゲノムファクトリー（MGF）………………………………　21

4　有用タンパク質生産のための麹菌セルファクトリー（細胞工場）の開発
　　　　　　……………… **北本勝ひこ** …　26

　4.1　はじめに ……………………　26

　4.2　異種タンパク質を高分泌生産する変異株の取得 ………………　26

　4.3　プロテアーゼ遺伝子多重破壊株による異種タンパク質の高生産 ……　27

　4.4　RNA干渉（RNAi）を用いたα-アミラーゼ発現抑制による異種タンパク質の高生産 ……………　30

　4.5　液胞タンパク質ソーティングレセ

プター遺伝子破壊株による異種タンパク質の高生産 …………… 30

4.6 オートファジー制御株による異種タンパク質の高生産 …………… 31

5 細胞内における人工遺伝子回路の構築
………………… **木賀大介** … 34

5.1 はじめに ………………… 34

5.2 人工遺伝子回路と数理モデルの関係 ………………… 34

5.3 工学一般としての人工遺伝子回路の構築 ………………… 35

5.4 完成したネットワークが示した興味深い挙動：細胞密度に依存した多様化の度合いの変化 …………… 39

5.5 まとめ ………………… 40

第2章　分子メカニズムの視点

1 タンパク質の輸送メカニズム―細胞表層を新しい反応プラットフォームとして― ………………… **植田充美** … 41

1.1 はじめに ………………… 41

1.2 タンパク質の輸送情報の活用 ……… 41

1.3 細胞表層への輸送シグナルの分子情報 ………………… 42

1.4 細胞表層工学（Cell Surface Engineering） ………………… 43

1.5 新しい反応場の創成 ………………… 44

第3章　オミクス解析の視点

1 メタボローム解析を用いたキシロース資化性酵母の育種
………………… **光永　均，馬場健史，**
Danang Waluyo，**畠中治代，**
福崎英一郎 … 47

1.1 はじめに ………………… 47

1.2 酵母のメタボローム解析システムの構築 ………………… 48

1.3 キシロース資化性酵母のメタボローム解析による問題箇所の特定
………………… 49

1.4 メタボロームデータを用いた重回

帰モデル構築による代謝改変戦略
………………… 52

1.5 まとめと今後の展望 ………………… 55

2 ゲノムスケール代謝デザインとフラックス解析による微生物細胞創製
… **清水　浩，古澤　力，白井智量，**
吉川勝徳，平沢　敬 … 57

2.1 はじめに ………………… 57

2.2 代謝フラックス ………………… 57

2.3 ゲノムスケール代謝モデルと代謝デザイン ………………… 58

2.4 ^{13}C標識を用いる代謝フラックス解

	析と細胞評価 …………… 61	4.5	アミノ酸生産における代謝シミュ
2.5	まとめ ………………… 66		レーション ……………… 78
3	代謝ネットワーク建設のための進化分	4.6	おわりに ……………… 80
	子工学─進化的デザインによる非天然	5	代謝工学によるバイオアルコール生産
	代謝経路の創出─		の向上 ……… 厨　祐喜, 岡本正宏 … 82
	………… 古林真衣子, 梅野太輔 … 67	5.1	はじめに ……………… 82
3.1	はじめに ……………… 67	5.2	ABE発酵のキネティックモデル
3.2	非天然アミノ酸の生合成 ……… 67		……………………… 82
3.3	非天然アルコール ………… 68	5.3	動的感度解析 …………… 85
3.4	非天然カロテノイド ……… 69	5.4	おわりに ……………… 89
3.5	非天然アルカロイド ……… 71	6	合成代謝経路によるバイオアルコール
3.6	展望 …………………… 72		生産 ………………… 花井泰三 … 91
4	アミノ酸発酵における代謝工学	6.1	はじめに ……………… 91
	…………………… 臼田佳弘 … 75	6.2	合成代謝経路 …………… 91
4.1	はじめに ……………… 75	6.3	イソプロパノール生産合成代謝経
4.2	アミノ酸生産株のゲノム解析 … 75		路の構築 ……………… 92
4.3	アミノ酸生産におけるオミクス解	6.4	イソプロパノール生産の培養工学
	析 …………………… 75		的な最適化 …………… 94
4.4	アミノ酸生産における代謝フラッ	6.5	最後に ………………… 95
	クス解析 ……………… 77		

【応用編】

第4章　ミニマムゲノム─枯草菌　　荒　勝俊

1	はじめに ……………… 97	3.1	枯草菌の窒素代謝経路の最適化
2	枯草菌MGF（Minimum Genome		……………………… 101
	Factory）細胞の創製 ………… 97	3.2	枯草菌の翻訳装置の専有化 ……… 103
2.1	合成生物学を支える枯草菌ゲノム	3.3	枯草菌の分泌装置構成遺伝子の集
	改変技術 ……………… 98		約化 ………………… 104
2.2	枯草菌ゲノムの最適化 …… 100	4	おわりに ……………… 105
3	枯草菌高性能宿主の創出 ……… 101		

第5章　分裂酵母ミニマムゲノムファクトリーを用いた組換えタンパク質生産システム　東田英毅

1　はじめに …………………………… 107

2　分裂酵母 *Schizosaccharomyces pombe* …………………………………… 107

3　分裂酵母ミニマムゲノムファクトリー …………………………………… 108

4　プロテアーゼ削除などによる組換えタ

ンパク質生産性の向上 ……………… 111

5　培地添加物や分子シャペロンの改良による分泌生産性の向上 ………… 112

6　結語―組換えタンパク質生産における課題と今後の発展に向けた取組み …… 114

第6章　放線菌を多目的用途に利用可能な発現プラットフォームとする技術の開発　田村具博

1　はじめに …………………………… 116

2　新規トランスポゾンベクター ……… 117

3　*Rhodococcus erythropolis* を宿主とした

ビタミンD_3水酸化反応 …………… 119

4　ナイシンと物質透過 ………………… 120

5　ナイシン処理した細胞を使用したVD_3

水酸化反応 ………………………… 121

6　おわりに …………………………… 122

第7章　転写因子デザインによる有機溶媒耐性酵母の分子育種と耐性機構の解析　黒田浩一

1　はじめに …………………………… 124

2　有機溶媒耐性酵母の解析による耐性原因因子の単離 ………………… 124

3　転写因子への変異導入による有機溶媒

耐性付与 …………………………… 126

4　有機溶媒耐性に直接関与するABCトランスポーターの分類 …………… 127

5　おわりに …………………………… 129

第8章　有機溶媒耐性大腸菌の溶媒耐性機構と応用　道久則之

1　有機溶媒の微生物に対する毒性 …… 131

　1.1　大腸菌の有機溶媒耐性度 ……… 132

　1.2　大腸菌の有機溶媒耐性機構 …… 133

　1.3　薬剤排出ポンプ ………………… 136

　1.4　その他 …………………………… 137

2　有機溶媒耐性大腸菌の応用 ………… 137

　2.1　有機溶媒耐性大腸菌変異株を用いたインジゴの生産 …………… 138

3 まとめ ……………………………… 139

第9章　合成代謝工学―発酵生産のための新たなパラダイム構築への挑戦―　本田孝祐，岡野憲司，大竹久夫

1 はじめに ……………………………… 141
2 合成代謝工学 ………………………… 142
3 耐熱性酵素モジュールの技術的優位性
　………………………………………… 142
4 合成代謝経路による化学品生産 …… 144
5 合成代謝工学によるキメラ型解糖系の
　構築 …………………………………… 146
6 おわりに ……………………………… 148

第10章　合成生物工学によるバイオ燃料生産のための微生物細胞工場の創製　蓮沼誠久，近藤昭彦

1 はじめに ……………………………… 150
2 細胞表層工学技術による微生物の高機
　能化 …………………………………… 151
3 システムバイオロジー解析技術による
代謝機能の高効率化 ………………… 153
4 システムバイオロジー解析技術に基づ
　くストレス耐性能の強化 …………… 155
5 おわりに ……………………………… 157

【実用編】

第11章　コリネ型細菌の潜在能力を活用したバイオ燃料・化学品生産技術の開発　乾　将行，湯川英明

1 はじめに ……………………………… 159
2 RITEバイオプロセス ………………… 159
3 コリネ型細菌利用のための基盤技術の
　開発 …………………………………… 160
　3.1 ベクターの開発 ……………… 160
　3.2 トランスクリプトーム解析 … 161
　3.3 メタボローム解析 …………… 161
4 ソフトバイオマス利用技術の開発 …… 162
　4.1 バイオ変換工程に必要な技術特性
　…………………………………… 163
　4.2 C6，C5糖類の同時利用 …… 164
　4.3 醗酵阻害物質耐性 …………… 165
　4.4 高生産株の創製 ……………… 165
5 おわりに ……………………………… 167

第12章　有用化学工業原料中間体 2-deoxy-*scyllo*-inosose（DOI）の発酵高生産とその利用

高久洋暁，宮﨑達雄，脇坂直樹，山崎晴丈，鯵坂勝美，髙木正道

1　はじめに ……………………………… 169
2　DOI発酵高生産大腸菌の構築とその DOI発酵生産 ………………………… 171
3　DOI生産大腸菌より得られる培養液からのDOI精製法の開発 …………… 173
4　DOIを原料とした有用化学物質への変換技術 ……………………………… 174
5　DOIを原料としたカルバ糖の系統的合
成戦略 ………………………………… 175
6　ジメチルケタール体 1 のランダムピバロイル化反応 ……………………… 176
7　DOIを原料としたカルバ-β-D-ガラクトースとカルバ-β-D-マンノースの合成 ………………………………… 177
8　おわりに ……………………………… 178

第13章　耐熱性酵素を用いた無細胞エタノール生産系の構築　岩田英之

1　はじめに ……………………………… 180
2　無細胞エタノール生産系 …………… 180
3　耐熱性酵素を用いたグルコースからのエタノール生産 …………………… 181
4　耐熱性酵素を用いたキシロースからの
エタノール生産 ……………………… 183
5　耐熱性酵素を用いた無細胞物質変換技術の今後 …………………………… 185
6　おわりに ……………………………… 186

第14章　組換え微生物による1-プロパノール生産　浦野信行，片岡道彦

1　はじめに ……………………………… 188
2　1-プロパノールとプロピレンについて
…………………………………………… 189
3　プロパノール生産経路の設計 ……… 189
4　1, 2-PD生産*E. coli*の育種 ………… 190
5　組換え*Escherichia blattae*を用いた1-プロパノール生産 ………………… 191
6　組換え*E. coli*を用いた1-プロパノール生産 …………………………… 192
7　おわりに ……………………………… 193

第15章　実用酵母を用いたビール仕込み粕からのバイオエタノール生産と高効率乳酸生産法の開発　吉田　聡

1　はじめに …………………………… 195
2　ビール仕込み粕からのバイオエタノール生産 …………………………… 195
3　Candida酵母を用いたL-乳酸生産 ……… 197
　3.1　Candida boidiniiを用いたL-乳酸
　　　　生産 …………………………… 198
　3.2　Candida utilisを用いた乳酸生産
　　　　…………………………………… 201
　3.3　今後の展望 ……………………… 202
4　おわりに …………………………… 202

第16章　海藻からエタノールを生産する微生物育種　村田幸作

1　はじめに …………………………… 204
2　アルギン酸 ………………………… 205
3　アルギン酸資化細菌 ……………… 206
4　アルギン酸代謝 …………………… 207
5　エタノール生産株の育種 ………… 208
　5.1　エタノール合成系の構築 ……… 208
　5.2　プロモーターの強化 …………… 209
　5.3　pdcの多コピー化 ……………… 210
　5.4　培養制御 ………………………… 211
　5.5　代謝側鎖の遮断 ………………… 211
6　実際的生産に向けて ……………… 212
7　おわりに …………………………… 213

第17章　微生物工場による「多元ポリ乳酸」創製のための合成生物工学
渡辺剛志，越智杏奈，田口精一

1　はじめに …………………………… 215
2　背景 ………………………………… 216
　2.1　微生物ポリエステルPHA ……… 216
　2.2　PHAの生合成経路 ……………… 217
　2.3　PHA重合酵素の進化工学による
　　　　PHAの高性能化 ……………… 218
3　乳酸ポリマー生産微生物工場の誕生・
　　発展 ………………………………… 219
　3.1　乳酸重合酵素の発見 …………… 219
　3.2　微生物工場の構築・モデルチェン
　　　　ジ …………………………………… 220
4　多元ポリ乳酸への拡張 …………… 222
　4.1　P(LA-co-3HB-co-3HV) の生
　　　　合成 ………………………………… 223
　4.2　P(LA-co-3HB-co-3HHx) の生
　　　　合成 ………………………………… 224
　4.3　P(LA-co-3HB-co-3HA) の生
　　　　合成 ………………………………… 225
5　将来展望 …………………………… 226

〔技術編〕

第1章　ゲノムからの視点

1　ゲノム再構築技術の応用と課題：汎用性，迅速性，コスト

柘植謙爾[*1]，板谷光泰[*2]

1.1　ゲノム丸ごとクローニング時代の幕開け

　DNA→RNA→タンパク質のセントラルドグマに基盤を置く地球型生物で，ゲノムは生命活動を維持するために必要な設計図である。ゲノムには遺伝子が書き込まれており，それらの総数はバクテリアで500〜10000，真核生物で6000〜数万と膨大である（図1）。ゲノムは，4種のDNA

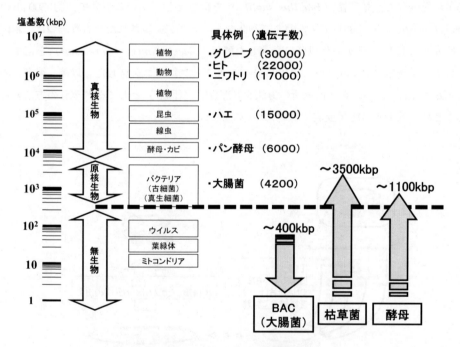

図1　ゲノムサイズの比較

縦目盛り：DNAの塩基対数を対数表示。生物種の大まかなゲノムサイズ領域が示されており動物（ヒトやマウス）のゲノムサイズはバクテリアの約1000倍。点線横棒以下のサイズのDNAで独立に生きる生物は発見されていない。枯草菌（KEIO法），酵母（JCVI法）で扱える現時点での最大サイズのゲノム，大腸菌BACシステムで扱える最大サイズをそれぞれ縦矢印で示す（数字は塩基数）。

＊1　Kenji Tsuge　慶應義塾大学　先端生命科学研究所　特任講師
＊2　Mitsuhiro Itaya　慶應義塾大学　先端生命科学研究所　教授

（デオキシリボヌクレオチド）が一列につながった長鎖状高分子である。細胞の中では多数のタンパク質が結合しコンパクトに折りたたまれて安定であるが，細胞外へ取り出されると撹拌などの物理的衝撃によって容易に切断される。ゲノムDNAを丸ごと無傷で細胞外に取り出して扱う（つまりクローニングする）ことは大変困難なのである。従来の大腸菌を宿主としてプラスミドをクローニングベクターとして用いるシステムでは，DNAサイズが数kbp程度（図1では最下段以下）の遺伝子レベルの取り扱いには問題がない。しかし，最大の長さとなると，BAC（Bacterial Artificial Chromosome）と呼ばれる低コピー数プラスミドを利用しても400 kb程度のサイズにとどまる。地球上で最も小さなゲノムとされるマイコプラズマ（*Mycoplasma genitalium*：585 kb）のゲノムサイズすら下回り，大腸菌ではゲノムを丸ごとクローニングしてそれを操作（書き換え）することは現在でも困難である。この困難な状況は，大腸菌以外を宿主とする画期的なクローニング技術が2005年以降2つのグループにより独立に発表されることで打破された。一つは筆者らが2005年に発表した，枯草菌（*Bacillus subtilis*）を宿主として用いる方法で，約3500 kbのラン藻（*Synechocystis* PCC6803）ゲノムの丸ごとクローニングが実現された。もう一つは，米国のベンター研究所（JCVI）が2008年以降に発表した酵母（*Saccharomyces cerevisiae*）を宿主とする方法でマイコプラズマゲノム（最大で1085 kb）を丸ごとクローニングした。以後，筆者らの方法をKEIO法[1,2]（図2），ベンター研究所の方法をJCVI法[3〜5]（図3）としてそれぞれの方法の特色についてまとめ，派生する応用展開や課題について触れる。

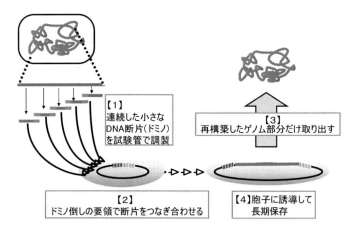

図2　枯草菌を利用するKEIO法でのゲノム合成
操作法のステップ内容は【　】内に示す。小さく分割したDNA（ドミノ）を左から右に向かってシリアルにつなぎ合わせて大きくしていく。【3】は要素技術のみ報告。【2】の例として，約3500 kbpのラン藻ゲノムの丸ごとクローニングは本文参照。ゲストゲノムは枯草菌ゲノム中に組み込まれていることに注意。【4】は文献12参照。

第1章　ゲノムからの視点

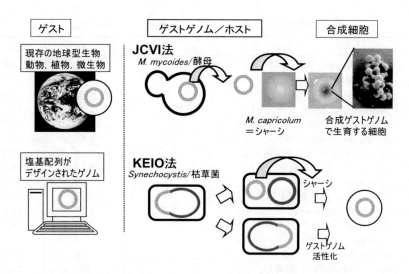

図3　ゲノム丸ごとクローニングの2つの方法の現状と将来

JCVI法ではホスト内で再構成されたゲストゲノムは，別種類のホスト（シャーシ）に導入され機能することが証明された[5]。シャーシとは合成ゲストゲノムを入れて機能させるためのゲノムの入れ物。汎用性のシャーシはまだ実用化されていない[6]。KEIO法では合成ゲノムを枯草菌ゲノムから切り離して別のシャーシに導入することも技術的には可能。ホスト内でゲストゲノム遺伝子ネットワークを制御発現させる選択肢も研究中（筆者：未発表）。現時点では既存のゲノムの再構成，部分修飾が基本であるが，将来は塩基配列がデザインされたゲノム，あるいは絶滅した種のゲノムも対象になる。

1.2　全塩基配列とゲノム工学

　サンガー法の応用による蛍光自動シーケンサー開発に端を発したゲノムプロジェクトではゲノムの全塩基配列は決定できるという画期的なブレイクをもたらし，1995年以降インフルエンザ菌，マイコプラズマ菌，ラン藻，大腸菌，アーキアなどのバクテリアゲノムの完全な塩基配列が次々に示された（表1）。単細胞ではあるがれっきとした生命体が生命活動を行うのに必要かつ十分な遺伝子の数と種類とが初めて示された点で生物学史での画期的な時期であった。しかしながら，既に10年以上が経過しているにもかかわらず，最も機能解析の進んでいる大腸菌でも全遺伝子の約1/3は未だに機能が不明なままである。ゲノム工学の究極の目的は，ゲノムを自由に書き換えて既存の生物の限界を超える量の物質・エネルギー生産を最適化すること，あるいは新規の代謝経路を効率よく導入して有用物質の生産を可能にすることである。しかしながら，多くの機能未知遺伝子の存在により，ゲノム工学が可能な微生物は限定されてしまう。厳密に行うにはゲノム中の全ての遺伝子の機能と発現プロファイールが明らかになっているか，機能判明している遺伝子だけで構成される人工ゲノムを新たに構築するかの選択があるがどちらも容易ではない[6]。

合成生物工学の隆起

表1　KEIO法によるゲストゲノムの候補（1997年前後）

名前	大きさ（Mbp）	発表年
Haemophilus influenzae Rd　（インフルエンザ菌）	1.83	1995
Mycoplasma genitalium　（マイコプラズマ）	0.58	1995
Mycoplasma pneumonia　（マイコプラズマ）	0.82	1996
Synechocystis sp. PCC6803　（ラン藻）	3.57	1996
Methanococcus jannaschii　（メタン細菌）	1.66	1996
Helicobacter pylori 26695　（胃潰瘍関連菌）	1.67	1997
Helicobacter pylori J99　（胃潰瘍関連菌）	1.64	1997
Escherichia coli K-12　（大腸菌）	4.64	1997
Bacillus subtilis 168　（枯草菌）	4.21	1997
Archaeoglobus fugidus　（超好熱性古細菌）	2.18	1997
Methanobacterium thermoautotrophicum DH　（メタン細菌）	1.75	1997
Borrelia burgdorferi B31　（リケッチャ）	0.91	1997
Aquifex aeolicus　（古細菌）	0.91	1997
Mycobacterium leprae　（ライ菌）	1.50	1997
Saccharomyces cerevisiae　（酵母）	12	1997
Mycobacterium tuberculosis H37Rv　（結核菌）	4.41	1998
Pyrocuccus horikoshii OT3　（超好熱性古細菌）	2.0	1998
Chlamydia trachomotis　（クラミジア）	1.04	1998
Rickettsia prowazekii　（発疹チフス）	1.10	1998
Chlamydia pneumonia　（クラミジア）	1.23	1999
Caenorhabditis elegance　（線虫）	97	1998
Thermotoga maritime　（超好熱性細菌）	1.86	1999

米国エネルギー省ゲノム研究所ホームページ
（http://www.genomesonline.org/cgi-bin/GOLD/index.cgi）を参照して作成。

1.3　世界初のバクテリアゲノム丸ごとクローニング：KEIO法

　既存の生物の全ゲノムをクローニングする場合には，機能未知遺伝子の存在は問題ではない。すなわち既存のゲノム全部を対象にゲノムを再構築すればよい。厳密なゲノム工学への道はその先であると考え，筆者らは枯草菌というグラム陽性菌に別の既存のバクテリアゲノムを完全にクローニングすることを試みた。選んだ対象は，水と二酸化炭素と，光のみで光合成により生育可能なラン藻である。ラン藻ゲノムが選ばれた理由は重要なので少々詳しく触れたい。ゲノムの丸ごとクローニングには対象ゲノム（これを以下ゲストゲノムあるいはゲストDNAと称する）のクローニング確認のためだけでなく安全性の面でも全塩基配列が判明していることが決定的に重要であった。筆者らがこの仕事を開始した1997年当時全塩基配列が明らかにされていたのは10種類程度しかなかった（表1）。それらの中で病原性が報告されていなかったのはラン藻と枯草菌だけで，枯草菌は宿主として用いることが決まっていたので，ゲストゲノムはラン藻ゲノムしかなく，そのサイズは当時としては大きすぎると思ったが他の選択の余地はなかった。

　筆者らが宿主ゲノムとして枯草菌を用いる理由は，細胞外のDNAを能動的にゲノムに取り込む性質があるからである。一度の相同組換えで取り込まれるDNAの長さは，300 kbを上回ると見積もっている（板谷，柘植：未発表）が，組み込まれるDNAサイズの上限は実験的には決められな

い。その理由は前述したように200 kbを上回るDNAを無傷で用意できないからである。よって全長3500 kbpのラン藻ゲノムのクローニングには逐次的なゲノム再構成法を考案した[1,2]（図2）。本法（以下KEIO法と記す）では，ゲストゲノムを30〜50 kb程度の短い領域に分割して，その領域を一回の形質転換で伸長した後に，次の領域を伸長する方法である。これを繰り返して最終的にラン藻ゲノムを丸ごと再構築（クローンニング）に成功した。詳細は他の文献[7,8]を参照のこと。

1.4　酵母を用いたゲノム丸ごとクローニング：JCVI法

KEIO法報告後の2008年，米国のベンター研究所（JCVI）は，酵母を宿主としたゲノム再構築技術を発表し[3〜5]本法をJCVI法と表現する（図3：概略は文献9を参照）。JCVI法でも原理はKEIO法と同様，ゲストゲノムを扱いやすい小さなDNA断片に分けて調製し，それらを宿主（酵母）内で再結合させてゲストゲノムを再構築するコンセプトは共通である。酵母では断片間の連結は80 bpという短いDNAの相同性で行われることを利用し，彼らは多数の遺伝子断片（最大で25断片）を一回の形質転換で同時連結できることも示した[4]。全ての断片がつながって環状のゲストゲノムが形成されるのも酵母を宿主とする特徴である。JCVIらは小さなDNA断片を化学合成で調製する手法で貫徹したことに大きな特徴がある。その最大の成果は，塩基配列情報だけから化学的に合成したオリゴヌクレオチドを出発材料に試験管内での遺伝子集積，その後大腸菌でのクローニングで100 kb程度の断片に伸長した後，最終的に宿主酵母の組換えシステムを用いる手法を確立した点である。つまり鋳型となるDNAが実在していなくても塩基配列情報だけあればゲノムは合成できることを示した。ゲストゲノムは環状DNAとして得られるため，再構築したマイコプラズマゲノム（*M. mycoides*）を異なる種のマイコプラズマ（*M. capricolum*）細胞に導入するという手法で，世界で初めて人工合成したゲストゲノムで細胞分裂する細胞の構築に成功し大きな話題となった[5]。この点は細胞の新規創製につながる点なので後述する。

1.5　ゲノム丸ごとクローニングの課題（汎用性，迅速性，コスト）

1.5.1　汎用性

ゲノム丸ごとクローニング方法はゲストゲノムの種類に依らず適用できる汎用性が望ましいことはいうまでもないが宿主により得意，不得意があるようだ。

1.5.2　宿主依存性

JCVI法では，真核生物の酵母が宿主なので原核生物の遺伝子発現は気にかける必要がなく，原核生物のゲストゲノム調製法として優れている。一方，KEIO法では枯草菌ゲノムを丸ごとクローニングの場として用いることから，種が異なるバクテリアゲノムをゲストとした場合想定外のことが起きた。実際，丸ごとクローンされたラン藻のゲストゲノムからはリボソームRNA遺伝子のみが欠失させてある[1,2]。細胞は通常1種類のリボソームRNAしか保持しておらず，その故にリボソームRNAの配列が種の同定，さらには分子系統樹作成に用いられているのは周知の事実である。ラン藻ゲノム丸ごとクローニングでは枯草菌ゲノムにラン藻ゲノムが組み込まれて共存し

ているせい（図2）で，もしラン藻のリボソームRNAが存在するとラン藻ゲノムの遺伝子が翻訳誘導され，枯草菌の細胞内で独立した2種類の生物の遺伝子ネットワークが同時進行しようとする。それは枯草菌にとっては大混乱が生じそのような安定な状態での細胞は結果として生じないことを筆者らは学んだ。これは生物学的な意味で非常に重要な課題を喚起しており，別の視点で見ればゲストゲノム全遺伝子のON・OFF調整は，リボソームRNAのON・OFF調整で調節できる可能性を示している。ラン藻以外のゲストゲノムに適用するための実用性に向けて図3で示すようなシナリオを考えている。

1.5.3　配列依存性

　では，酵母は長い外来のDNAを内容を問わず完全な姿で複製し続けるほどお人よしの宿主だろうか。DNAが複製するためには必ず複製開始点が必要で酵母でも例外ではない。運の良いことに，JCVI法でのゲストであるマイコプラズマゲノムはATに富み，これらの配列の一部が酵母で機能する複製開始点（ARS）として同様に機能し，合成ゲノムの複製と維持に貢献している可能性が指摘されている[4]。逆にGC含量の高いゲストゲノムへの適用が酵母でできるかは不明である。

1.5.4　ゲストゲノムサイズ

　JCVI法では，*Mycoplasma mycoides*の1085 kbが現時点では最大である。酵母で最大2.3 Mbpの外来DNAのクローニング実績[10]もあるので，JCVIらはゲノムクローニングの上限サイズは未知数としている。一方，KEIO法は3.5 Mbpの実績があり，長さの面で優位である[1]。さらにKEIO法では真核生物の巨大DNAでも多数の実績があり，イネ葉緑体のゲノム丸ごと135 kbp[11]や，マウスのミトコンドリアゲノム丸ごと16.4 kbp[11]，マウス遺伝子領域丸ごと（355 kbp）[12,13]など，植物・動物を問わず報告している。酵母での真核生物DNAクローニングでは，欠失や再配列が起こる問題点が指摘されているが[14]我々の知る範囲では枯草菌では大規模な欠失などは実用レベルでは観測していない。KEIO法は真核生物の取り扱いには一日の長があるかも知れないが，目的に応じた手法の選択が有効であろう。

1.5.5　迅速性：シリアルとパラレル

　KEIO法でラン藻ゲノムの丸ごとクローニングには，7年という膨大な月日を費やした。枯草菌をそのような宿主として利用を試みたのは筆者らだけであり，先行研究は全くなく，試行錯誤の繰り返しが必要だったためである。しかし出発材料は全て揃っている条件で同一の実験を仮に行ったとしても，再現までに2年はかかる。最も時間がかかるのは図2に示したようにドミノDNAを取り込ませるステップを何度も繰り返して逐次的（シリアル）に伸長させる操作法によるからである。一方でJCVI法では材料となるDNAの断片を揃えて一気に連結するため，再構築ステップは酵母の形質転換1回だけである。しかし化学合成で出発しているために断片DNAの構造確認にかかる時間も入れると，もう一度マイコプラズマゲノムを再合成するには半年程度はかかるとのことである（JCVI：私信）。巨大なDNAはその構造の確認にも時間がかかる。

　KEIO法のシリアルでの有利な点はゲストDNAの延伸中に変異を確認できることである。実際リボソームRNA遺伝子を含む領域に差し掛かった時のみ，組み込みゲノムの伸長が進まなくなっ

第1章　ゲノムからの視点

た。試行錯誤はあったが，リボソーム遺伝子だけ欠失させると伸長操作は回復し解決した。ゲストの他の部分を全て枯草菌ゲノムに導入した後に改めてリボソームRNA遺伝子の導入を試みたが，結局安定に導入できなかったのは前述のとおりである。即ち，シリアル導入では問題となる遺伝子がある場合にその領域の同定が容易である。一方，JCVI法では，化学合成で作製したゲノムが当初機能しなかったために，野生型ゲノムを組み合わせたキメラゲノムを作製して，問題個所をシーケンシングすることによりその変異（1塩基）を同定して修復したが，この過程には多大な時間を必要とした[5]。

1.5.6　金銭的コスト

　KEIO法もJCVI法と同様，化学合成法で調製したDNA断片でも同じく集積できるはずである。したがってゲノム合成法のコストは合成DNAの単価に依存する。1990年代初頭，合成DNAの1塩基当たりの単価は数千円であったが，現在では数10円程度とおよそ1/100程度に減少した。現在の単価を1塩基対当たり50円として，大腸菌ゲノム（450万塩基対）の全長に必要な合成DNAの価格（アセンブルのコスト，配列解析費用，労働賃金は考えない）は約3億円程度，ヒトゲノムではその1000倍近くのコストがかかることになる。合成ゲノムの普及のためにさらなるコスト低減は必須であるが，近い将来1塩基対当たり1円以下になるとの見通しもあり（JCVI：私信）そうなると大腸菌ゲノムの合成コストは300万円程度にまで下がり，未来は明るいと考えている。

1.6　ゲノム丸ごとクローニングからゲノム丸ごとデザインへ

　DNA合成のコストダウンが実現されれば，塩基配列情報のみでその配列を持つゲノムの合成までは日常的にできる時代が来る。そうなると，新たな機能を有するバクテリアゲノムの塩基配列を設計（デザイン）するためにはどのような方策があるだろうか。最も極端な例は，細胞の生育に必須な遺伝子だけを寄せ集めたゲノムの構築である。必須遺伝子の数はマイコプラズマ，枯草菌，大腸菌の1遺伝子破壊株作製の実験などによりおおよそ，300～500個と見積もられている[15~17]。しかしながら，必須遺伝子のみで構成される最小ゲノムは遺伝子の変異も許されない非常に厳しいものであろう。最小ゲノム生物は学術的には興味深いが，その設計図の書き方すらない現状からはまだまだ遠い課題である。産業的には，モデル生物である大腸菌や枯草菌ゲノムなどで行われた既存ゲノムから不要遺伝子を多数削除することで，小さくコンパクトにしたゲノムを持つコンパクトゲノムバクテリアのデザインの方が，より現実的である[18, 19]。安全の観点からも，当面は既存ゲノムからの出発が推奨される。

1.7　ゲノム丸ごとデザインのための基盤技術

　コンパクトゲノムでは機能が判明している遺伝子が多数を占めるので，現状の代謝工学的アプローチでも目的志向別の遺伝子発現調節をデザインできると期待される。筆者らは，既存ゲノムではゲノム中に分散している遺伝子を代謝経路ごとにまとめたカセットを構築し，これらをつなぎ合わせるという方法でゲノムを丸ごとデザインすること考えている（図4）。この実現のために

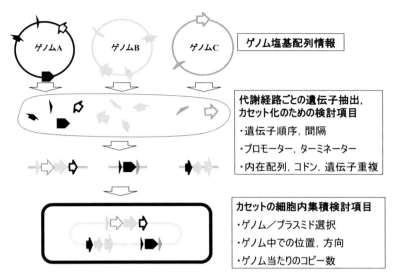

図4　ゲノム情報から目的別代謝の関連遺伝子群のカセット化
1次代謝，2次代謝どちらを対象にしても概念は同じだが，1次代謝の場合，生命の複製維持にかかわる必須遺伝子群を含むときには実験系に注意が必要。どの検討項目も大変な作業ではあるが，カセット化された代謝経路を合成ゲノムのモジュールとして利用するシナリオはコストも時間も節約型だと考えている[6]。

は塩基配列情報を編集する必要があるが，様々な検討すべき因子が存在する（図4）。数種類の遺伝子を含むカセットの検討では，様々なデザインを網羅的にDNA合成する方法でもコスト的にはさほど抵抗はない。しかし遺伝子数が増加して検討項目が多くなると，その組み合わせの数は指数関数的増加する。筆者らは組み合わせが増えても対応できる，OGAB法という枯草菌のプラスミド形質転換系を利用した効率の良い遺伝子集積法を考案した[20,21]。現在2次代謝産物をターゲットに代謝経路遺伝子のカセット化を実践しており，塩基配列情報をデザインするための実験情報の知見を蓄積している[22～24]。これらの知見を集約してゲノム丸ごとデザインをどのような手順で進めるか検討中である。

1.8　まとめ

2005年の筆者らの枯草菌を用いたゲノム丸ごとクローニングの成功と，続くベンター研究所の酵母を用いたゲノム丸ごとクローニングの成功の2つの例が，全世界にゲノムスケールの遺伝子操作時代の幕開けを告げた。現在の時間的な課題，金銭コストについても，この分野への参加者の増加に伴って劇的に改善すると思う。ゲノム丸ごとクローニングがハードウエアの構築ならば，次はソフトウエア即ちセントラルドグマのプログラミングである。プログラムはゲノム中のDNA塩基配列のデザインにより実現される。ゲノムデザイン手法は今後ますます重要になる。

第1章　ゲノムからの視点

文　　献

1) M. Itaya *et al., Proc. Natl. Acad. Sci. USA.*, **102**, 15971 (2005)
2) 板谷光泰ほか，蛋白質核酸酵素，**51**(1)，61 (2006)
3) D. Gibson *et al., Science*, **319**, 1215 (2008)
4) D. Gibson *et al., Proc. Natl. Acad. Sci. USA.*, **105**, 20404 (2008)
5) D. Gibson *et al., Science*, **329**, 52 (2010)
6) 板谷光泰，化学と生物，**50**，30 (2012)
7) M. Itaya *et al., J. Biochem.*, **134**, 513 (2000)
8) 板谷光泰ほか，化学と生物，**45**，226 (2006)
9) 板谷光泰，バイオサイエンスとインダストリー，**69**，196 (2011)
10) P. Marschall *et al., Gene Ther.*, **6**, 1634 (1999)
11) M. Itaya *et al., Nat. Methods*, **5**, 41 (2008)
12) S. Kaneko *et al., J. Mol. Biol.*, **349**, 1036 (2005)
13) S. Kaneko *et al., J. Biotech.*, **139**, 211 (2009)
14) C. Anderson, *Science*, **259**, 1684 (1993)
15) 板谷光泰，*Viva Origino*, **23**, 95 (1995)
16) E. Kooning *et al., Nat. Rev. Microbiol.*, **2**, 127 (2003)
17) J. Glass *et al., Proc. Natl. Acad. Sci. USA.*, **103**, 425 (2006)
18) H. Mizoguchi *et al., Biotechnol. Appl. Biochem.*, **46**, 157 (2007)
19) T. Morimoto, *DNA Res.*, **15**, 73 (2008)
20) K. Tsuge *et al., Nucleic Acids Res.*, **31**, e133 (2003)
21) 柘植謙爾ほか，微生物機能を活用した革新的生産技術の最前線，P.65，シーエムシー出版 (2007)
22) K. Tsuge *et al., J. Biotech.*, **129**, 592 (2007)
23) T. Nishizaki *et al., Appl. Environ. Microbiol.*, **73**, 1355 (2007)
24) Y. Nakagawa *et al., Natural Computing*, **10**, 1007 (2009)

2　出芽酵母ゲノムの自在な操作と細胞育種への応用

西沢正文[*1], 原島　俊[*2]

2.1　はじめに

　現在，食糧不足，環境汚染，感染症・難病の治療など，人類が抱える困難な問題の解決に向けて真核微生物を利用するバイオテクノロジーの重要性が一段と増している。有用菌株の育種には，目的とする有用形質を指標として変異株をスクリーニングする手法が用いられてきたが，この手法は変異を積み重ねるため多大な時間や労力がかかり，また生育が遅いなどの好ましくない形質が生じることもよく見られた。このような古典的な育種法に対し，近年，いくつかの新しい育種技術が提案されている。例えば，転写プロファイルの大規模な変換を引き起こすグローバル転写装置工学[1]や人工転写因子工学[2]，ゲノムレベルでの大規模な改変を引き起こすゲノムシャフリング技術[3]，さらにはゲノムの再編成技術[4]などである。これらの新しい育種技術は，これまでのように，1つあるいはごく少数の遺伝子を対象とした育種技術（single-gene breeding）ではなく，多くの遺伝子を対象とした育種技術（multiple-gene breeding）である。こうした技術の中で，染色体の分断技術[5]や，その応用として我々が開発した大規模ゲノム削除技術[6]は，多数の遺伝子を，簡便に，効率よく，しかも同時に欠失させたり人為的に発現させたりすることができるため，有用菌株の育種を効率よく行うことができると期待される。本研究は，出芽酵母（*Saccharomyces cerevisiae*）を有用物質生産の宿主として利用するために，大規模なゲノムの削除によって，それぞれの物質生産に適した多様なゲノム組成を持つ酵母宿主を作製することを目的とした。この目的のため，不要遺伝子を削除することで酵母細胞を身軽にするとともに，削除のパターンが異なる複数の系列の削除株を作製することで，多様なゲノム組成を持つゲノム削減酵母宿主を創製した。このようにして作製した酵母宿主の機能について調べたところ，特定のゲノム削除株では，グルコースからの炭素が細胞増殖に消費されるよりも，エタノールのような二次代謝産物生産に使われている可能性が考えられ，代謝産物の生産に有効であることが明らかとなった。本稿ではこれらの成果について紹介したい。

2.2　ゲノム操作技術の開発とゲノム削除株の創製

　広島大学と共同で開発した，必須遺伝子や合成致死となる遺伝子を含まず，かつ欠失変異により増殖遅延などの不利な形質が現れないような遺伝子が並んでいる領域を検索するプログラム（http://sumi.riise.hiroshima-u.ac.jp/gb/）を用いて選び出した領域（表1）を，我々が開発したワンステップ染色体分断技術（PCS法）（図1 (B)）[5]，あるいは，ワンステップ染色体削除技術（PCD法）（図1 (D)）[6]を用いて順次削除した。また，これらのゲノム削除株の染色体をさらに分断し，削除可能な領域を染色体末端に持つミニ染色体を生成させた後，その領域を削除した。相同組換えを起

　＊1　Masafumi Nishizawa　慶應義塾大学　医学部　微生物学・免疫学教室　専任講師
　＊2　Satoshi Harashima　大阪大学　大学院工学研究科　生命先端工学専攻　教授

第1章　ゲノムからの視点

表1　削除可能な酵母染色体末端領域

削除個所	切断部位	欠失サイズ (kbp)	遺伝子数
1-R	iYAR020C-0	52.0	25
2-R	YBR291C	28.6	13
3-L	YCL063W	17.3	10
3-R	YCR095C	28.6	14
4-L	YDL236W	32.3	14
4-R	YDR536W	22.2	10
5-R	YER180C	26.3	15
6-L	YFL046W	42.8	22
8-L	iYHL040C	21.0	14
10-L	iYJL214W-1	29.8	13
10-R	YJR147W	40.7	16
11-L	YKL214C-iYKL214C	31.1	11
11-R	iYKR095W	40.0	12
13-R	YMR315W	20.6	14
14-R	YNR061C	40.8	17
15-R	YOR382W	31.3	15
16-L	iYPL273W	26.1	12
Total		531.5	247

R, Lの前の数字は，染色体番号を示す。

こさせるためのDNA断片は市販のintergenic primer またはgene pair primer（Invitrogen）を利用することでどの断片でも増幅できる。分断モジュールの鋳型DNA（テロメア配列とマーカー）に特異的なプライマーを用いて分断モジュールを増幅し（図1(A)），次のステップで分断モジュールと標的DNA断片とを組合わせて2段階目のPCRを行うことで分断用断片が調製できる。この2断片を酵母細胞中に導入し，相同組換えを起こせば，分断モジュールが染色体に組込まれ，セントロメアを持たない断片が脱落する（図1(C)）。

これらの方法を用いてこれまでに最大で17領域，計520kbの領域が削除されたMFY1160株を得ている。この株では予測プログラムで予測された，連続して10遺伝子以上を含む削除可能領域がすべて削除されている。この他，約300kbの領域が削除された株が4系統（10種類）得られている（図2）。

2.3　ゲノム削除・分断株の性質

図3にYPDおよびSD固体培地上での生育を示す。30℃で液体培地中での生育速度は元株（SH5209）に比べやや低下することが観察されたが，プレート上では生育に大きな違いは見られなかった。一方，低温（12℃）では，親株と変わらない生育を示す削除株（MFY1152, MFY1150, MFY1157）がある一方，感受性を示す株（MFY1154, MFY1158, MFY1160）があった。図4にその他の性質を示すが，調べた削除株は同様のストレス感受性を示したので代表的な株についての結果を示す。非発酵性炭素源培地（2％グリセロール＋2％乳酸）上での染色体分断・削除株の生育は元株に比べ著しく低下していた。これは削除されたゲノム中に，欠失すると非発酵性炭素源培地での生育が悪くなるPGU1, MLP1, PCK1などの遺伝子が存在するためと考えられる。7.5％エタノールを含むYPD培地上での生育は元株に比べ若干低下していた。紫外線照射に対する感受性は元株と比べ差が見られない。酸性あるいはアルカリ性条件下での生育を調べた結果，どちらの場合も元株より生育が低下した。また，熱ショック感受性は，染色体削除・分断株は元株と大きな差を示さなかった。

2.4　ゲノム削除・分断株の遺伝子発現プロファイルの変化

染色体削除株の性質の変化を遺伝子レベルで解析するため，ジーンチップにより削除株の遺伝

(A) 分断モジュールの調製 (C) 染色体の脱落

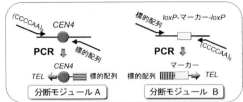 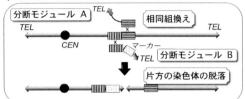

(B) 染色体の分断 (D) 染色体の削除

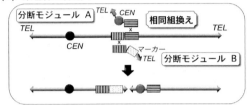 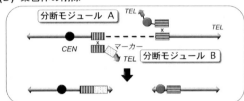

図1　染色体分断技術

(A)分断モジュールの調製。分断モジュールAは，セントロメアを持つプラスミド（示していない）を鋳型とし，テロメアシード配列（CCCCAA）$_6$と30塩基対程度の長さの標的配列をプライマーとしてPCRで増幅する。分断モジュールBは，マーカーを持つプラスミド（示していない）を鋳型とし，テロメアシード配列(CCCCAA)$_6$と標的配列をプライマーとしてPCRで増幅する。このとき，本文で記述しているように，オーバーラップPCR法を利用すれば，標的配列の長さを300～400塩基対にすることもできる。(B)任意部位でのワンステップ染色体分断。(A)で調製した2つの分断モジュールAとBを同時に細胞に導入すると相同組換えによって染色体の分断が起こる。(C)染色体の脱落。(B)においてセントロメアを付加していない分断モジュールAを用いると，図中，右側に記載した新生染色体はセントロメアが無いために脱落し，削除が起こる。(D)染色体特定領域のワンステップ削除。分断モジュールA，Bを調製するための2つのプライマーのそれぞれの一端に，削除したい領域の左端あるいは右端と相同な配列を付加してPCRで増幅した断片を用いると，相同組換えの結果，ワンステップで削除が起こる。

菌株	欠失領域																
	1-R	2-R	3-L	3-R	4-L	4-R	5-R	6-L	8-L	10-L	10-R	11-L	11-R	13-R	14-R	15-R	16-L
SH5209																	
MFY1152																	
MFY1150																	
MFY1154																	
MFY1151																	
MFY1153																	
MFY1155																	
MFY1157																	
MFY1158																	
MFY1159																	
MFY1160																	

図2　ゲノム削除株の欠失領域

元株（SH5209）から表1に示した染色体末端の削除可能領域を順次削除して削除領域の組合わせが異なる削除株を創製した。図の灰色の領域が各削除株で削除されている領域を示す。

第1章 ゲノムからの視点

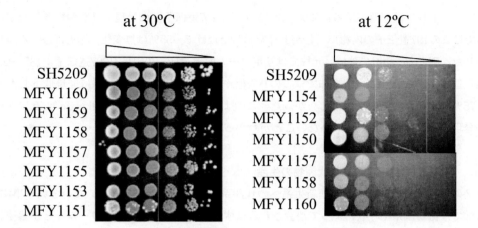

図3　ゲノム削除株の固体培地上での生育
元株と各削除株を10^8cells/mlから10倍ずつ段階希釈した細胞懸濁液をYPD培地上にスポットし，30℃で3日間または12℃で6日間培養した。

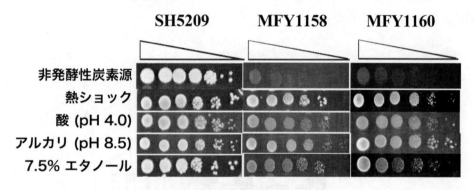

図4　ゲノム削除株の性質
元株と各削除株を10^8cells/mlから10倍ずつ段階希釈した細胞懸濁液を図に示すそれぞれの培地上にスポットし，30℃で培養した。熱ショックは細胞懸濁液を50℃で30分間処理した後にYPD培地上にスポットした。酸性あるいはアルカリ性のYPD培地は0.1M酢酸バッファーpH 4.0，0.1M Tris. HClバッファーpH 8.5それぞれを加えて調製した。

子発現変化を経時的に調べた。培地中のグルコースを消費すると酵母細胞はdiauxic shiftと呼ばれる糖代謝系のシフト，リボソーム量の減少，呼吸系の昂進などの代謝変化を起こし，それには対応する遺伝子発現の変動が伴うことが知られている[7]。培養開始から20時間後には培地中のグルコースはほとんど無くなっているが，このとき元株（SH5209）では，糖新生系遺伝子（*FBP1*），アルコール代謝系遺伝子（*ADH2, ADH5, ADR1*），貯蔵糖関連遺伝子（*TPS1, TPS2, TPS3, GSY1*）などの発現が上昇するのに対し，解糖系遺伝子（*PYK1, ENO1, ENO2, PGK1, TDH1*など）の発現が低下するが，削除株ではこのような変化がほとんど見られなかった。また元株で

はミトコンドリア関連遺伝子の約50%（388遺伝子中197遺伝子）に発現上昇が観察されたが，削除株ではこの197遺伝子の内約15%程が上昇を示しただけで，55%は無変化，30%はむしろ発現が減少した。Diauxic shiftに伴い，元株ではリボソーム関連遺伝子の61%（307遺伝子中187遺伝子）に発現低下が見られたが，削除株ではこの187遺伝子中25%の遺伝子が同様に発現低下しただけで，75%はほとんど発現が変化しなかった。このようにゲノム削除株ではdiauxic shiftに伴う遺伝子発現の変動が正常に起きていないことがわかった[8]。

2.5 ゲノム削除株による炭素代謝物の生産

ゲノム削除株では解糖系から糖新生系への代謝系シフトが正常に起きていないという事実は，削除株では糖新生系や呼吸によって消費されるはずのエタノールやグリセロールなどが蓄積している可能性を示している。そこで代表的な削除株を24時間培養後，エタノールとグリセロールはそれぞれのアッセイキット，酢酸は高速液体クロマトグラフィーによりそれぞれの含量を測定した（図5）。消費グルコース1g当たりの生産量を見てみると，MFY1162株ではエタノールが0.5g，MFY1158株ではグリセロールが53mgであり，それぞれ元株の1.8倍と2倍であった。一方酢酸の含量に大きな差は見られなかった[8]。

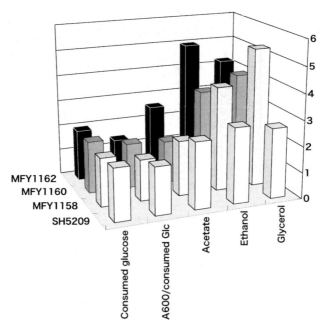

図5 元株とゲノム削除株による炭素代謝物の生産

それぞれの菌株をYPD培地中で24時間培養後，エタノールとグリセロールはそれぞれのアッセイキット，酢酸は高速液体クロマトグラフィーにより，培養液中の各産物の量を測定した。それぞれの単位は，consumed glucose, 10^{-1}g/l；A600/consumed glucose, $20 \times$ A600/g/l；酢酸, mg/g of consumed glucose；エタノール, $10 \times$ g/g of consumed glucose；グリセロール, 10^{-1}mg/g of consumed glucoseである。

2.6 ゲノム削除の遺伝子操作によるエタノール生産株の育種

ゲノム削除株では代謝変動に伴う遺伝子発現プロファイルと代謝産物含量が元株に比べて変化しているという事実は，大規模な染色体操作により代謝系を変換できる可能性を示している．そこでゲノム削除株でエタノール蓄積量のベースが上昇していることを利用し，エタノール生産に関わる既知の遺伝子を強化あるいは欠失させることで，さらにエタノール生産性を上昇させることができるかどうかを検討し，大規模染色体操作技術の有用菌株育種への応用の有意性を検証した．

図6にエタノールとグリセロール代謝系路とそれに関わる遺伝子のゲノム削除株（MFY1158）における発現量の変動を示す．強化する遺伝子として*ADH1*，*ADH3*，*ADH5* を選び，多コピーベクター上にクローン化した．欠失させる遺伝子として*ADH2*と*GPD1*を選んだ．*GPD1*を欠失させることにより炭素の流れがグリセロールへ向かわずエタノール合成へと利用されることが期待される．ゲノム削除株MFY1158から*ADH2*を欠失させたMFY1164株，それからさらに*GPD1*を欠失させたMFY1165株を作製した．

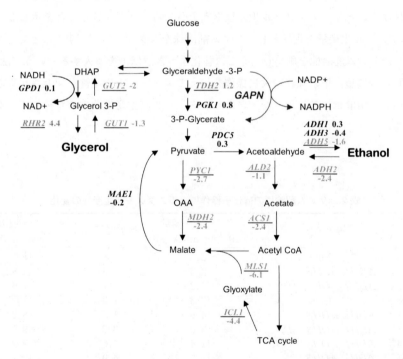

図6　エタノールとグリセロールの代謝経路とそれに関わる代表的な遺伝子
ゲノム削除株（MFY1158）におけるエタノールとグリセロールの代謝に関わる代表的な遺伝子の元株（SH5209）との発現の差を示す．遺伝子の下の数字は発現変動比を$\log_2$で表したものであり，＋は発現が増加，－は減少していることを示す．±1を超える変動比を示した遺伝子には下線を引いてある．

表2にエタノール生産量の結果を示す。何も導入していない元株（SH5209）の吸光度（細胞数）当たりのエタノール生産性を基準としたとき，*ADH1*と*ADH3*を導入した場合，元株は約1.3倍の増加を示したのに対し，ゲノム削除株MFY1158では約1.8倍の生産量増大が見られた。*ADH1*，*ADH3*，*ADH5*を導入した場合は，元株が約1.7倍増加したのに比べ，MFY1158株では約3.2倍，MFY1164株では約4.6倍の増加を示した。MFY1165株に*ADH1*，*ADH3*，*ADH5*を導入した場合は，約3.4倍の増加を示したが，*ADH1*と*ADH3*を導入した場合の方が約4.9倍と，吸光度（細胞数）当たりのエタノール生産性で最も高い数値を示した。（表2，増加度列参照）。

ゲノム削除株MFY1158では親株に比べ細胞当たりのエタノール生産性が約1.3倍であったが，このように遺伝子の強化や欠失操作を加えることで，最大4.9倍まで生産性を上げることができた。この結果は，ゲノムの大規模操作と既知の遺伝子操作を組合わせることにより，エタノール生産性を飛躍的に増大させることが可能であることを示している。一方，MFY1165株においては，3種の*ADH*遺伝子を導入してもMFY1158株の場合とは異なり，*ADH1*と*ADH3*の2種を導入したときに比べて生産量の増加が見られなかった。このことは，削除した遺伝子と強化する遺伝子の適切な組合わせが生産量増加に重要であることを示唆している。以上の結果は，ゲノム大規模削除技術と脱落技術を利用して強化すべき遺伝子と削除すべき遺伝子の最適の組合わせを持つ菌株を育種することで，エタノール生産性を向上させることができることを示している。今後は，（ⅰ）エタノール生産量を指標としてゲノム削除株をスクリーニングすることで，エタノール生産に特化したゲノム削除株を創出し，そこに強化すべき遺伝子を導入するという方法，（ⅱ）耐熱性が向上した株に遺伝子の強化や欠失操作を加えてエタノール生産性を向上させる方法，（ⅲ）これらの技術の実用酵母への適用，などによりエタノール高生産性菌株を育種していくことができると考える。

表2　ゲノム削除株の遺伝子操作によるエタノール生産性の変化

菌株	導入遺伝子	エタノール生産量 $\times 10^{-2}$mg/ml/A600	増加度[**]	エタノール生産量 $\times 10^{-2}$mg/ml/Glucose
SH5209	None	2.5	1.0	N.T.
	ADH1, ADH3	3.3	1.3	2.8
	ADH1, ADH3, ADH5	4.2	1.7	7.6
MFY1158	None	3.3	1.3	N.T.
	ADH1, ADH3	4.9	1.8	8.2
	ADH1, ADH3, ADH5	8.0	3.2	9.5
MFY1164[*]	*ADH1, ADH3, ADH5*	11.4	4.6	9.9
MFY1165[*]	*ADH1, ADH3*	12.2	4.9	12.7
	ADH1, ADH3, ADH5	8.5	3.4	8.4

[*] MFY1164株はMFY1158株から*ADH2*を欠失，MFY1165株はMFY1158株から*ADH2*と*GPD1*を欠失させた。

[**] 増加度の列には何も導入していない元株のエタノール生産性を1としたときの各遺伝子組換え株の生産性の増加割合を示してある。

第1章　ゲノムからの視点

謝辞

　本研究は，新エネルギー・産業技術総合開発機構（生物機能を活用した生産プロセスの基盤技術開発）および日揮㈱からの委託を受けて実施した。

文　　献

1) H. Alper, J. Moxley, E. Nevoigt, GR. Fink and G. Stephanopoulos, *Science*, **314**, 1565 （2006）

2) JY. Lee, BH. Sung, BJ. Yu, JH. Lee, SH. Lee, MS. Kim, MD. Koob and SC. Kim, *Nucleic Acids Res.*, **36**, e102 （2008）

3) L. Hou, *Appl. Biochem. Biotechnol.*, **160**, 1084 （2010）

4) Y. Ueda, S. Ikushima, M. Sugiyama, R. Matoba, K. Yoshinobu, K. Matsubara and S. Harashima, *J. Biosci. Bioeng.*, in press （2012）

5) M. Sugiyama, S. Ikushima, T. Nakazawa, Y. Kaneko and S. Harashima, *BioTechniques*, **38**, 909 （2005）

6) M. Sugiyama, T. Nakazawa, K. Murakami, T. Sumiya, A. Nakamura, Y. Kaneko, M. Nishizawa and S. Harashima, *Appl. Microbiol. Biotechnol.*, **80**, 545 （2008）

7) M. Nishizawa, Y. Katou, K. Shirahige and A. Toh-e, *Yeast*, **21**, 903 （2004）

8) K. Murakami, E. Tao, Y. Ito, M. Sugiyama, Y. Kaneko, S. Harashima, T. Sumiya, A. Nakamura and M. Nishizawa, *Appl. Microbiol. Biotechnol.*, **75**, 589 （2007）

3　ミニマムゲノムファクトリーの発想

穴澤秀治*

　本節の執筆の狙いは，本書『合成生物工学の隆起—有用物質の新たな生産法構築をめざして—』の中でのいわゆる合成生物学の考え方と，ミニマムゲノムファクトリーの考え方の違いを，NEDOで企画された研究開発プロジェクト「生物機能を活用した生産プロセスの基盤技術開発」の始まった10年前（2001年4月）とプロジェクトが終了した現時点「微生物機能を活用した高度製造基盤技術開発」（2011年3月）での結果[1]を踏まえて，明確にしておくことにある。

　我が国の発酵工業は，伝統的な酒・味噌・醤油の発酵工業を出発点として，戦中のバイオ・ブタノール，戦後の抗生物質，アミノ酸，核酸の微生物発酵生産技術として発展し，特定の酵素反応を活用する酵素転換反応を加え広く展開してきた。反応特異性の高さを活用し，光学活性を持つ化合物生産や複雑な構造を持つ化合物の変換など，精密化学合成の分野でも広く活用されるようになった。

　一方，原油高騰や温室ガスの排出削減という社会要請があり，再生可能有機資源としての植物有機原料の利用の面から，従来の石油を原料として生産されてきた燃料やプラスチックのようなコモディティーケミカルを製造するバイオ技術開発への期待が，21世紀に入り多いに高まった。

　従来からのバイオ製造プロセス開発に求められてきたコストダウンに加え，大量安価な有機資源の活用が新たな技術開発の重要な目標になった。石油化学工業の圧倒的な生産性を支える化学触媒に匹敵する生産性や安定を示す，生物触媒である発酵菌や酵素が求められている。

　本稿では，これまでの発酵菌研究開発の流れを振り返ることから始め，ミニマムゲノムファクトリーの発想に繋がった経緯を紹介する。

3.1　有用物質生産菌の探索

　グルタミン酸生産菌の探索では，生育にグルタミン酸を必要とする乳酸菌を検定菌として寒天平板上にあらかじめ塗布しておき，グルタミン酸を生産する能力を持つ菌株のコロニーの周囲には，この検定菌が生育するというassay系が使われた。このように検定菌の生育を指標とする以外にも，標的分子との結合や，活性阻害などを明確に分かりやすく検出する仕組みをassay系に取り込むことが，探索の効率を上げることに直結し，この工夫が研究者の腕の見せ所の一つとなっている。

3.2　培地・培養条件の検討

　微生物を用いた発酵生産において，培地培養，培養条件の検討は重要課題である。その中には，培養のスケールアップに伴う最適条件の変化もあり，実験室レベルの研究を工場レベルに引き上

　＊　Hideharu Anazawa　（一財）バイオインダストリー協会　先端・技術情報部長

第1章　ゲノムからの視点

げる研究は，コストダウンと製品供給に直結する開発研究の重要な課題である。

3.3　変異育種による生産性向上

　発酵生産菌株の生産性の向上は，工業的生産におけるコストダウンは無論のこと，当初のサンプル提供にも関わる重要な研究項目である。Assay系では活性は検出できるが，活性物質が低生産ゆえに研究の継続を断念せざるを得ないことは少なくない。生産菌の育種改良は重要な課題であり，本稿の主題でもある。

　細胞あたりの生産性が向上した変異株を選択するには，①生産物による生産性抑制や生産菌の生育阻害を回避する，②生産物の分解を抑える，③生産物の細胞外への分泌を促進するなどの指標が考えられる。その戦略の詳細は類書に譲る[2]。

　Wild株と変異育種によって造成されたL-トリプトファン（L-Trp）生産菌株（Mtrp-1）において，L-Trp生合成系路上の酵素活性がどう変化したかを，図1　WildとMtrp-1の比較で示す。生合成系路上のジヒドロキシアセトン燐酸合成酵素〈Dihydroxyacetone phosphate synthase (DS)〉の活性は変わらないが，分岐後の生産物であるL-フェニルアラニンとL-チロシン（L-Phe，L-Tyr）による活性阻害がかからなくなり，耐性となっていた。アンスラニル酸合成酵素〈anthranilate synthase (ANS)〉は，酵素活性が向上し，最終産物であるL-Trpの阻害に対し，耐性となっていた。フォスフォリボシルトランスフェラーゼ〈phosphoribosyl transferase (PRT)〉は，酵素活性は向上していたが，L-Trpの感受性は変わらなかった。酵素活性の向上はそれぞれの遺伝子発現抑制が解除され酵素タンパク質量の向上による，阻害に対しての耐性は遺伝子変異により酵素タンパク質の性質が変化したためと考えることができる。生合成系路から分岐後の生産物であるL-Phe，L-Tyrへ流れるコリスミン酸ムターゼ活性が欠損していることが確認できている。このことは，L-Phe，L-Tyr要求性の変異株として分離されていることと合致している。これらの変異が，野生株では全く発酵生産できなかったL-Trp生産能をこの菌株に付与したと考えられる。

3.4　遺伝子組換え技術を駆使した育種

　遺伝子組換え技術を発酵菌の育種に活用するには，①生合成系路上の律速の酵素反応を強化する，②不要・有害な酵素反応をコードする遺伝子を破壊する，③ランダム変異で得られた有効変異遺伝子のみを分離し，組み込む，④ゲノム情報をもとにデータベースから目的酵素（遺伝子）の候補を選び出し，探索を効率よく行う，など利用法がある。

　生合成系路上の酵素遺伝子増幅と代謝酵素の改変を狙ったL-トリプトファン生産菌の育種を例に示すL-Trp生産性の変異株（Mtrp-1）を親株に組換え手法を駆使して，さらなる高生産株の育種における酵素活性の変化を図1に示す。

　Mtrp-1より，阻害耐性のDS酵素遺伝子を分離し，プラスミドベクターと連結し，Mtrp-1株に導入した。DS酵素活性はさらに10倍以上向上し，阻害に対しても高度に耐性を示した。Trp生産

Strain /Plasmid	DS 活性	ANS 活性	ANS 阻害耐性 Trp	PRT 活性	PRT 阻害耐性 Trp	Trp (g/l)	CA (g/l)	AN (g/l)
Wild	16.0	0.83	S	0.70	S	0	0	0
Mtrp-1	18.2	2.7	R	1.3	S	8.1	0	0
+p1/DS	141.9	2.4	R	1.3	S	9.0	1.2	0
+ps2/Dap	150.2	29.5	RRR	12.9	S	6.1	0.4	2.6
+p3R/DAP	146.8	26.1	RRR	11.7	RRR	11.4	0.1	0

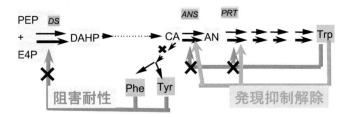

図1　Trp生合成経路上の変異による酵素活性変化と阻害耐性酵素遺伝子（DS, ANS, PRT）の導入効果

は10％程度向上したが，生合成経路上の中間体であるコリスミン酸（CA）の蓄積が観察された。

同様の手法でANS酵素遺伝子，PRT酵素遺伝子をMtrp-1より分離し，順次連結して再度Mtrp-1株に戻して，Trpの生産性を検討した。Trp阻害感受性のANS遺伝子，PRT遺伝子を導入すると，それぞれの酵素活性は向上するが，生合成中間体であるアンスラニル酸（AN）の蓄積が見出され，Trpの生産は低下した。さらに，ANS遺伝子，PRT遺伝子について，それぞれL-Trpの阻害耐性の活性を持つ酵素の遺伝子を分離し，遺伝子導入の効果を比較した。するとANS，PRT酵素活性は，先のDSも含め活性の向上と共にTrpの阻害活性にも高度の耐性を獲得し，中間代謝物の消失とTrp生産の大幅な向上が認められた。

本来，細胞の生合成経路は，中間体の蓄積というムダを起こさないように制御され，そのために酵素量や生産物阻害というコントロールを厳密に受けている。それを打破して目的物を高度に蓄積する能力を付与することは，細胞の理解と相まって次の育種戦略レベルに移行してきている。

生合成経路上のボトルネック反応の解消のため，その遺伝子を増幅する，生産物や中間代謝物の分解や競合をもたらす活性を司る遺伝子の破壊，発現制御遺伝子や抑制遺伝子の破壊など，狙った遺伝子の増幅，破壊を行える組換え技術の確立は用いる微生物ごとに必要な技術である。

3.5　システムバイオロジー技術とオミクス情報

ゲノミクスにはじまり，トランスクリプトーム，プロテオーム，メタボローム，インターラク

第1章　ゲノムからの視点

トームなどいわゆるオミクス情報をとりまとめ，それらを統合的に解析し，ブラックボックスの多い生物現象を理解することを目的とするシステム生物学（Systems Biology）という研究分野が発展してきている。これらは，近年の分析技術の進歩によりデータが急速に蓄積してきたことで，生物を物質レベルで解析し，理解できることに繋がっている。

　ゲノム配列情報としては，National Center for Biotechnology Information（NCBI, http://www.ncbi.nlm.nih.gov/）に全ゲノム配列が決定され登録されている微生物は，2011年7月現在で1699株であるが，推計されている微生物の種類からは，1％程度である。

　遺伝子発現情報を定量的に行えるようになったのは，m-RNAを試料から分解を受けずに抽出する技術が確立し，m-RNAをDNAとして定量的に回収できるようになってからである。細胞の状況によって，刻々と変化する細胞内のm-RNA量が追跡できることになり，細胞内の代謝に関わる酵素レベルの定量的な測定が可能となった。このような細胞内のダイナミックな量的変化をトレースできることで，細胞の理解が進展することはもちろんであり，機能未知遺伝子の機能推定にも，役立つ情報となっている。

　細胞内の発現タンパク質を網羅的に解析する方法も分離のための二次元電気泳動法やHPLC，分析のための質量分析装置の進歩が重要なキーとなった。イオン化法の改良（マトリックス支援レーザー脱離イオン化法（Matrix Assisted Laser Desorption/Ionization, MALDI））と分析精度の向上で，分子量を正確に測定することが可能となり，その原子組成の推定から，部分ペプチドの分子式に繋がり，タンパク質を同定することができる。この情報は，m-RNA量の測定と相まって，細胞内のダイナミックな変化の追跡に，大いに役立つ情報となっている。特にタンパク質は，代謝系路上の酵素や細胞構造タンパク質など直接の作用分子であり，その解析データは細胞内の動的変化の把握には最も重要な指標となる。

3.6　変異株ライブラリー[3]

　ゲノム上には大腸菌では，約4700の遺伝子があると推定されており，それぞれの遺伝子を削除，あるいは挿入変異により，欠失させた変異株4320株が網羅的に作製されている。これは，一遺伝子破壊株ライブラリーとして，奈良先端科学技術大学院大学と慶應義塾大学で作製された（Keio Collection）。しかし，その中でどうしても欠失変異株が取れない遺伝子が300ほどあり，それは生育に必須の遺伝子であると考えられている。同様に，枯草菌でも4106の遺伝子のうち，2792株の破壊株ライブラリーが作製されている。これらのライブラリーは，その遺伝子の機能解析に極めて有用である。さらに，物質生産に影響のある遺伝子を網羅的に探索する際の利用など，それぞれの遺伝子の機能が確定できていなくても，目的の機能を持つ遺伝子群を選択する際に，その出発材料になるなど，実用的にも極めて有用な研究材料となっている。

3.7　ミニマムゲノムファクトリー（MGF）[4,5]

　発酵生産菌の改良はこれまで述べてきたように，発酵菌の探索，ランダム突然変異による高生

産株，好形質株の選択の操作を何度も繰り返して育種する。そして，組換え手法による律速反応酵素の遺伝子増幅，不要遺伝子の変異削除などが加えられ，高生産菌の育種検討が進められてきた。その結果，もともと生物反応の持つ高い反応特異性を活かした，多くの有用物の実用物質の生産実例として社会へ貢献してきた。しかし，これらの発酵菌の育種手法では，育種に時間がかかる，不要の変異点が遺伝子上に蓄積し，発酵菌の生育能が低下する，目的物質の高生産のメカニズムが分からない，生合成経路に不明なブラックボックスが残る，発酵菌株の生産性向上のゴールが判断できない，など，遺伝子組換え技術を用いても，これら従来の発酵菌育種法には限界があると感じざるを得ない状況になっていた。

さらに，これまでの比較的高付加価値製品だけではなく，コモデティーケミカルス生産にまで発酵など生物反応に期待するとなると，触媒としての発酵菌や酵素タンパク質の改良において，革新的な改良が求められてくる。これまでの発酵菌の育種技術に新しい概念を取り入れた，画期的な発想が必要になった。

そこで，システムバイオロジーの発展と共に新しい概念が登場した。一つは本書の主題である合成生物学であり，もう一つがミニマムゲノムファクトリー（Minimum Genome Factory, MGF）である。

3.7.1　汎用性ミニマムゲノム宿主とMGF[6, 7]

発酵菌のゲノム配列を目的物質の生産に最適化させるという発想が出発点となる。発酵生産菌の育種用の最少の遺伝子セットをだけを持つ菌を，ミニマムゲノム宿主と想定している。それを，従来発酵で用いられてきた菌株のゲノム（染色体）から，発酵生産菌として有害と考えられる遺伝子，不要な遺伝子を削除して，身軽な発酵菌を作ることで達成しようと意図した。

発酵菌は温度などの環境が厳密に制御された環境下で，栄養が過不足なく与えられる発酵槽の中で生育する。そのため，自然界から探索によって見出された菌株が有する環境対応のための機能は，発酵菌にとって不要と考えられる。また，発酵の原料ではない物質の資化能力は不要だし，とくに生合成系路の高度の活性化に抑制的に働く生物の恒常性維持機能は，発酵菌の育種には阻害要因となる。生産物の分解，生合成系路上の競合，分岐も高度生産には有害となる。また，最もゲノム機能の解析が進んでいるとされている大腸菌でさえ，4割ほどの遺伝子はその機能が判っていない中で機能不明な阻害因子を除くべきと考えられる。このように，発酵菌のゲノムから不要・有害な機能を持つ遺伝子を徹底的に削除して，ゲノムを身軽にした発酵菌がミニマムゲノム宿主といえる。そこにそれぞれの物質生産に最適化した遺伝子や変異を導入し，目的物質の生産にゲノムを最適化した発酵菌を作ろうというアイデアが，MGFである。

そのためには，ゲノムを大規模に改変するための長い遺伝子領域を挿入，削除する技術，削除操作を繰り返し行える技術，削除すべき遺伝子を選択するための遺伝子機能情報やその評価方法が必要である。そして，大規模にゲノム領域を削除した株に，生産性遺伝子や必要な能力強化のために遺伝子を導入し，性能を評価する方法などが必要である。その先には，発酵菌育種の明確な方針があり，生産メカニズムも明らかで，不確定な要因が排除され，育種のゴールも推測でき，

第1章　ゲノムからの視点

そして育種にかける時間も短縮できるという大きな利点がある。生物が環境適応の機能として，本来的に有する恒常性維持機能（ロバストネス）は，発酵生産菌の育種には抑制的に働き，これを打破することが目的の一つともなる。

3.7.2　発酵生産菌のMGF[8〜10]

発酵生産菌の宿主としてよく使われてきた大腸菌，枯草菌，日本生まれの酵母菌宿主である分裂酵母を材料に，不要・有害な遺伝子を削除したそれぞれのMGFの作製が進展した。

大腸菌では，生育の特性への影響が無いことを基準に削除する遺伝子領域を設計し，4.6 Mbpのゲノムが3.6 Mbpまで削減された株が造成できた（MGF-01）。この菌株は，グルコースを単一炭素源とした単純な培地での生育が，親株より向上するという効果が認められた。これは，炭素源であるグルコースの利用の効率が向上したためと考えられる。さらに，変異（$\Delta nlpD$：ATP生産性変異）や導入遺伝子の効果が大幅に増幅するという効果が認められ，恒常性維持の打破にも一歩近づいている可能性を示唆した（図2）。また，削除する遺伝子の選択基準を「最少培地での生育に低下がないこと」にしたために，削除の進んだMGF-01株では生産性がかえって低下する事例もあり，生産する物質によっては，削除すべき遺伝子が異なることも判ってきた。つまり，削除する遺伝子の選択基準は，前項の汎用性のあるミニマムゲノム宿主の作製を目的にした，グルコースを炭素源とする最少培地での生育特性では，生産する物質によって最適化できない可能性があることを示唆している。しかし，削除したどの遺伝子が目的物質の生産に影響を及ぼすか

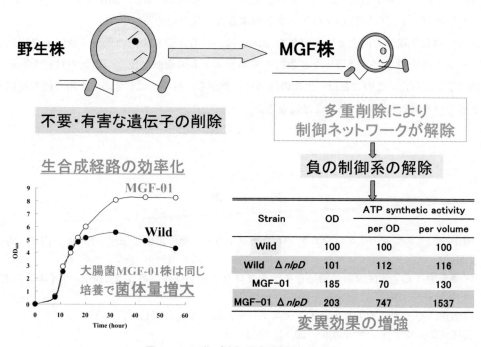

図2　MGF化（遺伝子多重削除）の効果

という情報が，ミニマムゲノム宿主作製の途中の菌株から得られることから，工程上の削除株ライブラリーは，物質生産に最適化したMGFの作製に重要な技術情報となる。

　枯草菌と分裂酵母のMGFについては，本書の別章で詳しく記載される。

　枯草菌では，セルラーゼなど酵素タンパク質の生産性を指標として削除すべき遺伝子を選択し，4.2 Mbpのゲノムを3.3 Mbpまで削減された。さらに，細胞内の代謝改変，タンパク質合成の場であるリボソームの改変，タンパク質分泌に影響のある細胞表層改変，生成タンパク質分泌能力強化などの改良も行った結果，セルラーゼの生産性が元株の5.8倍と大幅な生産性の向上が達成できた。

　分裂酵母では，種々の異種組換えタンパク質の生産を指標に検討された。とくに，生産した組換えタンパク質の分解の関わる62個のプロテアーゼ，ペプチダーゼについて，遺伝子削除を行い，さらに，それぞれの組合せの多重削除株まで作製した。そして，生産する異種タンパク質によって生産性が向上する削除すべき分解酵素の組合せが異なることを見出した。最適の組合せでは，50倍の生産性向上が見出された。

　このように，ゲノムの20〜35％を削減できた発酵宿主細胞を作り出し，その宿主に有機酸，ペプチド，酵素タンパク質などの生産に関わる遺伝子を導入し，多様な有用産物の生産性が当初の2〜10倍向上する能力を持つ発酵菌が育種できた。この技術と発想は，発酵微生物のみならず多様な微生物宿主，さらには，植物，動物細胞にも適応範囲を広げられる画期的な研究である。

　有害遺伝子を削除するという発想は，海外でも報告があるが[11]，ゲノム削除領域の大きさやその生産性に及ぼす大きな効果，何よりも不要遺伝子を系統的に削除し，削除ライブラリーとして構築したことは，上記のNEDOプロジェクトの大きな成果といえる。

　これらの物質生産性の向上という直接の意義のほかにも，微生物内の代謝，遺伝子発現制御，リボソーム，細胞膜などの構造体など生物の基本システムの理解に役立つ情報や材料を網羅的，系統的に手に入れた。このことは，生命の理解にも繋がる，科学的にも極めて有用な研究材料と，理解きっかけを身近に持っていることになる。

文　　献

1) 微生物でものづくり「ミニマムゲノムファクトリー」その誕生と未来，focus NEDO, No. 21 (2011)
2) 穴澤秀治，光学活性医薬品開発とキラルプロセス化学技術，第5章，361，サイエンス＆テクノロジー（2011）
3) 森浩禎，バイオサイエンスとインダストリー，**69**，268（2011）
4) 藤尾達郎，ファインケミカル，**30**，5（2001）

第1章　ゲノムからの視点

5)　藤尾達郎ほか，微生物機能を活用した革新的生産技術の最前線，11，シーエムシー出版（2007）

6)　清水昌，水上透，バイオサイエンスとインダストリー，**61**，735（2003）

7)　森英郎ほか，微生物機能を活用した革新的生産技術の最前線，15，シーエムシー出版（2007）

8)　H. Mizoguchi, Y. Sawano, J. Kato, H. Mori, *DNA Research*, **15**, 277（2008）

9)　K. Ara, K. Ozaki, K. Nakamura, K. Yamane, J. Sekiguchi, N. Ogasawara, *Biotechnol. Appl. Biochem.*, **46**, 169（2007）

10)　Y. Giga-Hama, H. Tohda, K. Takegawa, H. Kumagai, *Biotechnol. Appl. Biochem.*, **46**, 147（2007）

11)　G. Posfi *et al.*, *Science*, **312**, 1044（2006）

4　有用タンパク質生産のための麹菌セルファクトリー（細胞工場）の開発

北本勝ひこ*

4.1　はじめに

麹菌（*Aspergillus oryzae*）は，我が国で1000年以上も前から，日本酒，味噌，醤油などの製造に使用されており，永年の食経験から安全性が保証された微生物である。2005年の麹菌ゲノム解析の完了により，約12000と推定される遺伝子の塩基配列情報が利用できるようになった[1]。その後，我が国の研究グループにより，トランスクリプトーム解析，プロテオーム解析，メタボローム解析などのポストゲノム解析が行われており，麹菌の分子レベルでの理解は飛躍的に進んでいる。また，これらのゲノム情報を利用して，細胞生物学的な解析も進められており[2]，麹菌の持つ様々な優れた能力を有用物質生産のための細胞工場として利用しようとする研究も多数発表されている。

筆者らは，麹菌を宿主とした有用タンパク質の生産に関する研究プロジェクトを10年程前に開始したが，ゲノムからの視点に基づいた研究によりこれまでに多くの研究成果を得ている。本節では，これらの成果について最近の成果を中心として紹介する。

4.2　異種タンパク質を高分泌生産する変異株の取得[3]

ヒトリゾチーム活性によりハロが形成されることを利用して，タンパク質高分泌生産変異株の取得を行った。まず，4重栄養要求性NSAR1株（*niaD⁻ sC⁻ ΔargB adeA⁻*）[4]を親株として，*pepE*（液胞内酸性プロテアーゼ），*tppA*（トリペプチジルペプチダーゼ）両遺伝子をそれぞれ*adeA*および*argB*マーカーで破壊した。取得した*pepE*, *tppA*遺伝子2重破壊株（NStApE株）[3]を宿主として，ヒトリゾチーム発現プラスミドを*niaD*遺伝子座に単コピーで導入した。次に，リゾチーム活性を指標としたハロアッセイにより，高生産変異株をスクリーニングした。ヒトリゾチーム生産株の分生子に紫外線を照射し，リゾチームの基質である*Micrococcus*菌体入り寒天培地に100～200コロニー／プレートとなるようにまいた。生育した約8万のコロニーについてハロの直径の比を計算し，2倍以上になった株を選抜した。取得した50株を液体培地で培養した結果，ほとんどの株で親株より生産量が増加した。親株の生産量は約26.5 mg/Lだったのに対し，最も高いものは約50.8 mg/Lと1.9倍の生産量を示した。

さらに，生産量が上位の変異株をポジティブセレクション培地である改変塩素酸培地[5]に植菌し，ヒトリゾチーム発現プラスミドを脱落させ*niaD⁻*になった株を取得し，AUT（*Aspergillus oryzae* hyper-producing strain developed in University of Tokyo）株と命名した。高生産の原因が発現プラスミドの変異でないことを確認するために，これらの株にヒトリゾチーム発現プラスミドを再導入した株での生産実験を行った結果，いずれの株も親株よりも生産量が多いことが確認されたことから，変異は変異株の染色体上に起こっていることが確認された。また，AUT株

---

*　Katsuhiko Kitamoto　東京大学大学院　農学生命科学研究科　応用生命工学専攻　教授

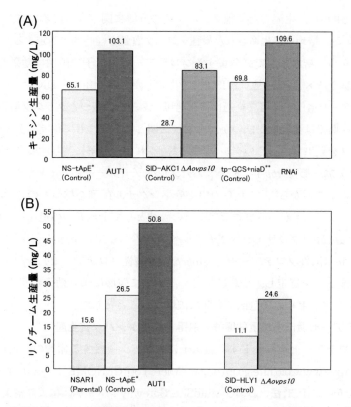

図1 AUT1株，*Aovps10*遺伝子破壊株ならびにRNAi株による異種タンパク質生産
*NS-tApE株は，*tppA pepE*破壊株であり，AUT1株の親株として使用。
**tp-GCS＋niaD株は*tppA pepE*破壊株にキモシン発現プラスミドが多コピー導入されたもので，RNAi株の親株として使用。その他の株は，発現プラスミドが*niaD*遺伝子座に1コピー導入されたものであり，単純に，これらの生産量を比較することはできない。

がヒトリゾチーム以外の異種タンパク質も高生産することを確認するため，ウシキモシンを発現するプラスミドを形質転換して生産量を検討したところ，コントロール株と比べ約1.6倍高い103 mg/Lの生産性を示した[3]（図1）。現在までに，AUT株は，シロアリ由来のβエンドグルカナーゼなど[6]，様々な異種タンパク質の生産でも効果があることが確認されている。

4.3 プロテアーゼ遺伝子多重破壊株による異種タンパク質の高生産
4.3.1 異種タンパク質分解に関与するプロテアーゼ遺伝子の絞り込み

麹菌*A. oryzae*により生産された異種タンパク質は，麹菌自身の分泌するプロテアーゼにより分解を受ける。そこで，このような分解に関与するプロテアーゼの活性を低下させることは，効率的な異種タンパク質生産を行うために有効である。

麹菌ゲノム解読により麹菌*A. oryzae*は134個のプロテアーゼ遺伝子を有していることが明らか

になった[1]。この中から，生産した異種タンパク質の分解に関与しているプロテアーゼを絞り込むことが必要である。培地中に生産された異種タンパク質量を経時的に測定すると培養後期で徐々に減少することから，培養後期で高発現するプロテアーゼ遺伝子の破壊は効果的と考えられた。そこで，栄養豊富な5×DPY培地（pH8.0）で生育した麹菌を用いてDNAマイクロアレイ解析を行い，プロテアーゼ遺伝子の培養経過に伴う発現パターンに基づきクラスタ解析を行った[7]。その中で，培養の前期では発現量が低いが，中期，後期となるにつれて徐々に発現量が上昇する傾向にあるグループを見出した。このグループには，これまで分解に関与することが知られていた*pepA*（酸性プロテアーゼ），*tppA*（トリペプチジルペプチダーゼ），*alpA*（アルカリプロテアーゼ）が含まれていたことから[8]，これらの中で分泌シグナル配列を持つものを中心として絞り込みを行い，破壊により効果があるプロテアーゼの候補として上記3つの遺伝子の他，*nptB*（中性プロテアーゼ），*dppIV*（プロリルジペプチジルペプチダーゼIV），*dppV*（ジペプチジルペプチダーゼV），*AopepAa*（酸性プロテアーゼ），*AopepAd*（酸性プロテアーゼ），*cpI*（カルボキシペプチダーゼ）の9遺伝子を選定し，これに加えて，すでに破壊により効果が認められていた*pepE*（液胞内酸性プロテアーゼ）の10遺伝子を順次破壊することとした。

4.3.2　プロテアーゼ遺伝子10重破壊株の取得と異種タンパク質生産[9, 10]

　上記10種のプロテアーゼをコードする遺伝子について，隣接する領域の配列を*A. oryzae*ゲノム配列情報（http://www.bio.nite.go.jp/dogan/MicroTop?GENOME_ID=ao）より取得し，破壊用のDNA断片をfusion PCR法[11]およびMultiSite Gatewayシステム[12]により構築した。10重破壊株の取得の手順を図2に示す。これらの破壊用断片を，*ligD*遺伝子を破壊した高頻度相同組換え宿主のNSPlD1株[13]に順次形質転換した。形質転換株のゲノムDNAを回収したのち，PCRおよびサザン解析により目的の遺伝子が破壊されていることを確認した。また，このとき，遺伝子破壊により生育が親株と同様であることを確認して次のステップに進むことにした。ここに記す10種のプロテアーゼ遺伝子の破壊では，全て生育にほとんど影響を示さなかったが，液胞プロテアーゼBのホモログである*AopepC*遺伝子破壊では生育が悪くなり，この多重破壊からは除外した。取得した破壊株によるウシキモシン生産量を調べるために，ウシキモシン発現プラスミドを*niaD*遺伝子座に1コピーで導入した各破壊株を5×DPY液体培地（pH5.5）で培養したのち培地上清のウシキモシン活性を測定した（図3(A)）。その結果，プロテアーゼ遺伝子2重破壊株（ΔP2）では，63.1 mg/L，5重破壊株（ΔP5）では84.4 mg/L[9]，7重破壊株（ΔP7）では91.8 mg/L，10重破壊株（ΔP10）では109.4 mg/L[10]と多重破壊を重ねることにより生産量の向上が認められた。次に，様々な異種タンパク質生産に効果があることを確認するために，5重破壊株と10重破壊株にヒトリゾチーム発現プラスミドを導入し，5×DPY液体培地（pH8.0）での生産を調べた。培地上清のヒトリゾチームの活性を測定した結果，プロテアーゼ遺伝子5重破壊株と10重破壊株では，それぞれ26.5 mg/L（コントロール株の約2.4倍），35.8 mg/L（同約3.2倍）の生産性を示した（図3(B)）[10]。これらの結果から，プロテアーゼ遺伝子多重破壊株は異種タンパク質の生産に効果があることが明らかになった。ただし，10重破壊株でも，5日，6日と減少が認められたこと

第1章 ゲノムからの視点

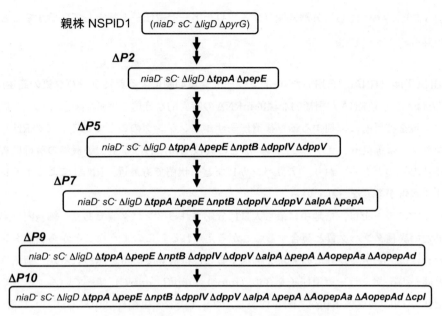

図2 プロテアーゼ遺伝子多重破壊株の育種手順

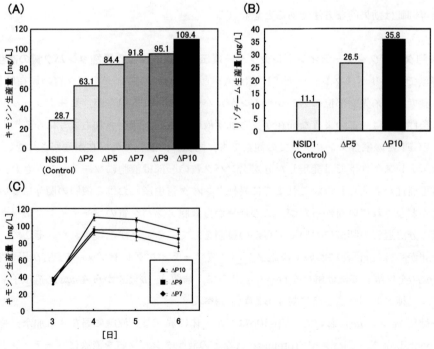

図3 プロテアーゼ遺伝子多重破壊株による異種タンパク質の生産

合成生物工学の隆起

から（図3(C)），今後，さらに分解に関与するプロテアーゼ遺伝子を特定して破壊することも有効と考えられる。

4.4 RNA干渉（RNAi）を用いたα-アミラーゼ発現抑制による異種タンパク質の高生産[14]

RNAiとは，二本鎖RNAが相補的な標的mRNAの特異的な分解を促進することにより標的タンパク質の発現を特異的に抑制する転写後遺伝子サイレンシングのことである。このRNAiによるサイレンシングは線虫やショウジョウバエなどの真核生物における遺伝子機能の解析に有効な逆遺伝的手法の一つとなっており，アカパンカビなど糸状菌でも最近，RNAiによるサイレンシングに関する報告が多くなされている。

麹菌のα-アミラーゼは，培地中に最も大量に分泌されるタンパク質であり，細胞内分泌経路で発現させたい異種タンパク質と競合することが考えられる。このようなことから異種タンパク質生産のためには，α-アミラーゼの発現を抑制することは有効であると思われるが，麹菌は配列がほとんど同一のα-アミラーゼ遺伝子を3つ（amyA，amyB，amyC）持っている。そこで，α-アミラーゼRNAi用プラスミドpgAAiNを作製し，ウシキモシン生産株（tp-GCS6株）に導入した。得られた形質転換株は，α-アミラーゼ活性が約4分の1から3分の1に減少し，ウシキモシン生産量は最大約109.6 mg/Lと，コントロール株の約1.7倍に増加することが確認された[14]（図1(A)）。このことから，異種タンパク質生産レベルをg/Lオーダーにすることを考えた場合には，α-アミラーゼ発現抑制は効果的な方法であると思われる。

4.5 液胞タンパク質ソーティングレセプター遺伝子破壊株による異種タンパク質の高生産[15]

分泌酵素であるリボヌクレアーゼT1（RntA）とEGFPとの融合タンパク質の局在解析から，通常の培養では菌糸先端部位のスピッツエンケルパーに見られる局在が，ヒートショックなどのストレス条件下では，このような局在が見られず液胞に蛍光が観察されるようになる[16]。α-アミラーゼとEGFPとの融合タンパク質での観察でも，同様に，液胞での局在が観察されたことから，何らかのストレス条件下では発現した分泌タンパク質の一部は液胞にソーティングされ，分解されている可能性が考えられた。これまでに異種タンパク質生産における液胞の関与についての研究はほとんどなされていなかったが，この結果から液胞タンパク質のソーティング機構が異種タンパク質の分泌過程の制御において何らかの役割をしていることが示唆された。そこで，麹菌のゲノム情報からA. oryzaeにおいて液胞タンパク質ソーティングレセプターVPS10相同遺伝子であるAovps10を単離して機能解析を行った。さらに，麹菌A. oryzaeからAovps10遺伝子破壊株を作製して，異種タンパク質生産に対する影響を調べた[15]。

出芽酵母S. cerevisiaeにおいて，Vps10pはゴルジ体に局在し，液胞に局在する加水分解酵素のCarboxypeptidase Y（CPY）やProteinase Aなどの液胞タンパク質を液胞にソーティングする役割を持つ[17]。VPS10遺伝子破壊株では，CPYのミスソーティングが起こり，CPYが細胞外へと分泌されることが知られている。図4は，出芽酵母S. cerevisiaeでの知見をもとにして，麹菌にお

第1章　ゲノムからの視点

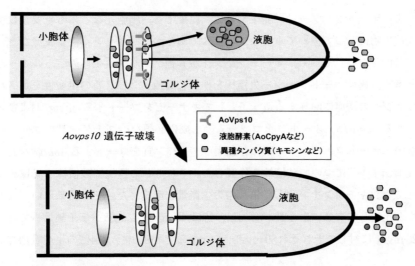

図4　液胞タンパク質ソーティングレセプター遺伝子Aovps10破壊によるAoCpyAおよび異種タンパク質の細胞外分泌

けるAoVps10の働きについて示したものである。

　麹菌Aovps10遺伝子破壊株にウシキモシン発現プラスミドを導入し，5×DPY液体培地（pH5.5）で培養したのち培地上清のウシキモシンの活性を測定した[15]。その結果，Aovps10遺伝子破壊株SIDv10-AKC3では培養4日目にウシキモシンの生産量はコントロール株のSID-AKC1（28.7 mg/L）に対し，83.1 mg/Lの生産量を示した（図1(A)）。さらに，ヒトリゾチーム発現遺伝子導入株を5×DPY液体培地（pH8.0）で培養したのち培地上清のヒトリゾチーム活性を測定したところ，コントロール株のSID-HLY1（11.1 mg/L）に対し，24.6 mg/Lの生産量を示した（図1(B)）。これらの結果は，ウシキモシンやヒトリゾチームの生産において，ゴルジ体においてこれらのタンパク質の一部はAoVps10依存的に液胞に運ばれ分解を受けていることを示唆している。この結果は，Aovps10遺伝子単独破壊により，プロテアーゼ5重破壊株とほぼ同等の生産性を示すこと，また，生産されたウシキモシンのウエスタン解析から，正常なフォールディングをとっているウシキモシンが生産されていることも確認している。

4.6　オートファジー制御株による異種タンパク質の高生産

　筆者らは以前，麹菌A. oryzaeで変異型分泌タンパク質としてS-S結合を欠損したα-アミラーゼを発現させると液胞に取り込まれることを見出し，これがオートファジー（自食作用）に依存することを明らかにした[18]。オートファジーは真核生物に高度に保存された細胞内分解機構であり，栄養飢餓時において細胞内成分をリサイクルすることによる生存戦略として機能している。オートファジーのプロセスは，①オートファジーの誘導，②オートファゴソームの形成，③オートファゴソームと液胞との融合，④液胞内でのオートファジックボディーの分解の各段階から構

合成生物工学の隆起

成される。またオートファジーは，発生や分化，免疫応答，細胞死などにも重要な役割を果たしており，真核生物にとって極めて重要なプロセスであるが，有用タンパク質生産などの応用に関連した研究は例がない。そこで，オートファジーが異種タンパク質生産のボトルネックの一つではないかと考え，麹菌オートファジー欠損株を作製し異種タンパク質の生産性を調べた。

オートファジーの誘導に関与する遺伝子としてキナーゼをコードする*Aoatg1*およびその制御因子をコードする*Aoatg13*，オートファゴソームの形成に必須なペプチダーゼをコードする*Aoatg4*および隔離膜，オートファゴソーム膜に存在するタンパク質をコードする*Aoatg8*などのオートファジー関連遺伝子[19, 20]について破壊株を作製した。それぞれの遺伝子破壊株で異種タンパク質のモデルとしてウシキモシンを発現し，培地中の生産量を測定した。その結果，いずれの株もコントロール株と比較して有意に生産量が増加し，特に*Aoatg4*，*Aoatg8*遺伝子破壊株では，コントロール株の26 mg/Lに対してそれぞれ80 mg/L，64 mg/Lと約3.0倍，2.4倍の生産量増加が認められた[21]。

4.7　様々な手法による異種タンパク質生産麹菌宿主の開発

上記のように，異種タンパク質高生産変異[3]，プロテアーゼ多重破壊株[9, 10]，RNAiによるα-アミラーゼ抑制株[14]，液胞タンパク質ソーティングレセプター遺伝子破壊株[15]，オートファジー制御株[20]による異種タンパク質生産を行ってきた。それぞれ，異種タンパク質生産量を異なる機構で改善していることが示唆される。現在，究極の細胞工場を目指して，これらの組み合わせにより，さらに高い生産性を示す株の育種を進めている。

文　　　献

1) M. Machida *et al.*, *Nature*, **438**, 1157 （2005）
2) 正路淳也，樋口裕次郎，丸山潤一，北本勝ひこ，蛋白質核酸酵素，**53**，753 （2008）
3) T. Nemoto, T. Watanabe, Y. Mizogami, J. Maruyama, K. Kitamoto, *Appl. Microbiol. Biotechnol.*, **82**, 1105 （2009）
4) 北本勝ひこ，丸山潤一，P. R. Juvvadi，生物工学会誌，**83**，277 （2005）
5) K. Ishi, T. Watanabe, P. R. Juvvadi, J. Maruyama, K. Kitamoto, *Biosci. Biotech. Biochem.*, **69**, 2463 （2005）
6) K. Hirayama, H. Watanabe, G. Tokuda, K. Kitamoto, M. Arioka, *Biosci. Biotech. Biochem.*, **74**, 1680 （2010）
7) S. Kimura, J. Maruyama, M. Takeuchi, K. Kitamoto, *Biosci. Biotech. Biochem.*, **72**, 499 （2008）
8) F. J. Jin, T. Watanabe, P. R. Juvvadi, J. Maruyama, M. Arioka, K. Kitamoto, *Appl.*

第 1 章　ゲノムからの視点

Microbiol. Biotechnol., **76**, 1059（2007）

9）　J. Yoon, S. Kimura, J. Maruyama, K. Kitamoto, *Appl. Microbiol. Biotechnol.*, **82**, 691（2009）

10）　J. Yoon, J. Maruyama, K. Kitamoto, *Appl. Microbiol. Biotechnol.*, **89**, 747（2011）

11）　北本勝ひこ，生物工学会誌，**84**，361（2006）

12）　Y. Mabashi, T. Kikuma, J. Maruyama, M. Arioka, K. Kitamoto, *Biosci. Biotech. Biochem.*, **70**, 1882（2006）

13）　J. Maruyama, K. Kitamoto, *Biotechnol. Lett.*, **30**, 1811（2008）

14）　T. Nemoto, J. Maruyama, K. Kitamoto, *Biosci. Biotech. Biochem.*, **73**, 2370（2009）

15）　J. Yoon, T. Aishan, J. Maruyama, K. Kitamoto, *Appl. Environ. Microbiol.*, **76**, 5718（2010）

16）　K. Masai, J. Maruyama, H. Nakajima, K. Kitamoto, *Biosci. Biotech. Biochem.*, **67**, 455（2003）

17）　J. L. Cereghino, E. G. Marcusson, S. D. Emr, *Mol. Biol. Cell*, **6**, 1089（1995）

18）　S. Kimura, J. Maruyama, T. Kikuma, M. Arioka, K. Kitamoto, *Biochem. Biophys. Res. Commun.*, **406**, 464（2011）

19）　T. Kikuma, M. Ohneda, M. Arioka, K. Kitamoto, *Eukaryot. Cell*, **5**, 1328（2006）

20）　T. Kikuma, K. Kitamoto, *FEMS Microbiol. Lett.*, **316**, 61（2011）

21）　尹載宇，菊間隆志，柳沢晋，丸山潤一，北本勝ひこ，生物工学会要旨集（2011）

5　細胞内における人工遺伝子回路の構築

木賀大介[*]

5.1　はじめに

　近年隆起している合成生物工学では，種々の生物から有用な遺伝子をそれぞれ取り出して組み合わせて活用することが行われつつある。これは，古典的な遺伝子工学が一つの外来性遺伝子を宿主に導入して活用していたことと対照的である。本稿では工学的な観点から，合成生物工学におけるこのような遺伝子の組み合わせを「人工遺伝子回路」と呼ぶ。このような組み合わせの活用が可能になった2つの基盤として，①近年の生命科学における種々の網羅的解析の結果として膨大な情報が蓄積してきたことと，さらに，②板谷，ベンターの各グループなどにより長鎖DNA調製技術も進展してきたことが挙げられる[1,2]。

　しかしながら，単に遺伝子をそのまま連結するだけでは，このような人工的な組み合わせによるネットワークの能力を引き出すことはできない。天然の遺伝子一つ一つは，どのような生体高分子をつくるか，という配列情報に加え，この生体高分子をいつどれだけつくるか，という制御情報をあわせ持っている。さらに，天然の遺伝子の組み合わせであるゲノムでは，この制御情報がまとまってネットワークとして働くことで，自律的に維持される個体が成立している。人工的な遺伝子の組み合わせについても，適切な制御ネットワークをDNAに記された配列として新たにデザインすることにより，組み合わせの能力を最大限発揮できることになるだろう。実際，代謝工学や（板谷の節参照）iPS細胞の確立において[3]定常発現する複数の遺伝子の組み合わせを活用する際にも，それぞれの遺伝子の発現量を調整することが重要であることがわかっている。今後は，定常発現から少し進んだプログラミングとして，それぞれの遺伝子の発現を基質の量に応じて調節するだけでなく，さらに進んで，基質の量の変化を検知して将来必要になる遺伝子産物を事前に生産し始めるように，発現のタイムスケジュールをプログラミングしておくことも行われていくだろう。本稿では，このような遺伝子「回路」を構築する際に，工学一般で行われているような数理モデル化を遺伝子ネットワークに適用するDryアプローチを，Wet実験に対して順次組み合わせていくことが有用であることを，構築の実例と共に紹介する。

5.2　人工遺伝子回路と数理モデルの関係

　人工遺伝子回路を構築した初期の研究として，2つのリプレッサーが互いに他の発現を抑制するように組み合わせることで，同じ遺伝子ネットワークが2種類の発現状態をとれることを示した2000年の実験がある[4]。図1に示すように，(B)lacプロモーターからCIts（温度感受性）タンパク質が発現しており，このリプレッサーによってλプロモーターからのLacIタンパク質の発現は抑えられている場合と，(C)λプロモーターからLacIタンパク質が発現しており，このリプレッサーによってlacプロモーターからのCIタンパク質の発現は抑えられている場合の，2状態が可能

　＊　Daisuke Kiga　東京工業大学　大学院総合理工学研究科　准教授

第1章 ゲノムからの視点

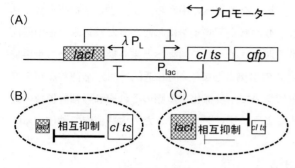

図1 トグルスイッチ(A)プログラムする人工遺伝子回路，(B)P$_{lac}$からの cI ts の発現が優勢，(C)λP$_L$からの lacI の発現が優勢

である。また，(C)の状態にあっても，LacIタンパク質の抑制能を阻害するIPTGを加えることで，(B)の状態に変化させることができる。さらに，IPTGを除去しても，(B)の状態は維持される。ただし，同じ相互抑制のトポロジーを持っていても，制御領域の配列によっては，このような双安定状態をとれず，IPTGによる誘導をなくすと，(B)の状態を維持できずに(C)の状態になってしまう，ということも合わせてこの仕事で示された。このような相互抑制の関係にある2つのリプレッサーとして，λファージの溶菌・溶源の運命決定を行うCIとCroの関係が古くから知られているにもかかわらず，この実験が注目された理由として，同じ相互抑制トポロジーを持つ遺伝子ネットワークが2つの安定状態を持てる場合と1つしか安定状態を持てない場合の差異を，数理モデルによる図示で説明できたことにある。

5.3 工学一般としての人工遺伝子回路の構築

工学一般に部品の規格化と数理モデル化が重要であるように，生物をつかったものつくりにも，このようなDryアプローチを，Wetアプローチとしての生物実験に対して順次組み合わせていくことが有用である（図2）。そして，ものつくりという過程は，どのような遺伝子を用いるか，そ

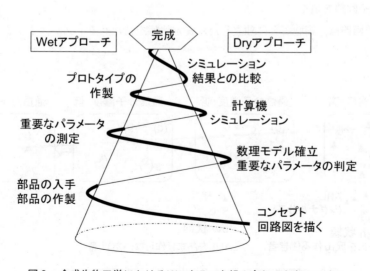

図2 合成生物工学におけるWetとDryを組み合わせたものつくり

れぞれの発現制御をどのようにするか，という膨大な選択肢の中から，よりよい選択肢を絞り込んでいく過程として捉えることができる．もしも，あるデザインにしたがった絞込みの途中段階で困難が明らかになった場合には，早い段階で別デザインでの構築へと乗り換えることも重要である．本項では著者らによるこの絞込みの過程の事例として[5]，同じ遺伝子回路を持ちながら2種類の遺伝子発現状態に多様化できる大腸菌について，多様化する際のそれぞれの細胞種数の比を，細胞間通信を行うことで自律的に調整するようにプログラムできた，大腸菌内で動作する人工遺伝子回路の構築について述べる．

5.3.1 つくるもののコンセプトを明確にする

本研究では，人工遺伝子回路によるプログラミングのモデルケースとして，「働きアリの中には怠け者が一定割合いて，怠け者だけになると一部の怠け者が働き出す」というシステムを模した細胞集団の構築を試みた（図3）．モデル研究ではあるが，将来的な応用としては，「働き者」微生物が物質生産などの役割を果たす一方でその負荷によって死んでしまう場合，「怠け者」として生き残った微生物が増殖し，その一部が働き出す，ということが期待できる．

このシステムを構成するために，2つのサブシステムが要求される．まず，同じ遺伝子ネットワークを持ちながら2種類の発現状態に多様化できる機構である．こちらは，上記で紹介したトグルスイッチを用いることになる．もう一つのサブシステムは，細胞間の通信である．天然の微生物の間の通信メカニズムとして，通信用小分子を介して遺伝子発現を調整するクオラムセンシングが知られており，人工遺伝子回路の構築でもこのメカニズムは頻用されている[6]．本研究では，「怠け者」細胞は，「働き者」細胞が出す細胞間通信小分子を液体培地を介して受け取っている間は安定して怠け者でいられるが，働き者がいなくなって通信小分子もなくなると，怠け者集団は不安定化し，その結果，集団の一部が働き者に変化し，これらの出す通信小分子によって，集団の残りは怠け者に戻れる，というシナリオを描くことができる．

5.3.2 遺伝子回路を描く

本人工遺伝子回路は，細胞ごとに独立した双安定状態を持たせるトグルスイッチと細胞間通信

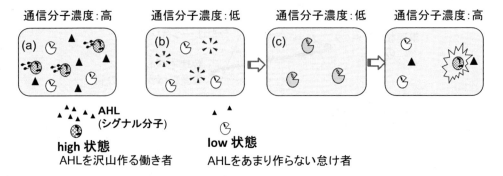

図3　細胞間通信を介した多様化モデルシステムのコンセプト

第1章　ゲノムからの視点

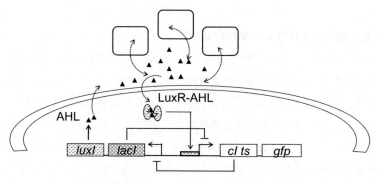

図4　多様化をプログラムする人工遺伝子回路

とに，それぞれ遺伝子を割り当てることで構築できると想定できる．まず，働き者が細胞間通信分子AHLを生産するために酵素LuxIが必要になる．培地を通じて細胞間で共有されるこのAHLがある間は，本システムは通常のLacI-CIトグルスイッチとして振舞う一方，AHLがなくなると怠け者状態が不安定になる．この動作は，図4の右側のプロモーターが，AHLが無い場合にはいつでもOff，有る場合にはLacIの抑制を受ける通常のlacプロモーターとして振舞う，という，2つの入力を統合することで達成できる．また，AHLに依存して転写を活性化するために，この分子と結合する転写活性化タンパク質LuxRが必要になる．

5.3.3　DNA「パーツ」の入手・創作

　回路図に基づいて，対応するDNAを調製する．組換えDNA実験では，公的なバンクや他の研究者からDNA分子を入手することが伝統的に行われてきた．今後はこの入手過程を効率化することが，合成生物工学分野全体の進展のために必要となる．そのためには，DNAの情報が記されたデータベースの整備が重要である．ただし，このデータベースは，理解するための情報が記載されているシステム生物学で見られるデータベースでなく，組み立てるために必要な情報が記載されている，トランジスタのカタログのような様式でのデータベースであることが望ましい．さらには，このデータベースは，DNA分子ライブラリと合わせて整備することが期待される．データベースの一例として，合成生物学の学生国際コンテストなどで標準規格として広まりつつあるBioBrickが存在する[7,8]．さらに，遺伝子受託合成のコストが低下している現在，知的財産権に留意した上で，論文やデータベースの配列情報からDNAを作り直すことも可能である．

　一方，全く知られていない特性を持つパーツが必要となる場合，これを新たに創出する必要がある．本研究では，プロモーター－35配列，－10配列の周辺に，LuxR結合配列と2つのLacI結合配列とを適切に配置することで，必要とする特性を持つプロモーターを作製することができた．このようなデザインでは，蓄積されてきた生化学や立体構造解析による知見や，タンパク質工学・進化分子工学との連携が重要になる．

　これらの手段によって適切なDNA分子を入手できない場合，前の段階に戻ってデザインをやり

37

直す必要がある。

5.3.4 定式化と鍵となるパラメータの判定

　使用することが決まったパーツの特性に応じて，システムの数理モデルを構築する。本研究ではタンパク質や通信小分子の濃度の時間変化を常微分方程式で表した。mRNA濃度にも着目する研究や，分子の少数性に起因する数ゆらぎに注目した立式がなされることもある。この過程で，リプレッサー濃度に応じて遺伝子発現量が非線形的に変化する様子を表すパラメータであるヒル係数が重要であることが，モデルから判明する。そこで，ヒル係数を先に測定することとした。さらに，ヒル係数を増減させるためにどのような変異をDNAに施せばよいか，について，未だ一般論は存在しない。そこで，ヒル係数の測定を行うものの，これは後で調整することなく，与えられたプロモーターのヒル係数の特性が回路に必要な条件を満たしているならば，後で行うシミュレーションやDNAの調製でそのまま用いることとする。これと対照的に，生産の最大値を表すパラメータの増減は，プロモーターの−35，−10配列の最適化や，mRNA上のリボソーム結合配列の最適化で達成することが可能である。

5.3.5 鍵となるパラメータの測定

　回路の特性から，動作の鍵となることが判明したヒル係数の測定は，プロモーター，タンパク質コード配列をDNA分子上に連結するWet実験の前に行う。プロモーターに対する入力を変化させた実験から，式のヒル係数が判明する。今回はじゅうぶん大きなヒル係数を示したので構築を先に進めたが，もしも必要とするヒル係数の大きさが得られていなかったならば，前の段階に戻ってデザインをやり直す必要がある。

5.3.6 計算機を用いた数値シミュレーション

　特定の性能（パラメータ）を持った遺伝子ネットワークについて，数理モデルが確立していれば，コンピュータを用いたシミュレーションによって，遺伝子発現がどのように変化していくかを推測することができる。このようなシミュレーションを多数のネットワークについて行い，正しく動作するネットワークを一つ探し出すこともできる。しかしながら，このような探索だけでは，シミュレーションの意義を引き出すことにならない。なぜならば，シミュレーションから期待されるパラメータ，例えば特定の値のkcatを持つ酵素を入手できるとは限らないからである。シミュレーションから引き出すべきことは，期待する動作を達成するためにパラメータにどれくらいの許容幅があるか，換言すれば，部品の遊び幅がどれだけあるか，ということである。もしもこの幅がとても小さい，例えば許容されるパラメータの最大値が最小値の1.01倍でしかなければ，適した特性を持った部品を手に入れることは難しく，所望の挙動を示す遺伝子ネットワークを構築することは不可能に近いだろう。例示した実験では，この幅は2倍程度あったため，完成の見込みが高いと判断してDNAを実際に合成することとした。

5.3.7 作製されたプロトタイプの挙動とシミュレーション結果との比較によるファインチューニング

　動作できる見込みの高いデザインと部品とが手に入ったならば，あとは実際にDNAを組み合わ

第1章　ゲノムからの視点

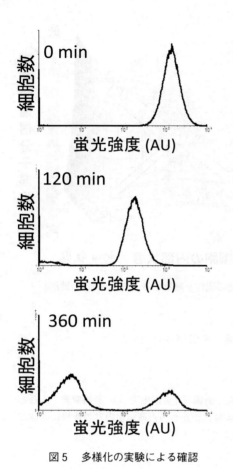

図5　多様化の実験による確認

せたプロトタイプを作製し，これを修正していくことになる．最初に作製したプロトタイプによって生じる動作が，デザインした動作と違っていたとしても，どの方向にパラメータを修正したらよいか，ということがシミュレーションからわかっているため，修正は容易となる．

例示している研究で作製したプロトタイプの人工遺伝子回路では，通信分子を生産する酵素として野生型を用いていた．このプロトタイプの挙動とシミュレーションの挙動との比較から，シグナル生産量を増加させればよいことが判明した．そこで，生産量が増加した通信分子生産酵素の変異体を文献から探し，野生型酵素と交換した．その結果，今度はシグナル生産量が多すぎることが判明した．次に行うべきことは，野生型酵素と，複数のアミノ酸置換からなるこの変異体との中間のシグナル生産量を示す別の変異体酵素を入手することになる．そこで，種々の置換の組み合わせを持つ変異体群を作製し，これらのいずれかを組み込んだ種々のネットワークを作製したところ，その中からデザインどおりに多様化の挙動を示すネットワークを得て，ものつくりは完成した（図5）．

5.4　完成したネットワークが示した興味深い挙動：細胞密度に依存した多様化の度合いの変化

本研究で作製した細胞の挙動を概念として示す図6に示される地形において，横軸は細胞の内部状態を表し，縦軸は培地を含めた系全体での通信分子濃度を表す．このような地形による解釈が，発生学やiPS細胞の確立の説明で行われている[9]．縦方向に「転がる」速さは，細胞個々の通信分子の生産速度ではなく，各細胞が生産して培地に放出する通信分子生産速度の総和を意味する．この速さを変化させると，最終的な細胞の2状態それぞれへ分布した細胞の数の比が変化することが，地形モデルから想定される．ここで，この速さを操作する方法には2つある．一つは，細胞の密度を変えずに各細胞の生産量の上限を変えることである．これは，最初のプロトタイプと最終版，そしてその間に作製された種々の遺伝子回路の動作でも検出された．もう一つは，遺伝子ネットワークを変えずに，細胞密度を変化させることである．生きた細胞を用いた実験でも，期待通りこのような分布の比を変化させることができた．興味深いことに，遺伝子組換え操作は施していない発生中の胚の操作やES細胞の培養でも，類似した細胞密度依存の細胞分化比の変化

39

が知られている[10,11]。これらの現象を司る遺伝子ネットワークの構造の中には本研究でデザインした遺伝子回路と同じトポロジーが含まれている可能性があり，今後の検証が期待される。

5.5 まとめ

本稿では，工学一般としての枠組みから，合成生物工学において，Wetアプローチとしての生物実験に対して，Dryアプローチを順次組み合わせていくことの重要性を解説した。紙面の都合により詳細を触れることができなかったDryアプローチの詳細については，原著論文を参照されたい。

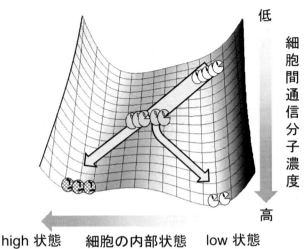

図6 多様化の過程を解釈する「Waddington地形」

謝辞

本研究は，JSTさきがけ「生命モデルの革新と展開」，科研費新学術領域「合成生物学」，科研費若手(A)などのサポートによって行われました。また，関根亮二君など，本実験にかかわった研究室内外の皆様に感謝します。

文　　献

1) M. Itaya *et al.*, *Proc. Natl. Acad. Sci. USA*, **102**, 15971 (2005)
2) D. G. Gibson *et al.*, *Science*, **319**, 1215 (2008)
3) E. P. Papapetrou *et al.*, *Proc. Natl. Acad. Sci. USA*, **106**, 12759 (2009)
4) T. S. Gardner *et al.*, *Nature*, **403**, 339 (2000)
5) R. Sekine *et al.*, *Proc. Natl. Acad. Sci. USA*, **108**, 17969 (2011)
6) S. Basu *et al.*, *Nature*, **434**, 1130 (2005)
7) R. P. Shetty *et al.*, *J. Biol. Eng.*, **2**, 5 (2008)
8) S. Ayukawa *et al.*, *BMC Genomics*, **11 Suppl 4**, S16 (2010)
9) S. Yamanaka, *Nature*, **460**, 49 (2009)
10) J. B. Gurdon *et al.*, *Curr. Biol.*, **3**, 1 (1993)
11) Y. S. Hwang *et al.*, *Proc. Natl. Acad. Sci. USA*, **106**, 16978 (2009)

第2章　分子メカニズムの視点

1　タンパク質の輸送メカニズム―細胞表層を新しい反応プラットフォームとして―

植田充美[*]

1.1　はじめに

生細胞内で触媒機能を持つ酵素は，よく知られた反応の触媒機能だけでなく，置かれた環境の下で，興味深い反応をするものがあり，これにより，ゲノム解析での遺伝子の数とタンパク質の数の異なりを一部補完している。例えば，カタラーゼという酵素は，catalaticな反応がよく知られているが，この酵素の密集度を上げるとperoxidaticな反応が見られ，実際，包括固定化法により試験管内でも実証されている[1]。また，セルロースを分解する微生物が細胞表層に持つセルロソームと呼ばれるタンパク質超複合体を構成する酵素群も多数の予備群を持つ遺伝子から環境に応じて，最適な酵素群を選抜して，セルロース分解の最適化を自ら図っているようである[2]。最近では，解糖系の酵素群も細胞内外に輸送され，新しい機能をすることから「ムーンライティング」タンパク質として脚光を浴びてきている[3]。

1.2　タンパク質の輸送情報の活用

次世代DNAシークエンサーが稼働し，ゲノム情報がまさに，百科事典のように扱える時代を迎えた現在，ゲノムに基づく情報から生命の巧みな機能をいかにあぶり出し，さらに，いかに実用化につなげていくかが問われる時代となってきている。たとえば，細胞内小器官タンパク質が持つ特有のシグナル配列は，この情報が機能化されることによって，真核細胞における細胞内小器官タンパク質の細胞内輸送局在化機構を作動させている。一方，細胞外へ放出されるタンパク質も分泌シグナルを持っており，このシグナル機能はすでに外来発現タンパク質を細胞外の培養液へ導き出し，以後の回収を容易にする実用化に使われている。

我々は，細胞表層，即ち，細胞膜や細胞壁に着目して，これらの領域に輸送局在化するタンパク質のアドレスとなる情報の探索と活用をめざした。「細胞表層工学（Cell Surface Engineering）」[4~6]とは，こういった細胞表層へ輸送局在化されるタンパク質の分子情報を活用して，外来タンパク質を細胞膜の外側や細胞壁にターゲティングさせ，細胞表層に新機能を賦与することにより，従来の細胞を新機能を装備した細胞に生まれ変わらせる合成生物学的細胞育種工学である（図1）。一方，生物細胞を生体触媒という見方をすると，遺伝子工学的に細胞表層に酵素・タンパク質を発現させ，細胞を固定化担体として利用することになり，酵素・タンパク質が

＊　Mitsuyoshi Ueda　京都大学大学院　農学研究科　応用生命科学専攻　教授

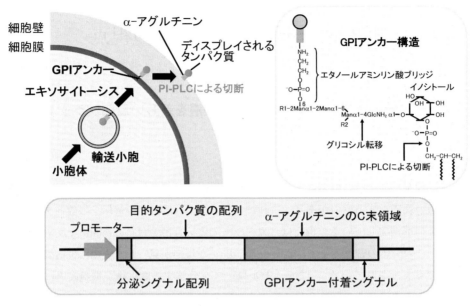

図1 細胞表層工学（アーミング酵母創製）の原理
PI-PLC：ホスファチジルイノシトール特異的ホスホリパーゼC

プロモーターの活性化により生産されるため，保存・増殖という再生機能を有するという画期的なメリットがあり，従来の遺伝子工学と固定化酵素というバイオテクノロジーの２本の支柱を結びつけたことになる。酵素の担体への固定化は，経験的に数多く試みられてきたが，従来の化学的・物理的固定化法では，固定化された酵素の失活による性能劣化が避けられなかっただけに，確固たる原理に基づくこの方法の利用価値は大きく，伝統的な培養工学の分野でも大いに広まると考えられる[7]。

1.3 細胞表層への輸送シグナルの分子情報

　細胞表層へのタンパク質の輸送機構は，パン酵母 *Saccharomyces cerevisiae* を材料として，細胞壁合成や細胞表層タンパクの構造と機能の解析と相まって分子レベルで急速に明らかになってきた。酵母で最も機能解析が進んでいる細胞壁タンパク質としては，細胞同士が，接合の時に誘導発現する性凝集細胞間接着分子であるアグルチニンタンパク質がある。このタンパク質には，α接合型細胞で発現するα-アグルチニンとa接合型細胞で発現するa-アグルチニンがあり，ともに細胞壁に結合して活性部位が細胞の最外層から突き出ており，この２つの分子を介して細胞間接着が起こる。α-アグルチニンとa-アグルチニンのコア部分はそれぞれともに，GPI（グリコシルホスファチジルイノシトール）アンカー付着シグナルと推定される疎水性領域をC末端に有しており，また，セリンとスレオニンに富む糖鎖修飾部位と接着にかかわる活性部位がN末端側にあり，そのさらにN末端に疎水性の分泌シグナルを持つ分子構造からなる。細胞膜へのアンカーリ

第2章　分子メカニズムの視点

ングに必要なGPIアンカーは，原生動物，粘菌，酵母，昆虫から哺乳類に至るまで様々な真核生物に見出されており，その基本骨格はよく保存されている。酵母の細胞壁に存在するタンパク質のGPIアンカー付加に必要なC末端疎水性アミノ酸配列は，疎水性の性質以外にあまり共通性が見られないが，C末端のこの疎水性部分で翻訳後の前駆体タンパク質は小胞体膜に一時的に保持され，タンパク質部分は小胞体内腔に配向する。その後，おそらくトランスアミダーゼ活性を持つと思われる酵素によりそのC末端GPI付加シグナル配列が認識されて，切断を受け，新たにできたC末端（ω部位）は，既に小胞体で合成されているGPIアンカーのエタノールアミンのアミノ基との反応によりアミド結合が形成される。このようにアンカーリングされたタンパク質は小胞体内腔に露出した形で，さらにゴルジ体を経て，分泌小胞を介したエキソサイトーシスにより細胞膜へ輸送されて細胞膜に融合される。哺乳類のGPIアンカー付加タンパク質は，この融合によって細胞膜外に露出されて保持されるが，細胞壁を持つ酵母などの場合は，さらに細胞表層でPI-PLC（ホスファチジルイノシトール特異的ホスホリパーゼC）によりさらに切断を受けて細胞壁の最外層に移行する。その際，これらのタンパク質の細胞壁への固定には，GPIアンカーの糖鎖部分に細胞壁のグルカンが共有結合されることが重要なプロセスとなる[7]。これらの一連のプロセスの中で，細胞内でのタンパク質の品質管理によるフォールディングの管理と膜融合による巨大ネイティブタンパク質分子の細胞外への排出システムは応用価値が高い。

1.4　細胞表層工学（Cell Surface Engineering）

　この新しい「細胞表層工学」手法とそれによって創製された細胞は，アメリカの*Chemical & Engineering News*, **75**(15), 32 (1997) などでもいち早く取り上げられ，世界初の技術と評されるとともに，その先駆性が高く評価された。我々は，この技術を用いて，酵母細胞が従来持ち得ない機能を細胞表層に賦与して，新しい機能性細胞につくりかえた。このような細胞は，「千手観音」になぞらえて，「アーミング酵母（Arming Yeast）」と命名され，その技術は「アーミング技術」と称されている（図1）。

　実際，具体的には，酵母においては，前述した細胞表層最外殻に位置する性凝集素タンパク質であるα-アグルチニンの分子情報を活用したわけであるが，この分子の構造は，簡単にいえば，分泌シグナル・機能ドメイン・細胞壁ドメイン（セリンとスレオニンに富むC末320アミノ酸残基）からなっており，このC末320アミノ酸残基のC末端にGPIアンカー付着シグナルが存在するので，分泌シグナル・機能ドメインを操作することによって，種々の酵素やタンパクを細胞表層に提示することが可能となるのである（図1）。このアグルチニンはその本来の機能や性質からして通常時には機能しないながらも，その発現の潜在スペースを細胞表層に保持しているとも考えられ，しかもその活性部分を細胞外に理想的に配向していると考えられる。この手法により細胞表層に新しい機能を賦与したり，スクリーニングなどにより得た特殊な機能を持つ細胞の表層にさらに細胞機能を増強する分子を修飾したりする分子育種を行い，元の代謝系を保持したまま，細胞壁を新たな反応場とする細胞に改変変換することも可能になり，多くの応用が進んでいる。

我々の開発した細胞表層工学技術は，真核生物細胞の細胞外輸送シグナルによる分子メカニズムに立脚して生命情報を活用したシステムであり，多くの酵素やタンパク質をコードするものであれば，また，原生動物から動植物細胞に至るまで，適用範囲が広い点でも汎用性のある手法として価値を有すると考えている。

このように，世界に先駆けて開発に成功した細胞表層工学技術は，基礎的にも応用的にも魅力あふれる研究領域である細胞表層領域というフロンティアを開拓する一つの手法として，合成生物学的細胞分子育種のバイオテクノロジーである「合成生物工学」の新しい分野を支えていくであろう[8~10]。

細胞表層工学を用いれば，タンパク質を酵母表層に最密充填（$10^{5~6}$分子／酵母1細胞）にディスプレイすることができる。さらに，ディスプレイされたタンパク質は，細胞内で品質管理され，活性を有する形で折りたたまれているので，タンパク質分子のみを精製・単離することなく，酵母細胞自体をタンパク質粒子として取り扱うことが可能となる。もし，この表層に密にディスプレイされた均一なタンパク質を，まるで田一面に実った稲の穂をコンバインで刈り取るように，酵母細胞から切り取ることができれば，目的タンパク質のみを選択的に回収・精製することが可能である[7]。この方法は，多くのカラムクロマトグラフィー操作を行う必要がないので，精製したいタンパク質の化学的性質が明らかでない新規のタンパク質でも，高純度で得ることができ，今後の新しいタンパク質精製法として大いに期待できるものと思われる。また，プロテアーゼなどの前駆体タンパク質の分子ディスプレイにより，細胞表層での活性型酵素への変換メカニズムの解析が可能になり，細胞内に不活性な前駆体として合成され，それらが機能を発揮すべきオルガネラに輸送された後に不活性型の前駆体から活性型の成熟体へ変換される成熟化システムを詳細に解析する新しい手法が開拓された[7]。

1.5　新しい反応場の創成

「細胞表層工学によるタンパク質ディスプレイ法」は，例えば，地球上の再生可能で未利用なバイオマス資源を従来の石油や石炭由来のエネルギーや化学化成品の代替原料にしていくバイオマスリファイナリーの中核技術となってきている。地球上には，多くの未利用の糖源もあり，これらを直接資化できる酵母S. cerevisiaeの創製は，クリーンなエネルギーを生み出すエコバイオエネルギー創製技術基盤ともなり，新機能酵母育種のモデルケースとなろう[11,12]。このような細胞を創製するために，デンプンについては，グルコアミラーゼやα-アミラーゼの遺伝子を，細胞表層工学システムに組み込み，両酵素反応を細胞表層で共役・発現ディスプレイさせた細胞を開発した。これにより，初めて可溶性ならびに生のデンプンを唯一の炭素源として生育するアーミング酵母が創製でき，これまでの記録を撃ち破るような高いデンプン分解速度とエタノール生産性を実現できた（図2）。また，非可食であり，地球資源の中でも最も豊富であり再生可能なセルロースを資化して生育し，エタノールを生み出す酵母は，地球規模でのエネルギー循環系の革命を起こすなど，その有用性は測り知れない。結晶領域と非結晶領域を持つ固体セルロースからのエ

第2章 分子メカニズムの視点

タノール生成には，エンド型セルラーゼであるエンドグルカナーゼやエキソ型セルラーゼであるエキソセロビオヒドロラーゼの共役とβ-グルコシダーゼの連携が必須で，細胞表層でそのような共役・連続連携が可能な酵母も分子育種できており（図3），その機能を十分に発揮している（図4）。また，木質系および草本系のリグノセルロースにセルロースとともに多く含まれるヘミセルロースを細胞表層で分解できる各種酵素を共役・発現ディスプレイさせた酵母細胞もすでに育種され（図3），未来のエネルギー産生への期待の合成生物工学的分子育種が展開してきている。さらに，これらの酵素に存在するセルロース結合ドメインやリグニンを分解する酵素などを共役して発現させ，セルロース分解機能の解析とその能力の向上を分子レベルで追究できる系の構築も

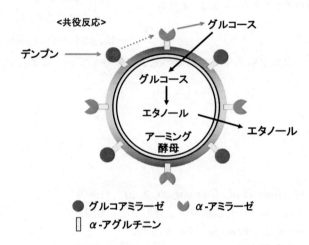

図2　デンプンを資化できるアーミング酵母の創製

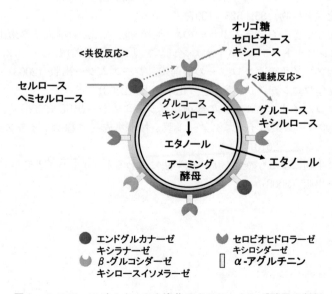

図3　セルロースバイオマスを資化できるアーミング酵母の創製

合成生物工学の隆起

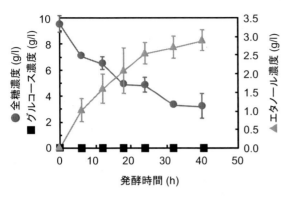

図4 セルロースからバイオエタノール生産における超高効率的変換

完成している[13]。これらの育種細胞では，細胞表層で，高分子であるデンプンやセルロースから変換されたグルコースは，培地に留まることなく，エタノール生産が可能になったため，従来の酵素法ではなしえなかった他の雑菌の汚染がないエタノール生産が可能な新しい培養工学手法の展開も実現した（図4）。

この細胞表層を新しい反応プラットフォームとする系は，これまでの，あるいは，これからの細胞内の代謝変換反応を共役することにより，「合成生物工学」の基盤の発展に寄与していくことを確信している。

文　　献

1) T. Kawaguchi, M. Ueda et al., *Biocatalysis*, **2**, 273（1989）
2) Y. Tamaru, M. Ueda et al., *J. Bacteriol.*, **192**, 901（2010）
3) C. J. Jeffery, *Trends Biochem. Sci.*, **24**, 8（1999）
4) M. Ueda et al., *Appl. Environ. Microbiol.*, **63**, 1362（1997）
5) 植田充美，バイオサイエンスとインダストリー，**55**, 275（1997）
6) 植田充美，化学と生物，**35**, 525（1997）
7) 植田充美，生物資源から考える21世紀の農学 第6巻，275，京都大学学術出版会（2008）
8) 植田充美，コンビナトリアル・バイオエンジニアリングの最前線，シーエムシー出版（2004）
9) 植田充美，ナノバイオテクノロジーの最前線，シーエムシー出版（2003）
10) 植田充美，化学フロンティア 第9巻，化学同人（2003）
11) 植田充美，エコバイオエネルギーの最前線，シーエムシー出版（2005）
12) 植田充美，セルロース系バイオエタノール製造技術集成—食糧クライシス回避のために—，エヌ・ティー・エス（2010）
13) 植田充美，微生物によるものづくり—化学法に代わるホワイトバイオテクノロジーの全て—，シーエムシー出版（2008）

第3章　オミクス解析の視点

1　メタボローム解析を用いたキシロース資化性酵母の育種

光永　均[*1]，馬場健史[*2]，
Danang Waluyo[*3]，畠中治代[*4]，福崎英一郎[*5]

1.1　はじめに

　近年バイオエタノール生産において木質バイオマスの利用が注目されている。木質バイオマスの加水分解物にはグルコースに次いでキシロースが多く含まれ，木質バイオマスからのバイオエタノール生産を効率的に行うためにはこのキシロースを効率的にエタノールへと変換する必要がある。そこでエタノール生産に広く用いられている酵母に対して本来は持たないキシロース資化能を遺伝子組換えにより付与した酵母が作製された。しかし，キシロース資化速度が低い，キシリトールやグリセロールなどの副産物が多く生産されるなど工業的なエタノール生産において必要とされる性能に問題がある[1]。

　これまでに，エタノール発酵を改良するためにキシロース資化性組換え酵母を工学的に作製して発酵における制限を取り除くため多くの代謝工学的戦略に基づく組換え酵母の育種が行われてきた。その戦略にはキシロース特異トランスポーター遺伝子の発現によるキシロースの細胞内への取り込み速度の向上[2,3]，キシロース代謝の最初の2つの酵素が異なる補酵素を使用していることに起因する酸化還元不均衡の解消[4,5]，ペントースリン酸経路の活性化によるキシルロースから中央代謝への代謝フラックスの向上[6,7]などのような例がある。しかしながら未だに組換え酵母のキシロースからのエタノール発酵能はまだまだグルコースの発酵能と比較して低い。このことは組換え酵母のキシロース代謝にはまだ他の代謝制御が存在することを示している。このようにキシロース代謝制御機構が未解明であるため発酵性能向上に向けたターゲット遺伝子が明確になっておらず戦略的な代謝改変ができない。また，実用を鑑みた場合，キシロース資化性やエタノール生産性を向上させつつ副産物の蓄積を低下させるといった，複数の発酵特性の同時成立が要件となることから，これまでの遺伝子組換えによる酵母育種では目的とする酵母を育種することは困難である。

＊1　Hitoshi Mitsunaga　大阪大学大学院　工学研究科　生命先端工学専攻　博士前期課程

＊2　Takeshi Bamba　大阪大学大学院　工学研究科　生命先端工学専攻　准教授

＊3　Danang Waluyo　大阪大学大学院　工学研究科　生命先端工学専攻　非常勤職員

＊4　Haruyo Hatanaka　サントリービジネスエキスパート㈱　価値フロンティアセンター
　　　　　　　　　　　微生物科学研究所　主任研究員

＊5　Eiichiro Fukusaki　大阪大学大学院　工学研究科　生命先端工学専攻　教授

合成生物工学の隆起

　近年，代謝物総体（メタボローム）に基づくオーム科学であるメタボロミクス（メタボローム解析）が，ゲノム情報にもっとも近接した高解像度表現型解析手段として注目されている。その中で，メタボローム解析が酵母における寿命という複数の要因により構成される表現型に関連する遺伝子の特定に有用であることが報告された[8]。このことからメタボローム解析が代謝物情報のみから表現型に関連する遺伝子を特定する手法として有用であることが示唆された。当該手法をキシロース資化性組換え酵母の遺伝子改変戦略に用いることでキシロース資化様式を考慮せず代謝物情報のみからキシロース代謝に関連する遺伝子を特定することができ，戦略的な代謝改変が可能である。

　そこで本研究では，まず酵母におけるメタボローム解析システムを構築し，次いで構築したシステムを用いてメタボローム解析結果に基づく育種戦略を検討した。さらに，キシロース資化性組換え酵母を用いてエタノール発酵に関わる諸性能を細胞内代謝物プロファイルで表現し，重回帰解析により発酵諸性能のモデルを構築した。このモデルの形成に大きく寄与している化合物をターゲットとして，エタノール発酵性能の向上に重要な代謝経路を特定することで遺伝子改変戦略を構築する手法について検討を行った。

1.2　酵母のメタボローム解析システムの構築

　キシロース資化性酵母のメタボローム解析を行うにあたり，まず，酵母の基幹代謝を解析可能な分析システムの構築に取り組んだ。酵母培養液からの集菌方法ならびに代謝物抽出方法についても検討し，目的とする基幹代謝物の解析が可能な分析系を構築した。

1.2.1　試料調製方法の検討

　微生物のメタボローム解析においては，菌体サンプルへの培地成分のコンタミネーションを除去することが必要であるが，一方で集菌や洗浄に時間がかかると世代時間が短いものにおいてその影響が出ることが考えられ，サンプル調製方法について検討が必要である。そこで，サンプリング方法を中心に各種試料調製の行程について，再現性を指標に検討した。検討したサンプリング方法としては，−40℃のメタノールに培地を加えて細胞内反応を停止させた後に菌体を回収する冷メタノール法，ろ紙で吸引濾過し菌体を回収し水で洗浄するろ過法，遠心分離法により集菌した菌体を水で洗浄する水洗法の3つである。

　各方法で調製した酵母細胞試料を凍結乾燥後，5mgを測り取り，メタノール：クロロホルム：水＝2.5：1：1の混合抽出溶媒にて抽出した。その後二層に分離し親水性画分を分注し，遠心濃縮，凍結乾燥にて溶媒を完全に除去し，誘導体化（メトキシム化，トリメチルシリル化）を行い，ガスクロマトグラフ―質量分析計（GC/MS）で分析した。検出，同定された51の代謝物のうち10%以下のRSD値を示したものは，冷メタノール法では13個，ろ過法では19個，水洗法では36個であった。冷メタノール法ではメタノールを用いるため代謝物が溶出してしまうこと，また，ろ過法ではサンプル調製に要する時間が長くなることが再現性低下の原因と考えられる。一方，水洗法は遠心にある程度時間を要するがデータの再現性が高いことから，酵母においては影響を与

第3章　オミクス解析の視点

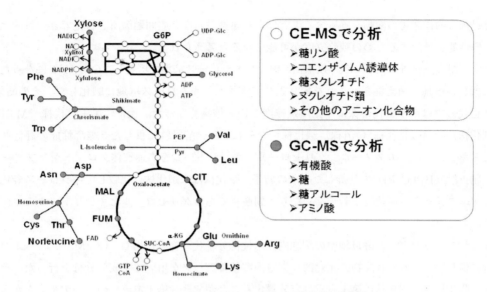

図1　GC/MS, CE/MSにおける分析対象代謝物

えないサンプリング方法であることがわかった。水洗法は培地成分をきれいに除けるため酵母細胞のサンプリング法として好適であることから，当該研究においては水洗法を採用することにした。

1.2.2　酵母細胞内基幹代謝物分析系の構築

　キシロースの発酵にはペントースリン酸経路，解糖系，またそこから派生するTCA回路，各種アミノ酸生合成経路などの一次代謝が関係していると考えられる。そこでこれらの基幹代謝経路の代謝物を網羅的に解析可能な分析系の構築を試みた。メタボローム解析に頻用されるGC/MSは分析試料を誘導体化することで糖，アミノ酸，有機酸，脂肪酸など多くの親水性低分子一次代謝物の分析が可能である。また，キャピラリー電気泳動—質量分析計（CE/MS）では，GC/MSにおいて分析が困難な糖リン酸，CoA類，ヌクレオチド類の分析が可能である。そこで，当該研究ではGC/MS，CE/MSの2種分析機器より得られるデータを統合することにより酵母のキシロースの発酵に関与する基幹代謝経路の構成代謝物群を対象としたメタボローム解析システムを検討した。GC/MSで分析できる代謝物（図1の黒丸）を代謝マップにて確認し，残りの重要代謝物をCE/MSにより分析する系を構築した。

1.3　キシロース資化性酵母のメタボローム解析による問題箇所の特定

　前項の分析系を用いて発酵性能の違う酵母細胞のメタボローム解析を行い，発酵性能に関わる代謝経路の特定を試みた。
　キシロース資化性組換え酵母は，キシロース培地で継代し馴化させることでキシロース発酵に適した性質を持つようになる[1,9]。この馴化過程で発酵性能が大きく変化することから，馴化前後

合成生物工学の隆起

の酵母細胞内代謝物の変動を解析することにより律速段階などの問題箇所を特定でき，目的とする発酵性能を獲得するための戦略立案が可能になると考えられる。

まず，組換え酵母（MT8-1X[10]以下MT株）をキシロース培地で培養し，OD_{600}が1になったときに新しい培地に植え継ぎ，これを繰り返して実施し，キシロース培地に馴化した。その結果，第3世代の株は第1世代の株より比増殖速度が約8倍高くなった。次に，第1世代株（MT株，未馴化株）と第3世代株（Ad株，馴化株）をそれぞれ発酵試験に供した。発酵性能の評価基準となるキシロース，エタノール，グリセロール，キシリトールを高速液体クロマトグラフィー―示差屈折計（HPLC-RI）で分析した。その結果，馴化株は未馴化株に比較してキシロース資化速度と比エタノール生産速度が若干高くなり，副産物であるグリセロールとキシリトールの生産が高くなった（図2）。

経時サンプリングした酵母細胞の細胞内親水性低分子代謝物を抽出し，GC/MSおよびCE/MS分析に供し同定された代謝物の相対的な細胞内蓄積量データを用いて主成分分析を行った。その結果，馴化株と未馴化株は第1主成分で分離することができ，第1主成分のローディングからセドヘプツロース7リン酸（S7P）が分離に寄与する重要代謝物であることが明らかになった。実際にS7Pの蓄積量を調べたところ，馴化株では未馴化株に比べて減少していた（図3）。以上の結果より，S7Pの蓄積量の減少は馴化によって得られた形質と関連することが推測され，S7Pの蓄積は律速段階の一つと考えられた。

そこで，上記メタボローム解析の結果をもとにS7Pの蓄積量と発酵性能の関係を調べるために，S7Pの蓄積量が減少する*TAL1*過剰発現組換え株（Tal株[10]）の比較解析を行った。MT株に空ベクターを導入したコントロール株（Con株）およびTal株をキシロースを単一炭素源とするエタノール発酵試験に供し，HPLC-RIにより各種発酵性能のモニタリングおよび細胞内代謝物をGC/MSとCE/MSにより分析した。発酵性能の比較を行ったところ，Tal株はキシリトールの蓄積量がCon株よりも上昇したものの，グリセロールの蓄積量が減少し，キシロース資化速度とエタノール生産が若干向上し，Ad株（馴化株）と類似した発酵性能が確認された（図4）。また代謝物プロファイルを比較したところ，Con株に比較して，*TAL1*を過剰発現させたことによりTal株の

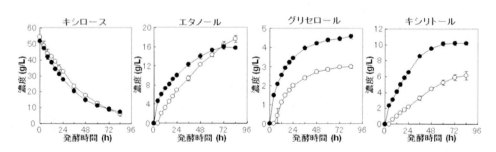

図2 キシロース培地で第3世代まで馴化して単離された馴化株（Ad株，●）および未馴化株（MT株，○）の発酵特性（$n=4～5$，エラーバー＝s.d.）

第3章　オミクス解析の視点

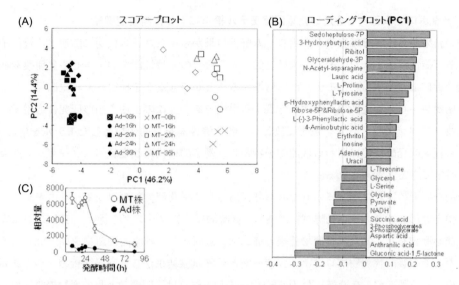

図3　MT株とAd株の細胞内代謝中間体の蓄積量を用いた主成分分析結果
(A)スコアープロット，(B)主成分1のローディングプロット，(C)S7Pの経時蓄積量変化

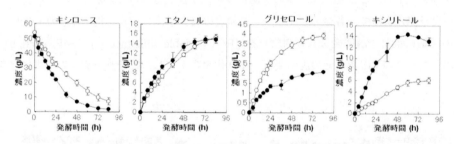

図4　TAL1過剰発現株（Tal株，●）およびそのコントロール株（Con株，○）の発酵特性（$n = 4 \sim 5$，エラーバー＝s.d.）

S7Pの細胞内蓄積が減少しAd株と同様の代謝プロファイルが得られた。さらにメタボロームデータを主成分分析に供した結果，馴化の場合と同様，S7Pが両株の分離に寄与する重要代謝物であった。

　以上の結果より，代謝物プロファイルから主成分分析を行うことでS7Pの蓄積量の違いがキシロース資化性の違う2菌株間の違いに大きく寄与していることが分かり，実際にS7Pの蓄積量を減少させたことでキシロース資化性が向上したことから，メタボローム解析がキシロース資化経路における問題箇所の特定，そしてその問題解決のための育種戦略の提示に有用である可能性が示された。

51

1.4 メタボロームデータを用いた重回帰モデル構築による代謝改変戦略

前項の結果から，酵母細胞のメタボローム解析結果からキシロース代謝に関連する遺伝子を特定できる可能性が示された。そこで次は目的とする複数の発酵性能を向上させる代謝改変戦略を重回帰分析によって得られたモデルから構築することができるかを検討した。重回帰分析とは複数の説明変数から目的変数の予測式を作製する手法である。この手法を当該研究に応用することで代謝物プロファイルデータを説明変数とし，各発酵性能を目的変数としたモデルを構築でき，そこから複数の発酵性能に関わる代謝物を特定し，効率的に代謝改変戦略のターゲットとなる遺伝子を特定できると考えられる。

具体的な研究の流れは図5に示したとおりである。まず発酵性能の異なる複数のキシロース資化性組換え酵母をエタノール発酵試験に供し，継時的にサンプリングを行い，HPLC-RIにより発酵諸性能を測定した。また24時間培養後の酵母細胞を回収し，細胞内代謝物をGC/MSとCE/MS分析した。その後，代謝物プロファイルデータと発酵試験結果から重回帰分析の一つであるPLS解析を用いて予測モデルを構築した（図6）。このPLS解析は説明変数と目的変数の関係性が強くなるような潜在変数を見つけ出し，そこから目的変数を予測する手法である。それにより，より予測精度の高いモデルを得ることができると考えられる。どのモデルにおいても高いR^2値（モデルの直線性を表す値）とQ^2値（モデルの予測精度を表す値）を得ることができたため，重回帰分析を用いた予測によって，各発酵性能について精度の良い予測モデルを構築できた。次に，予測モデルの構築に重要な説明変数（代謝物）をVIP (Variable Influence on the Projection) 値として抽出した。このVIP値はその説明変数つまり代謝物がどれだけ予測モデルの形成に寄与して

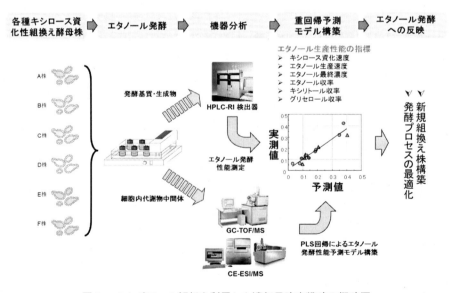

図5 メタボローム解析を利用した遺伝子改変戦略の概略図

第3章 オミクス解析の視点

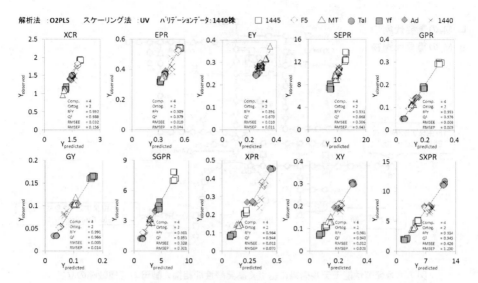

図6 各発酵性能の重回帰モデル構築

XCR（キシロース資化速度：g-consumed xylose h^{-1}），EPR（エタノール生産速度：g-ethanol h^{-1}），EY（エタノール収率：g-ethanol g^{-1}-consumed xylose），SEPR（比エタノール生産速度：g-ethanol g^{-1}-consumed xylose），GPR（グリセロール生産速度：g-glycerol h^{-1}），GY（グリセロール収率：g-glycerol g^{-1}-consumed xylose），SGPR（比グリセロール生産速度：g-glycerol g^{-1}-consumed xylose），XPR（キシリトール生産速度：g-xylitol h^{-1}），XY（キシリトール収率：g-xylitol g^{-1}-consumed xylose），SXPR（比キシリトール生産速度：g-xylitol g^{-1}-consumed xylose）

いるかを表している値で，VIP値が1以上の代謝物はモデル構築に重要であるとされている。このVIP値の高いものがそれぞれの発酵性能における重要代謝物であると考えられ，向上させたい発酵性能の予測モデル（M$_1$）にはVIP値1以上，かつ，減少させたい発酵性能の予測モデル（M$_2$）にはVIP値1以下，またはその逆の代謝物を特定し，代謝マップに落とし込んだ（図7）。すなわち，これらの代謝物の生合成経路をターゲットとした改変により目的とする発酵性能を有する形質転換体の取得が期待される。モデル構築により発酵性能と相関のある重要代謝物を抽出する当該手法は，効率的な組換え候補遺伝子の選定のための有効な手段である。

上記により選び出された代謝物をターゲットとした生合成遺伝子を検索し，目的とする高い発酵性能を有する遺伝子組換え酵母の分子育種戦略案を立てた。*ILV6*（分岐アミノ酸生合成経路），*MET16*, *MET6*, *CBF1*, *MET31*, *MET32*（メチオニン生合成経路），*MEU1*, *MRI1*, *MDE1*, *UTR4*, *ADI1*（メチオニン再生経路），*AGX1*, *SHM1*, *GLY1*（グリシン・セリン生合成経路），*GAD1*, *PUT1*（グルタミン酸・プロリン分解経路）を標的遺伝子として選定し，MT株を親株とし各遺伝子の欠損株の作製を試みた。標的遺伝子を，薬剤耐性遺伝子に置換することによって破壊した後，マーカーリサイクリング法[11]によって，マーカー遺伝子は取り除いた。得られ

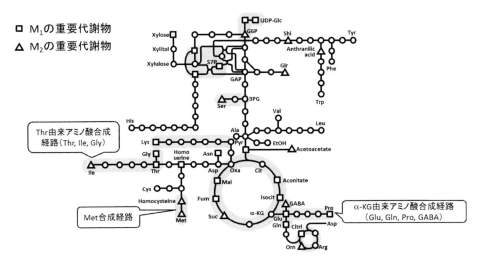

図7　各発酵性能モデル構築に基づく高発酵性能組換え酵母の育種戦略の立案
△の代謝物の蓄積量を減少させる，または，□の代謝物の蓄積量を上昇させることで，発酵性能が向上すると予想される。

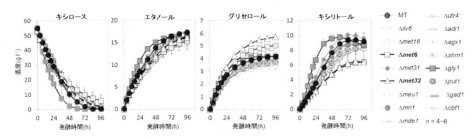

図8　提示された分子育種戦略の立案に基づいて構築した各変異株の発酵試験の結果

た欠損株をSD培地の炭素源をキシロースとしたSX培地によるエタノール発酵試験に供し，発酵性能を評価した。

　図8に示したように，親株に比較して*Δgly1*株はキシロースの資化能力とエタノールの生産性が向上したが，キシリトールの蓄積量も増加した。一方，*Δmet6*株においてはキシロースとエタノール関連発酵性能にはほとんど変化が認められなかったが，キシリトールの生産量は有意に減少した。同様の結果は*Δmet32*株においても認められたので，キシリトール生産にはメチオニン生合成経路が関連することが考えられた。

　キシリトール生産とメチオニン生合成経路との関連性をより詳細に調べるために，発酵培地へのメチオニンの添加実験を行った。その結果，発酵実験と同様に，コントロールと比較してキシリトールの生産量が減少し，キシリトール生産におけるメチオニン生合成経路関与が示唆された（図9）。

第3章 オミクス解析の視点

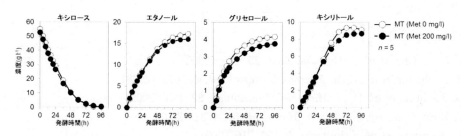

図9 MT株を用いた，メチオニンの発酵培地への添加による発酵試験の結果

　以上の結果より，当該メタボロームデータを用いた重回帰モデル構築による代謝改変戦略が酵母細胞のキシロース発酵性能の向上を目的とした遺伝子改変ターゲット特定における有用手法としての可能性が示された。

1.5 まとめと今後の展望

　本節ではメタボローム解析を用いたキシロース資化性遺伝子組換え酵母の形質転換戦略の構築について述べた。当該研究により，複数の形質改変を目的とした場合，メタボローム解析を用いた重回帰モデル構築により効率的に標的遺伝子を見つけ出し代謝改変を行う手法が有用な戦略の一つであることが示唆された。当該手法を用いることにより，キシロース発酵だけでなく他の複雑な形質についても，重要となる代謝物を選抜し戦略的な遺伝子改変を行うことができ，効率的に有用な組換え体を育種することができる。

　しかしながら，今回の一遺伝子改変形質転換体においては，キシリトールなどの副産物の蓄積量を減少させ，キシロース資化速度およびエタノール生産性を向上させるといった，複数の表現型の同時成立は達成できなかった。この原因の一つとして，生体内における代謝は様々な反応が複雑に絡みあって構成されているため，単一の遺伝子の改変のみによる発酵性能の飛躍的向上は困難であると考えられる。そこで，現在複数の遺伝子を改変した多重変異株の育種に取り組んでおり，今後多重変異株を加えてモデルの再構築を行うことにより，さらに精度の高いターゲット遺伝子の選定を行っていく予定である。今後も，組換え体の作製→モデル再構築のサイクルを積極的に回転させ，目的とする発酵性能を有する酵母の早期取得を目指す。

謝辞

　本研究の遂行にあたりご指導賜りました神戸大学大学院近藤昭彦教授，蓮沼誠久講師に深くお礼申し上げます。本研究の一部は，㈱新エネルギー・産業技術総合開発機構より受託したプロジェクト「新エネルギー技術研究開発／バイオマスエネルギー等高効率転換技術開発（先導技術開発）セルロースエタノール高効率製造のための環境調和型統合プロセス開発」に関するものである。

合成生物工学の隆起

文　　献

1)　B. C. H. Chu *et al., Biotechnol. Adv.*, **25**, 425（2007）
2)　R. E. Hector *et al., Appl. Microbiol. Biotechnol.*, **80**, 675（2008）
3)　D. Runquist *et al., Appl. Microbiol. Biotechnol.*, **82**, 123（2009）
4)　C. Roca *et al., Appl. Environ. Microbiol.*, **69**, 4732（2003）
5)　S. Watanabe *et al., J. Biotechnol.*, **130**, 316（2007）
6)　B. Johansson and B. Hahn-Hägerdal, *Yeast*, **19**, 225（2002）
7)　B. Johansson and B. Hahn-Hägerdal, *FEMS Yeast Res.*, **2**, 277（2002）
8)　R. Yoshida *et al., Aging Cell*, **9**, 616（2010）
9)　C. Martín *et al., Biores. Technol.*, **98**, 1767（2007）
10)　T. Hasunuma *et al., Microb. Cell Fact.*, **10**, 2（2011）
11)　F. Storici *et al., Yeast*, **15**, 271（1999）

2　ゲノムスケール代謝デザインとフラックス解析による微生物細胞創製

清水　浩[*1], 古澤　力[*2],
白井智量[*3], 吉川勝徳[*4], 平沢　敬[*5]

2.1　はじめに

　微生物のゲノムが明らかとなり，細胞の中におよそどのような代謝反応が含まれているかが知られることとなった今日，目的物質生産のために，どのような遺伝子をホストの細胞から削除して収率や生産性を向上させるのか，また，どのような遺伝子を他の生物から獲得することで新規の代謝経路を合成することが可能なのか，このような問いに対して答えを出す *in silico* プラットフォームがあれば新たな生物の合成に有意義であろう．目的物質の周辺の代謝経路のみを対象にするのではなく，ゲノムスケールに経路探索を行うことが可能となれば，最適な細胞工場の合理的なデザインが可能となる時代を迎えることができるだろう．また，デザインの指針に基づいて創製された細胞が望み通りのパフォーマンスを示すかどうか，代謝の流れが達成されているかを実験的に評価する必要もある．本節では，このようなゲノムスケールの代謝デザインと安定同位体標識を用いた代謝トレース実験を基盤とするフラックス解析について述べる．

2.2　代謝フラックス

　図1に細胞代謝の状態の概念図を示す．細胞は基質（栄養）を取り込んで，増殖し自らを維持しようとする．栄養源は細胞内で代謝され，エネルギーを生みだし，構成要素を構築する．代謝

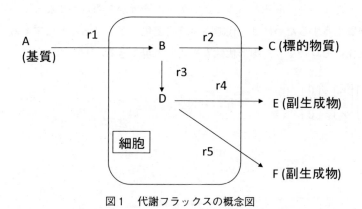

図1　代謝フラックスの概念図

＊1　Hiroshi Shimizu　大阪大学　大学院情報科学研究科　バイオ情報工学専攻　教授
＊2　Chikara Furusawa　大阪大学　大学院情報科学研究科　バイオ情報工学専攻　准教授
＊3　Tomokazu Shirai　三井化学㈱　触媒科学研究所　生体触媒技術ユニット　研究員
＊4　Katsunori Yoshikawa　大阪大学　大学院情報科学研究科　バイオ情報工学専攻　特任助教
＊5　Takashi Hirasawa　大阪大学　大学院情報科学研究科　バイオ情報工学専攻　助教

物質が細胞内で化学変換される速度をモル基準で時間当たり細胞当たりで表現したものを代謝フラックスという。栄養源からどれだけ高収率，高速度で標的の物質を生産するかが工学目的となるので，代謝フラックス（mol/h/cell）は細胞工場を設計するための最も重要な量となる。代謝経路は複雑に入り組んでおり，同じ物質に到達するにも異なる経路が存在したり，逆反応が存在して生成したものが反応物に戻されたりする。また，目的物質を生成するために必要なエネルギー物質（ATP）や還元力（NADH, NADPH）は生成や消費がうまくバランスされていないと恒常的な細胞の生産能力に繋がらず，注意する必要がある。

2.3　ゲノムスケール代謝モデルと代謝デザイン

　用いる細胞のゲノム情報が明らかにされた場合，その細胞の持つ代謝反応を記述することが可能となる。例えば図1にある細胞の細胞内代謝物質B，Cについて細胞当たりの代謝物質濃度B（mol/cell），C（mol/cell）の時間当たりの変化を記述すると

$$\frac{dB}{dt} = r_1 - r_2 - r_3 \tag{1}$$

$$\frac{dC}{dt} = r_3 - r_4 - r_5 \tag{2}$$

と書ける。つまり，上流の代謝経路から流れ込んでくる代謝フラックスと下流に流れ去る代謝フラックスの差として代謝物質濃度の蓄積や減少があらわされる。微生物ではこの反応や代謝物質の数がおおよそ千のオーダーあるということがゲノム解析から明らかになっている。細胞が恒常的に増殖し，物質生産するためには，代謝物の時間変化はゼロであると仮定すると(1)，(2)式の代謝物濃度時間変化はゼロとなり，線形代数方程式で表現できる。

$$\begin{bmatrix} 1 & \cdots & 0 \\ \vdots & \ddots & \vdots \\ 0 & \cdots & -1 \end{bmatrix} \begin{bmatrix} r_1 \\ \vdots \\ r_n \end{bmatrix} = \begin{bmatrix} 0 \\ \vdots \\ 0 \end{bmatrix} \tag{3}$$

一般的には，

$$Sr = 0 \tag{4}$$

$$\beta \leq r \leq \alpha \tag{5}$$

と書ける。ここで，Sは(3)式左辺の化学量論行列，rは代謝フラックスベクトルである。α，βは代謝フラックスの上下限値を示すベクトルである。

　(3)式の行列やベクトルは代謝物質や代謝反応の数に応じて千程度の次元となる。与えられた環境条件や遺伝子の削除，導入を行った場合，各代謝フラックスr_i（mol/h/cell）が，どのような値を示すかは(4)，(5)式からは決定することができない。しかし，細胞は代謝フラックスを与えられた環境下において細胞増殖を最大とするように自己組織化するという大胆な仮定を置くと線形シ

第3章　オミクス解析の視点

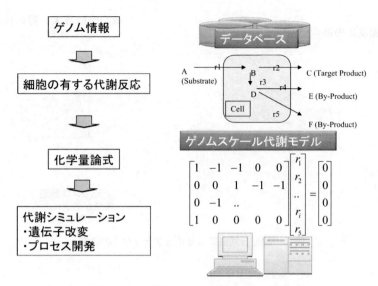

図2　ゲノム情報からの代謝モデルの構築

ステムの最適化問題となって代謝フラックスは決定される。図2はゲノム情報からモデル化，シミュレーションへの流れを示している。このような方法を最初に考案したのはPalssonらであり[1]，その有用性が様々な解析において認められている。図3に巨大な代謝空間における代謝フラックスの決定のイメージを示す。

　我々の研究グループではこの方法の有用性を検証するために，コリネ型細菌のゲノムスケール代謝モデルを自ら構築するとともにグルコースの取り込みに対して酸素の供給を様々に変化させた実験を行って，乳酸，酢酸，コハク酸などの有機酸の生成フラックスが各実験データときわめてよく一致することを見出した[2]。すなわち，与えられた環境状態に対して細胞の代謝フラックスがどのようになるかをシミュレートすることが可能となったといえる。図4に計算により求められた代謝フラックスを示す。酸素供給が十分な場合は解糖経路やTCAサイクルが活性化され，細胞は盛んに増殖する。これに比較して酸素供給がグルコース消費に対して小さくなると，生成したNADHをNAD$^+$に戻すバランスが酸化的リン酸化反応で十分賄えなくなり有機酸を生成することで細胞はバランスを保とうとする。シミュレーションではこのようなことが十分表現され，実験データを表現していることが分かる。この方法を用いることにより，標的物質を最大生産するためにどのような遺伝子を削除することが有効か，*in silico* プラットフォーム上でデザインすることが可能となる[3]。

　これらの遺伝子削除は，*in silico* プラットフォーム上では，その遺伝子がコードするタンパク質が触媒する代謝反応を削除すること，または，代謝フラックスを強制的にゼロにすることに対応し，再シミュレーションして容易にどのような状況がもたらされるかを知ることが可能な点がこの方法の強みである。全ての遺伝子の削除を行うこと，多重遺伝子の削除を行うこと，など，

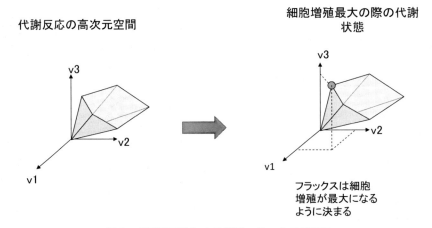

図3　線形計画法による代謝フラックスの決定

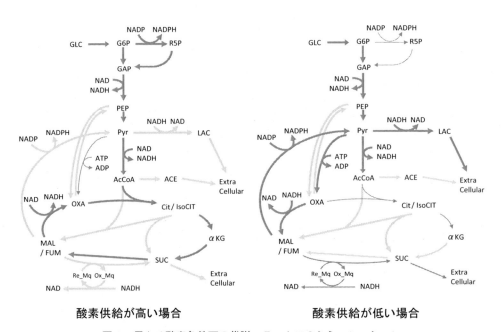

図4　異なる酸素条件下の代謝フラックスのシミュレーション

実験では多くの労力や時間がかかることを同じ条件で大量に行うことが可能となる。また，KEGGなどの代謝データベースを用いることにより，用いる細胞ではない種類の既知の遺伝子を獲得して細胞に導入することは新たな反応を *in silico* プラットフォーム上に加えることを意味しており，本来その細胞が作れない物質の生産可能性を考えてみることが可能である。

　ゲノムスケールの代謝モデルはゲノムが明らかになった生物数の上昇とともに多くなっており，現在，80を超える生物のゲノムスケールの代謝モデルの利用が可能である[4]。また，遺伝子削除，

第3章　オミクス解析の視点

生産最適化をデザインする方法も多く提案されている。今後，目的物質の生産を行うための手法として大きくその発展が見込まれている。

2.4　^{13}C標識を用いる代謝フラックス解析と細胞評価

前項までに述べた方法に基づいて遺伝子操作を行って細胞を構築できた際には，その細胞を評価する必要がある。本項では，実際に遺伝子改変された細胞の代謝状態がどのようになったかを評価する方法について述べる。代謝反応は複雑であり，可逆反応が存在したり，同じ代謝物質に到達するにも色々な経路が存在したりする。例えば，グルコースが解糖経路を通ってグリセルアルデヒド3リン酸（GAP）になったのか，ペントースリン酸経路を経由して同じ物質に到達したのかは細胞が消費したり排出したりする代謝物質の増減や変化を観察しているだけでは分からない。しかし，安定同位体である^{13}Cで標識された化合物を細胞に取り込ませ，その^{13}C標識がどのような代謝物にどの程度濃縮されているかを測定することで，どの経路が活性化されているかを知ることができる。

図5にその簡単な説明を示す。ゲノムスケール代謝モデルの項で示したようにグルコース6リン酸（G6P），グリセルアルデヒド3リン酸（GAP）分子の濃度をC_{G6P}，C_{GAP}と書くと

$$\frac{dC_{G6P}}{dt} = r_g - r_1 - r_2 = 0$$
$$\frac{dC_{GAP}}{dt} = r_1 + r_2 - r_3 = 0$$

(6)

となるが，これらの式からはr_1とr_2の割合がどのようになっているかを決定することはできない。しかし，取り込まれたグルコースの1位のポジションにある炭素原子は，ペントースリン酸経路を通って代謝された場合は6炭糖から5炭糖に変換される際に，二酸化炭素として骨格から離脱することが分かっている。したがって，1位のポジションに^{13}C標識されたグルコースを細胞に取り込ませながら培養した後，GAPに含まれる^{13}C標識濃縮度を観測すると，その標識率から解糖経路とペントースリン酸経路に流れたフラックス割合を決定することができる。つまり，GAPの^{13}C濃縮度fとして標識されているGAP分子のバランスを書くと

$$\frac{dfC_{GAP}}{dt} = r_2 - fr_3 = 0$$
$$\therefore \quad f = \frac{r_2}{r_3} = \frac{r_2}{r_1 + r_2}$$

(7)

となって，濃縮度から取り込まれたグルコースのどれだけが解糖経路とペントースリン酸経路へ流れたかを実験的に決定することが可能である。細胞中に最も大量に存在するのはタンパク質でありタンパク質中に取り込まれたアミノ酸の^{13}C標識濃縮度を測定することで代謝フラックスを決定することが多く行われてきた。

この方法をシステマティックに行う概要を示したものが図6である。^{13}C標識された化合物を取

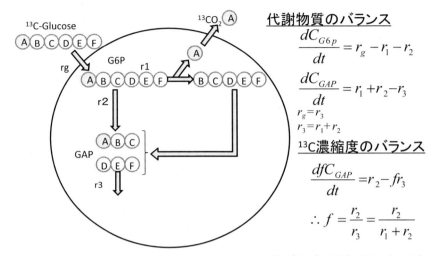

図5　解糖経路とペントースリン酸経路の代謝フラックス量比の実験的決定

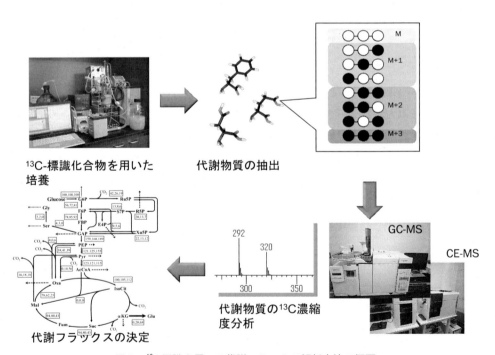

図6　¹³C標識を用いる代謝フラックス解析方法の概要

第3章 オミクス解析の視点

り込ませ，培養を行い，濃縮度が定常に落ち着いたところで，細胞から代謝物質を抽出し，その^{13}C標識濃縮度をガスクロマトグラフ質量分析計（GC-MS），キャピラリー電気泳動質量分析計（CE-MS），液体クロマトグラフ質量分析計（LC-MS）など分離装置と質量分析装置を用いて定量化する。得られた^{13}C標識濃縮度を最もよく説明する代謝フラックス量をコンピュータで決定する。

この方法をシステマティックに行うためには図7に示すような記述方法が有効である。例として，3つの炭素原子からなる分子の反応の記述を取り上げる。図に示すように，分子Aは反応して分子Bになるが，その際に，2位と3位の炭素の位置が入れ替わるような反応であるとする。つまり，A分子で2位の原子はB分子では3位に，3位の原子はB分子では2位に位置が入れ替わる。このような反応を厳密に示すために，まず，同位体分布ベクトル（IDV（isotopomer distribution vector））を定義する。それぞれのポジションに^{12}Cが存在する場合は2進数でゼロを^{13}Cが存在する場合は1をあてはめ，全ての種類標識原子を含む分子8通り（2^3通り）の分子の濃縮度を示すベクトルとして定義する。次に，同位体写像行列（IMM（isotopomer mapping matrix））により，反応間での原子の移動を記述する。反応速度r_1とr_2を含めて，Bに関する炭素原子の濃縮度割合の物質収支は定常状態において

$$r_1(\mathrm{IMM}_{A \to B} \cdot \mathrm{IDV}_A - r_2 \mathrm{IDV}_B) = 0 \tag{8}$$

となる。質量分析においては，どのポジションに^{13}Cが存在するかは決定できないのでIDVの代わりに，質量分布ベクトル（MDV（mass distribution vector））を用いる。つまり，^{13}Cをゼロ，

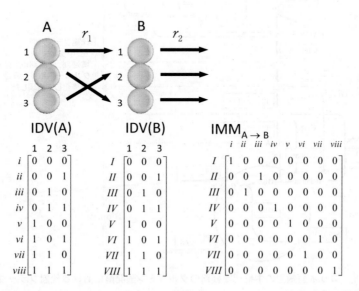

図7 同位体分布ベクトル（IDV（isotopomer distribution vector）），同位体写像行列（IMM（isotopomer mapping matrix））による代謝表現

1，2，3分子内に含む分子の割合として測定値は得られることになる。代謝フラックスを仮定し，そこから得られるIDVからMDVを計算して実測値と比較して仮定が正しかったかを検証する。実測と計算がずれている場合は代謝フラックスを仮定し直し，ずれが十分小さくなるまで計算を繰り返す。このようにして観測値と計算値の残差が小さく質量分析データをよく説明するフラックス分布を決定することが可能となる。

図8にコリネ型細菌の代謝フラックス分布を示す。この代謝フラックスは，Tween40を用いて誘導したグルタミン酸発酵における代謝フラックスの変化である。各反応経路に記述されている数値は増殖期，増殖期と生産期の間，生産期の3つの培養フェーズにおける代謝フラックスを示している。それぞれの代謝フラックスはグルコースの取り込み速度を100として規格化して表現している。図から分かるように複雑な経路を含んで代謝フラックスは決定されていることが分かる。グルタミン酸は図から分かるようにTCAサイクルのメンバーである二ケトグルタル酸（αKG）からワンステップで生成する。グルタミン酸を高度に生産するための一つの鍵として，ホスホエノールピルビン酸（PEP）やピルビン酸（Pyr）からオキザロ酢酸（Oxa）への補充経路が重要であることが知られている。つまり，TCAサイクルはアセチルCoAから2個の炭素原子が供給されるがサイクルを一回りする間に二酸化炭素を2分子排出するために，TCAサイクルを活性化す

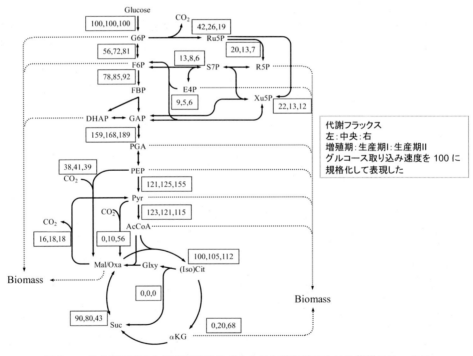

図8　コリネ型細菌の中枢代謝経路のグルタミン酸発酵における代謝フラックス
増殖期，増殖期と生産期の間，生産期の3つの培養フェーズにおける代謝フラックスを示している。それぞれの代謝フラックスはグルコースの取り込み速度を100として規格化して表現している。

第3章　オミクス解析の視点

るだけではグルタミン酸という余剰代謝分子を生みだすことはできない。これを過剰生産するには補充経路を用いて分子をさらに供給する必要がある。図8から分かるように，ホスホエノールピルビン酸（PEP）やピルビン酸（Pyr）からオキザロ酢酸（Oxa）への補充経路は逆反応を含め3つも存在するためにどの経路が重要なのかを解明する必要があった。

　図9に重要な部分を抽出して記述するが，Tween40を用いて誘導したグルタミン酸発酵においてPyrからの補充経路がグルタミン酸生成に伴って大きく変化していることが分かる。PEPからの経路は増殖期から比較的大きなフラックスを持つがグルタミン酸生産に連動して変化してはいない。また，OxaからPEPへの逆反応はほとんど働いておらず，この経路を削除するような労力を払う必要は無いことが分かる。この結果はPyrからの補充経路を触媒する反応を担っている遺伝子を削除するとグルタミン酸生産に影響することから遺伝子レベルでも解明されているが，本手法は，遺伝子を削除して生命の機能を解明するという方法ではなく代謝レベルで非破壊的に重要な経路を特定したという意味で意義が大きく，今後，色々な細胞工場を作製した際の評価系として利用価値が高いと考えられる[4]。

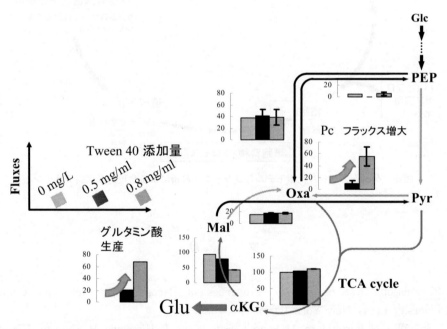

図9　Tween40を用いて誘導したグルタミン酸発酵においてはPyrからの補充経路がグルタミン酸生成に伴って大きく変化している。

2.5 まとめ

本節では，ゲノムスケール代謝デザインとフラックス解析による微生物細胞創製について述べた。このような手法も含め，ゲノム時代の細胞デザインと評価の概要を表す図を図10に示して本節を閉じたい。ここで示したような代謝デザイン手法により，今後合理的な代謝設計が飛躍的に進歩すると思われる。また，代謝フラックスだけでなく遺伝子発現，タンパク質発現，メタボロームなど多くの階層での評価が可能となり，システマティックに細胞をデザインする手法が今後，実用的になると考えられる。

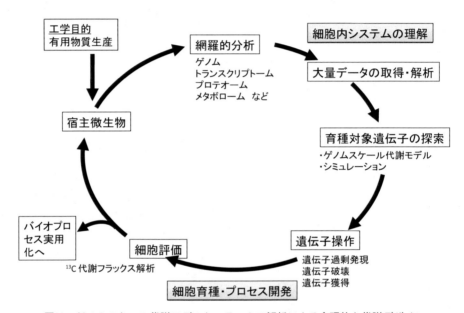

図10　ゲノムスケール代謝モデルとフラックス解析による合理的な代謝デザイン

文　献

1) BØ. Palsson, Systems Biology, Properties of Reconstructed Networks, Cambridge University Press, New York (2006)
2) Y. Shinfuku, N. Sorpitiporn, M. Sono, C. Furusawa, T. Hirasawa, H. Shimizu, *Microb. Cell Fact.*, **8**, 43 (2009)
3) K. Yoshikawa, Y. Kojima, T. Nakajima, C. Furusawa, T. Hirasawa, H. Shimizu, *Appl. Microbiol. Biotechnol.*, **92**, 347 (2011)
4) T. Shirai, K. Fujimura, C. Furusawa, K. Nagahisa, S. Shioya, H. Shimizu, *Microb. Cell Fact.*, **6**, 19 (2007)

3　代謝ネットワーク建設のための進化分子工学
―進化的デザインによる非天然代謝経路の創出―

古林真衣子[*1]，梅野太輔[*2]

3.1　はじめに

　様々な生物から集めた酵素遺伝子を上手に組み合わせると，様々な化合物への代謝経路を構築できる。これまでバイオ燃料やファインケミカル，薬理活性物質として，様々な化合物の生合成経路が酵母や大腸菌などの宿主内に再構築され，再生可能資源を原料とした大量生産系が確立されてきた[1~5]。近年は，新規な物性や薬理活性をもつ化合物の探索を目指して，文献記載の無い生化学反応過程を含むような代謝経路も自由に構築しようとする試みが増えつつある。

　これらの「非天然」な代謝経路は，少なくとも一つ以上の新規な反応過程を含む。その経路の全線開通には，最低限その反応を触媒する酵素の探索が必要である。このとき，生合成酵素の示す特異性の低さ（promiscuity）は大いに役立つ。もちろん，酵素工学を駆使して，望む酵素活性を実験室内で作り出すことも可能である。新規酵素活性を含む全ての生合成遺伝子が揃ったら，これらを細胞内で同時に発現させる。実際，様々な非天然化合物がこの方法で「発見」されてきた[6~10]。しかし，より多段階を要する複雑な生合成経路を創り，それを細胞内で働かせるためには，新規な経路ゆえの様々な課題がある。本稿では，最近の非天然経路の建設研究例をみながら，それぞれのケースにおいてどのような工夫がなされたかを紹介し，代謝経路の建設技術の現状と課題について議論したい。

3.2　非天然アミノ酸の生合成

　Zhangら[11]は，医薬中間体として有用であるL-ホモアラニンの生合成経路を大腸菌内で構築することを目指した。これは大腸菌の生産する2-ケトブタン酸のアミノ化によって達成できる（図1(c)）。彼らは優れたアミノ化酵素の探索，そしてそのアミノ化酵素の基質選択性改変によって，L-ホモアラニンの大量生産を目指した。

　2-ケトブタン酸のアミノ化酵素として最初に検討されたのは，グルタミン酸からアミノ基を転移するトランスアミナーゼである。しかしこれは可逆反応であるため，大量濃度のグルタミン酸の培地中に添加する必要があり，その反応効率も良くなかった。そこで彼らは，アンモニアの直接付加によるアミノ化を行うグルタミン酸デヒドロゲナーゼ（GDH）に着目した（図1(a)）。グルタミン酸は細胞内でのユニバーサルな窒素源であることから，GDHの全体活性は非常に高い。しかしGDHは2-ケトブタン酸を基質としないため，基質選択性の改変が必要となった。

　そこで2-ケトブタン酸を基質とするようなGDH変異体の開発を行うため，彼らは図1(c)に示す巧妙なセレクション系を考案した。*avtA*と*ilvE*をノックアウトすると，大腸菌はL-バリンのオキ

　＊1　Maiko Furubayashi　千葉大学大学院　工学研究科　共生応用化学専攻　博士後期課程
　＊2　Daisuke Umeno　千葉大学大学院　工学研究科　共生応用化学専攻　准教授

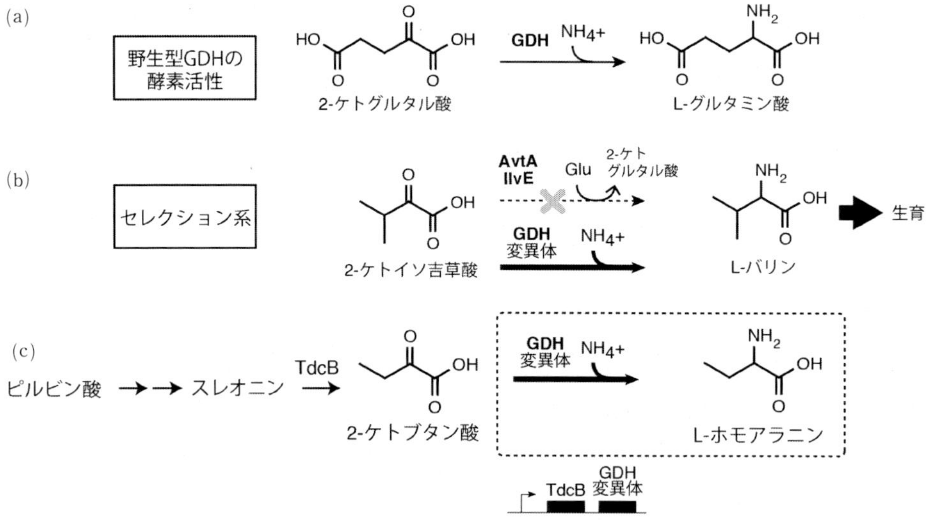

図1　L-ホモアラニンの生合成経路の確立

ソトロフとなる。もしGDHの変異体の中で2-ケトイソ吉草酸のアミノ化によってL-バリンを合成できるものがあれば，その宿主細胞はL-バリンを欠いた培地でも生育が可能となる。2-ケトイソ吉草酸は，目的とする2-ケトブタン酸と構造が似ていることから，このセレクションで得られたGDH変異体は2-ケトブタン酸をも基質とすることを期待したわけである。GDHの結晶構造の精査から選ばれた基質ポケットに近い4カ所の残基の総置換（ランダム化）によって得られたGDH変異体ライブラリの中から，avtAとilvEを補完する変異体が2つ得られた。そのうちの一つの変異体は，目的とする2-ケトブタン酸のアミノ化活性において，野生型の8倍のk_{cat}/K_Mを示した。この変異体を，原料供給系を強化した大腸菌に導入したところ，最終的に5 g/Lという高収率のL-ホモアラニン生産を達成した。

3.3　非天然アルコール

Atsumiらは大腸菌のアミノ酸生合成経路の中間体である2-ケト酸からEhrlich経路（KIVD，ADH6）を経て多様な分枝C3，C4，C5アルコールを合成した[4]。天然アミノ酸経路から合成できるアルコールの炭素数は，ロイシンとイソロイシン経路中間体から合成したC5が最大である。Zhangら[12]はより炭素1個分だけ長い非天然C6アルコール（3-メチル-1-ペンタノール）の生合成経路をデザインした（図2）。

まず彼らは，大腸菌にEhrlich経路の酵素（*Lactococcus lactis*由来のKIVDと*S. cerevisiae*由来のADH2)[4]を過剰発現させた。C4（約100 mg/L）やC5アルコール（約1 g/L）の蓄積は確認できたが，目的とするC6アルコールは検出できなかった。そこで，LeuAにロイシンによる生産物阻害を解消する変異を導入し（LeuA'），LeuA'BCDの過剰発現系を導入したところ，大腸菌の蓄積

第3章　オミクス解析の視点

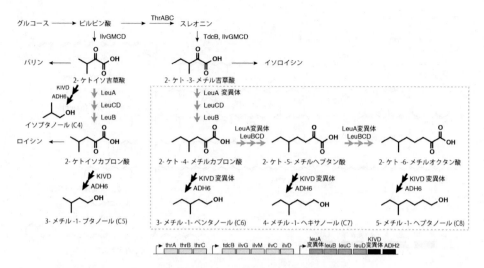

図2　非天然アルコールの生合成経路の確立

するC4アルコール量が減少し，C5アルコールの合成量が増加した。このとき，約40 mg/LのC6アルコール生産が確認された。この時点でのC6アルコールの合成量は他のC5アルコールのおよそ10分の1程度にとどまった。そこで彼らは，LeuA'とKIVDの基質選択性を改変することにした。それぞれの酵素に対し，ホモログ酵素の結晶構造を参考にして基質結合ポケットを拡げる変異を様々な組み合わせで導入した結果，C6アルコール（3-メチル-1-ペンタノール）の合成量が793 mg/Lに達した。一方，この値は，この大腸菌が産出する全アルコール成分の約3割程度であり，C6アルコールの増加に伴ってC5アルコールの合成量も増加している（901 mg/L）。さらなるKIVD/ADH6のサイズ特異性の改変によって，これらをC6アルコール合成にまわすことも考えられるが，既にC7やC8アルコールの生合成がみられることを考えると（図2），それぞれの選択的な生産は極めて難しそうである。

3.4　非天然カロテノイド

カロテノイドはC_{40}またはC_{30}の骨格をもつ天然色素の一群であり，抗酸化作用をはじめとする多様な生理活性をもつ。β-カロテンやアスタキサンチンはその一例である。より大きな骨格のカロテノイドには，より共役系の大きな発色団を置くことができるので，色域の拡張・より高い抗酸化作用が期待される。我々は，自然界には存在しないC_{50}骨格のカロテノイド生合成経路を構築し，それをもとにしてC_{50}-β-カロテンなど様々な非天然カロテノイド経路の建設を目指した（図3）。

C_{50}-β-カロテンの生合成には，図に示すように，(i)基質（C_{25}PP）合成，(ii)C_{50}骨格合成，(iii)不飽和化，(iv)環化の4酵素による合計12ステップの酵素反応が必要である。まずC_{25}PP合成酵素であるが，中度好熱性細菌 *Geobacillus stearothermophillus* 由来のC_{15}PP合成酵素（FPS）は一つのアミノ酸変異によってC_{25}PPを合成できることが報告されている[13]。次のステップでは2分子の

合成生物工学の隆起

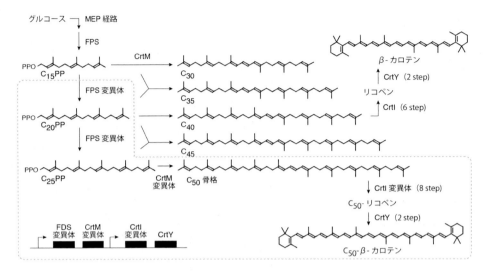

図3　非天然C$_{50}$-β-カロテンの生合成

C$_{25}$PPを縮合してC$_{50}$カロテノイド骨格をつくる必要がある。我々は，2分子のC$_{15}$PPからC$_{30}$骨格を合成する酵素CrtM（*Staphylococcus aureus*由来）の基質選択性の進化工学[14, 15]を行った。C$_{50}$骨格を直接スクリーニングする方法が不在であったため，2分子のC$_{20}$PPからC$_{40}$骨格を合成するようなCrtM変異体を探索した。得られたCrtM変異体と，前述のFPS変異体を共発現させた結果，大腸菌内でC$_{50}$骨格の合成が確認できた[16]。しかしC$_{50}$以外のカロテノイド（C$_{30}$，C$_{35}$，C$_{40}$，C$_{45}$）も合成されており，さらに下流の酵素（不飽和化酵素，環化酵素）を共発現しても，目的のC$_{50}$-β-カロテンの合成はほとんどみられなかった。

そこで，FPSとCrtMのそれぞれに対し，さらなる進化工学を別々に行った。その結果，それぞれ基質選択性に関与する3つのアミノ酸変異を得た。これらのアミノ酸変異を組み合わせ，8つのユニークなCrtM変異体と，8つのユニークなFDS変異体を作製した。それぞれ8種類の変異体を様々な組み合わせで共発現させたところ（8×8＝64通り），C$_{30}$～C$_{60}$骨格の様々なサイズのカロテノイドが得られた。興味深いことに，ある特定の組み合わせでは，C$_{50}$カロテノイドをほぼ単一の産物として与える選択的な経路が得られた。C$_{35}$やC$_{60}$などの様々な骨格のカロテノイドも，同様にして選択的に合成できた。それぞれの前駆体・骨格合成酵素のそれぞれの基質・生産物特異性は決して高くないが，上流酵素の生産物特異性と下流酵素の基質特異性を上手く調節することによって，経路全体としての特異性は簡単に創れることが分かった。

カロテノイドが色素としての性質をもつには，骨格分子の不飽和化による共役二重結合の延長反応が必要である。天然の不飽和化酵素CrtIを上記のC$_{50}$カロテノイド経路に共発現させたが，不飽和化産物はほとんどみられなかった[17]。そこで我々は，CrtIのC$_{50}$カロテノイド経路における進化工学を行った。得た変異体はC$_{50}$骨格を野生型よりもはるかに高い効率で6ステップ不飽和化した。これに環化酵素CrtYを共発現させたところ，C$_{50}$-β-カロテンを効率よく（約500 μg/gDCW），

第3章　オミクス解析の視点

そして選択的に（＞90%）合成することができた。

3.5　非天然アルカロイド

　代謝経路を再デザインする研究は，増殖の速い宿主に再構成した生合成経路を改造するものがほとんどである。しかし植物や微生物の合成する有価化合物は，その生合成経路さえ解明されていないものが数多くある。O'Connorのグループは，*Catharanthus roseus*（ニチニチソウ）の産するアルカロイド経路を変換して図4に示すような新規物質群の生産経路を創ることを目指した[18]。*C. roseus*のアルカロイド合成経路は全貌が明らかになっていない。この再構成不能な代謝経路を改変して新規な分子群への経路を創るためには，*C. roseus*のもつアルカロイド合成経路を直接改変するほかない。そこで彼らは，酵母をつかって新しい酵素活性を創り出し，それを*C. roseus*の天然経路に組み込むという戦術をとった。

　土壌細菌の中には，トリプトファンハロゲン化酵素をもつものが知られている。O'Connorらは，この酵素にアルカロイドの基質であるトリプトファンをハロゲン化させれば，最初のステップは進行すると期待した。しかし，新経路のエントリーポイントとなるストリクトシジン合成酵素（STR）は思いのほか基質特異性が高く，ハロゲン化されたトリプトファンを基質として受け入れなかった。そこで彼らは，STRの酵素工学を行った[19]。ここで重要なのは，彼らはSTRの産物であるストリクトシジンにストリクトシジングリコシダーゼ（SG）という酵素を作用させると黄色い化合物ができること[19]を見出していたことである。これをスクリーニング原理として，ハロゲン化化合物を基質とするSTR活性の進化工学を行った。

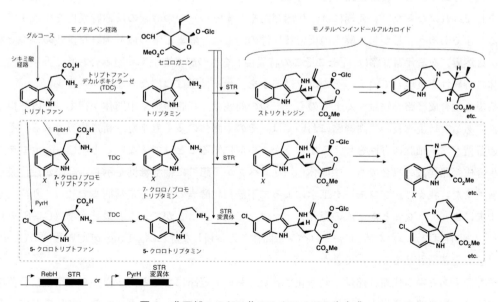

図4　非天然ハロゲン化アルカロイドの生合成

まず彼らは，結晶構造を頼りにSTRの基質選択性に影響すると期待された4つの残基に対してランダム総置換を行った。得られたSTR変異体ライブラリをそれぞれ酵母内で発現・分泌させ，ハロゲン化基質と精製酵素SGを用いた比色スクリーニングを行った[19]。このスクリーニングで高スコアを示したSTR変異体を，土壌細菌由来のトリプトファンハロゲン化酵素RebHまたはPyrHとともに形質転換した。こうして，C. roseusのアルカロイド経路には，天然のものに加え，ハロゲン化されたトリプトファンも流れ込むようになった。一般に，二次代謝経路下流の酵素群は特異性が低い。下流酵素が全てこの非天然の基質を受け入れ，多様なハロゲン化アルカロイドが生合成された[18]。このように，たとえ生合成経路の一部が不明でも，建設プロセスを上手くデザインすれば，それを核にした様々な新規化合物を相当の自由度と予見性をもって合理的に生物生産できる。

3.6 展望

コンビナトリアル生合成は，生合成酵素のもつ基質に対する寛容さに依存して実施されている。また多くの酵素工学研究によって，酵素の基質・反応特異性の拡張は非常に簡単に実現することが明らかとなった。代謝工学のパーツラインナップが爆発的に拡大する中，幾つかの「存在しない」代謝過程が含まれていても，かまわず代謝経路を描き，それを建設しようという気運はますます高まりつつある。

一方で，酵素工学によって得られる新しい生合成機能は，いわゆる基質選択性の緩みによる副反応活性として得られる機能である。特異性の低い酵素を組み合わせて経路を創ろうとするとき，実際に現れるのは，それぞれの酵素の「元の機能」を含む無数の生合成ステップが絡み合ったウェブ状の経路である。新規経路の建設者は，このウェブの中の，ごく一点に物流を寄せ集める作業をしなければならない。究極には，代謝経路をなす一つ一つの酵素の反応特異性を極限まで高めるべきであろう。しかし，酵素の反応特異性の向上は，酵素工学の最も困難な挑戦の一つである。自然界にある代謝経路は，「そこそこの特異性」をもつ酵素を上手く組み合わせて上手に経路全体の特異性を実現している。そのコツは何かを，我々は学ばねばならない。

新規な生合成経路を建設する上でのもう一つの問題は，代謝産物や中間体が宿主に及ぼし得る毒性である。新規物質の代謝経路においては，その中間体の多くもまた，新規物質である。それらの蓄積が宿主細胞に毒性を与えるかどうか，事前に知ることはできない。上記C_{50}-β-カロテンの生合成経路建設の場合でも，中間体C_{50}-リコペンが予想外に細胞毒性を示し，経路建設作業を難航させた。我々は，プロモータ工学によって不飽和化酵素の発現を定常期までじっくり待たせる工夫によって，なんとか下流の環化ステップまで繋げることができた。最終産物（C_{50}-β-カロテン）に毒性はなかったため，C_{50}-リコペン中間体さえ蓄積しなければ，1 mg/gDCW程度のC_{50}-β-カロテンを蓄積させることができた。

そもそもあらゆる代謝経路は，効率化された「強い」経路になると，少なからず宿主に負荷を与える。代謝経路を高出力で運用するためには，宿主の代謝・エネルギーバランスに応じて，各

第3章　オミクス解析の視点

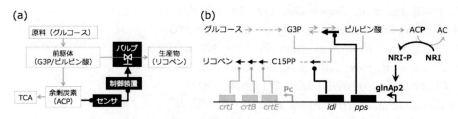

図5　代謝経路のダイナミックレギュレーター

酵素の発現量や代謝物質の輸送・蓄積などのタイミングをダイナミックに制御する必要があるだろう。Liaoらは，細胞の炭素源余剰量に応じて前駆体供給量を増減する制御回路を構築した[20]。この回路は，解糖系の余剰流量に応じて増えるアセチルリン酸（ACP）のレベルをNRIというセンサタンパク質を介してモニタリングし，それに応じて，リコペンの前駆体（$C_{15}PP$）の供給量を自動的に増減する（図5）。余剰炭素源が十分あるときにはリコペン合成経路のゲートが開き，解糖流量が低いときにはゲートを閉じる；この仕組みによって，リコペンの細胞蓄積量を，従来の代謝工学（上流強化や競合経路のノックアウトなど）では到達し得ないレベルまで押し上げることができた。

　高度な物流プログラムが可能となれば，どんな細胞負荷の高い代謝経路も，細胞のもつ代謝ネットワークと共存し，より高出力に運転できるはずである。代謝経路のデザイン自由度を確保するためにも，遺伝子制御回路のデザイン学は極めて重要である。代謝経路の自由な敷設，そして経路内の物流最適化のための発現制御ネットワーク。両者に共通するのは，それらが複数の要素からなる「分子システム」の機能であり，つまり，合理的な設計が極めて難しいことにある。このことを考えれば，進化工学パイプラインの高速化・自動化は，代謝経路とその制御回路の自由な建設のために最も重要な要素の一つになると思われる。

文　　献

1) P. Westfall *et al.*, *Proc. Natl. Acad. Sci. USA*, doi : 10.1073/pnas.1110740109（2012）
2) P. Ajikumar *et al.*, *Science*, **330**, 70（2010）
3) A. Schirmer *et al.*, *Science*, **329**, 559（2010）
4) S. Atsumi *et al.*, *Nature*, **451**, 86（2008）
5) P. Peralta-Yahya *et al.*, *Nat. Commun.*, **2**, 483（2011）
6) H. Zhou *et al.*, *Curr. Opin. Biotechnol.*, **19**, 590（2008）
7) M. B. Austin *et al.*, *Nat. Chem. Biol.*, **4**, 217（2008）
8) D. Umeno *et al.*, *Microbiol. Mol. Biol. Rev.*, **69**, 51（2005）

合成生物工学の隆起

9) A. Yokoyama *et al.*, *Tetrahedron Lett.*, **39**, 3709 (1998)
10) H. G. Menzella *et al.*, *Nat. Biotechnol.*, **23**, 1171 (2005)
11) K. Zhang *et al.*, *Proc. Natl. Acad. Sci. USA*, **107**, 6237 (2010)
12) K. Zhang *et al.*, *Proc. Natl. Acad. Sci. USA*, **105**, 20653 (2008)
13) S. Ohnuma *et al.*, *J. Biol. Chem.*, **271**, 30748 (1996)
14) D. Umeno *et al.*, *Nucleic. Acids. Res.*, **31**, e91 (2003)
15) D. Umeno *et al.*, *J. Bacteriol.*, **184**, 6690 (2002)
16) D. Umeno, F. H. Arnold, *J. Bacteriol.*, **186**, 1531 (2004)
17) A. V. Tobias, F. H. Arnold, *Biochim. Biophys. Acta*, **1761**, 235 (2006)
18) W. Runguphan *et al.*, *Nature*, **468**, 461 (2010)
19) P. Bernhardt *et al.*, *Chem. Biol.*, **14**, 888 (2007)
20) W. R. Farmer, J. C. Liao, *Nat. Biotechnol.*, **18**, 533 (2000)

4　アミノ酸発酵における代謝工学

臼田佳弘*

4.1　はじめに

　アミノ酸は調味料，サプリメント，飼料添加物，医薬品原料，化成品原料など幅広い用途に用いられ，その需要は年々高まっている。うま味調味料であるL-グルタミン酸ナトリウムは，1950年代に*Corynebacterium glutamicum*による直接発酵法が発見されて以来[1]，突然変異法などを利用した生産株が育種され，全世界での年間生産量が200万トンを超える代表的な発酵工業に成長している。その他の多くのアミノ酸もグルコースなどの糖を主たる原料として，*C. glutamicum*あるいは*Escherichia coli*を発酵生産株として用いる発酵法により生産されている。発酵生産株は変異処理による改良から，遺伝子の増強や欠損を遺伝子工学で行う時代に入り大きく発酵収率や生産性を向上させてきた。本節では，アミノ酸発酵をより実用的な代謝工学的な手法によって詳細に理解することにより，さらなる生産株や発酵プロセスの改良に繋げていこうとする試みを筆者らの研究成果を中心に紹介する。

4.2　アミノ酸生産株のゲノム解析

　従来の発酵生産株の開発は突然変異処理によって最終生産物による代謝阻害や抑制の解除，生合成経路の強化，不要な副生物の生成経路の遮断といった改変を行うものであった。1997年にモデル生物であり多くのアミノ酸の生産にも用いられている*E. coli*の全ゲノム配列が決定され[2]，2000年以降*C. glutamicum*の全ゲノム配列が協和発酵とドイツのグループによって相次いで発表された[3,4]。さらに，*C. glutamicum*よりも高温領域に生育至適温度を有するグルタミン酸生産微生物*Corynebacterium efficiens*のゲノム配列も筆者らのグループにより決定された[5]。この後，ゲノム情報科学のテクノロジーをアミノ酸発酵に活かすための方法論の開発も始まることとなった。一例として，筆者らにより比較ゲノム解析によるアミノ酸生合成経路の進化解析が行われている[6]。また，従来の突然変異育種により開発された生産株のゲノム解析を行い，有効変異を野生株に移していくゲノム育種と呼ばれる方法論も提唱されている。*C. glutamicum*を用いたL-リジン発酵においては，ゲノム育種株は野生株に近い増殖や糖消費速度を維持し，従来の突然変異育種株に比し，培養時間が大幅に短縮され，高速度でのL-リジン発酵が可能となり[7]，かつ，より高温条件で生産性を落とすことなくL-リジン発酵が可能になったことが報告されている[8]。

4.3　アミノ酸生産におけるオミクス解析

　ゲノム解析とその関連解析技術の発展に伴い，トランスクリプトーム解析，プロテオーム解析，メタボローム解析といった代謝に関わる網羅的な解析情報を利用することが可能になってきた。これら情報を活用して効率的なアミノ酸生産株の開発が可能になってきている。中でも，トラン

---

　*　Yoshihiro Usuda　味の素㈱　バイオ・ファイン研究所　主席研究員

スクリプトーム解析は発酵過程の全遺伝子のmRNAの挙動を網羅的に把握するツールの一つとして利用価値は非常に高く，様々な利用が可能である。筆者らがトランスクリプトーム解析を*E. coli*を用いたアミノ酸の発酵生産の開発研究に応用した例について紹介する。

　微生物は培養初期に急速に生育（対数増殖）した後，生育は停止する（定常期）。通常，目的物質は培地中の要求アミノ酸などの栄養成分の減少により生育速度がある一定以下になった場合に培地中に蓄積されることが多いが，その一方で，目的物質の生産速度は定常期において，徐々に低下していく傾向がある。そこで，筆者らは定常期に特異的に発現が上昇する遺伝子群の中に発酵生産速度の維持を阻害する何らかの因子があるという仮説を立て，様々な培地，培養条件で*E. coli*野生株を培養し，増殖期，および定常期でのトランスクリプトームデータを取得し，これらの条件下で共通して定常期において特異的に発現が上昇する遺伝子を抽出した。抽出された多数の遺伝子の中から，いずれの条件においても非常に強く定常期において発現が上昇する遺伝子であった*rmf*遺伝子に着目した。本遺伝子産物であるRMF（Ribosome Modulation Factor）はリボソームを2量体化し，その翻訳活性を停止させることが知られている。このようなRMFの機能から，定常期においてはRMFの増加によりアクティブなリボソームの数が減少することにより，目的物質への生合成経路上の種々の酵素の新規合成が低下し，結果として生産速度が低下しているのではないかと推定した。この仮説を検証するために*E. coli*のL-リジン生産より*rmf*遺伝子の破壊株を取得し，そのL-リジン生産能の評価を行った。その結果，本遺伝子の破壊株は対照株に比較して定常期でのリジンの生産能が大きく向上することを認めた[9]（図1）。

　現在ではトランスクリプトーム解析，プロテオーム解析，メタボローム解析はアミノ酸生産株，発酵プロセスの解析手法として日常的に用いられ，生産株や発酵プロセス開発に大いに活用されている。*C. glutamicum*を対象とした報告も多数なされており，総説を参照されたい[10, 11]。

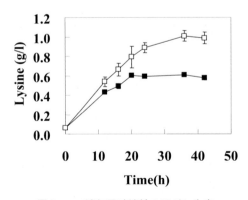

図1　*rmf*遺伝子破壊株のリジン生産
L-リジン生産対照株（■）と*rmf*遺伝子破壊株（□）の
L-リジン生産培養におけるL-リジン生産量を示した。

4.4 アミノ酸生産における代謝フラックス解析

代謝フラックス解析は，代謝工学における重要な解析手法の一つであり，近年その理論的な基盤に加えて実験的手法開発において顕著な進展が認められる。本手法の特徴は，代謝ネットワークを構成する一連の酵素反応を表現した反応式に基づく代謝物質の収支のみから有益な情報が得られる点である。代謝フラックス解析には，化学量論式に基づく代謝モデルのみから種々の予測をする理論的な手法と安定同位体（^{13}C）などを用いて実験的に細胞内の代謝フラックスを予測するという二つの手法が用いられている[12]。安定同位体を用いた代謝フラックス解析にはアミノ酸発酵のみならず多くの実例があり，筆者らの総説を参照されたい[13]。

筆者らは，アミノ酸発酵の工業的なプロセスに本手法を応用するという観点から，*E. coli* を対象として全てのアミノ酸生合成経路を含む代謝モデルの構築を行った。この代謝モデルを用いて，エレメンタリーモード解析[14]を行うことにより，発酵生産物の理論的な最大収率とその代謝フラックス分布を求めることができた。さらに，代謝モデルに多変量解析を適用することにより，特定の代謝フラックスがアミノ酸生産に及ぼす影響を予測することが可能となった。本手法を用いて，L-リジン発酵に及ぼすマリックエンザイムの代謝フラックスの負の効果を予測し[15]，実験的にもその効果を確認している。

安定同位体化合物を用いた実験的な代謝フラックスの解析は，従来，完全合成培地を用いて代謝挙動が定常状態にある連続培養系で実施されてきた[16]。連続培養系においては，定常状態を仮定することにより，細胞のタンパク質の同位体分布比率の測定値から代謝フラックスを計算することができる。しかしながら，一般的にアミノ酸などの工業生産には天然物を含む培地を使用し，基質を培養途中に逐次添加する流加培養系を用いることが多いことから，筆者らはこのような流加培養系に適用可能な代謝フラックスの解析手法の開発を行った。図2に示すように，細胞には安定同位体ラベル化グルコースに加え，培地成分として添加された天然物由来のアミノ酸も細胞内に取り込まれる。細胞内遊離アミノ酸の一部はタンパク質となることから，この間の交換係数（P_{ex}）を仮定し代謝フラックスの計算に組み入れた。細胞内遊離アミノ酸を抽出し同位体分布比率を測定することに加えて，タンパク質の加水分解によって得られるアミノ酸の同位体分布比率測定によりP_{ex}の補正をすることで，より精度の高い代謝フラックス解析を可能とした。

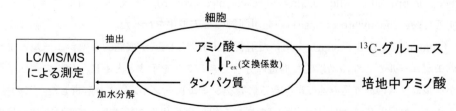

図2　細胞内アミノ酸のMS測定による代謝フラックス測定の概念図
培地から安定同位体ラベルしたグルコースと非ラベルのアミノ酸が取り込まれ，細胞内のアミノ酸とタンパク質に変換される。

安定同位体（^{13}C）ラベルグルコースを基質として，*E. coli*のL-リジン生産の流加培養を行った。増殖期と定常期でサンプリングを実施し，これまで行われてきた細胞タンパク質の加水分解アミノ酸の同位体分布比率に加えて，シリコンオイル／過塩素酸法により抽出した細胞内アミノ酸の同位体分布比率をマススペクトル（LC/MS/MS）により測定した。このデータを基にタンパク質の分解や培地中の非ラベル炭素の影響を補正し，細胞内の代謝フラックスを遺伝的アルゴリズムにより推定した。これにより予測された代謝フラックス分布においては，従来の細胞タンパク質の加水分解アミノ酸の同位体分布比率により計算される代謝フラックスよりも，増殖期と定常期における，より多くの微細な代謝フラックスの変化を検出することが可能となった。例として，*E. coli*のL-リジン生産の流加培養の定常期における代謝フラックス解析では，PEP-グリオキシル酸サイクルが活性化していることが明らかになった[17]。

4.5　アミノ酸生産における代謝シミュレーション

代謝シミュレーションは，代謝フラックス解析が培養のある時点における代謝の流れを詳細に記述した静止画であるのに対し，動的に物質代謝を再現しようとする試みであり，アミノ酸発酵のみでなくバイオプロセス開発の有用なツールになることが期待されている。*E. coli*に関しては，解糖系，スクロース取り込み系の酵素反応モデルと発現モデルとの組み合わせによるシミュレーション[18]や中央代謝酵素の酵素反応モデルによるシミュレーション[19]が報告されているが，バイオプロセス開発に応用できるレベルとはなっているとは言い難い。筆者らは，遺伝子の発現制御から酵素反応の制御までを包括するような代謝シミュレーションシステムを構築し，基質から目的物質に至る生産プロセス全体をシミュレーションすることでアミノ酸発酵生産における生産株や生産プロセスの改良に利用可能な実用的な解析システムを構築することを目指している。

基質の細胞内への取り込みは物質生産の最初のステップであり，その制御系を解析し，基質の挙動や制御系の改変結果を予測できれば，生産株や発酵生産プロセスの効率化が図れることが期待される。*E. coli*などバクテリアは一般的にPTS（phosphotransferase system）と呼ばれるグルコースなどの糖取り込み系を有している。図3に示すような*E. coli*グルコースPTSを構成要素に分解し，システムの設計を明らかにした上で，シミュレーションにより制御機構の解明に取り組んだ。本モデルでは，PTSの構成成分であるEI，HPr，ⅡA，ⅡCB，転写因子であるCRP（cyclic AMP receptor protein）とMlc（making large colonies protein）に加えて，CRPに結合するcAMPを合成するCYA（adenylate cyclase）の発現制御のモデル化を行った。

CAD（computer aided design）を用いた解析により[20]，PTSが機能的なモジュールとフラックス制御モジュールからなる階層的な構造に分解できることを示すとともに，個々の遺伝子発現の変化がグルコースの取り込み速度に与える影響をシミュレーションにより解析した。この結果，転写因子の*mlc*欠損とEIをコードする*ptsI*の増幅を組み合わせることによりグルコースの比取り込み速度を向上させることを予測し，実験的にも確認することができた[21]。

さらにアミノ酸発酵そのもののシミュレーションを目指し，モデルの拡張を行った。ミカエリ

第3章 オミクス解析の視点

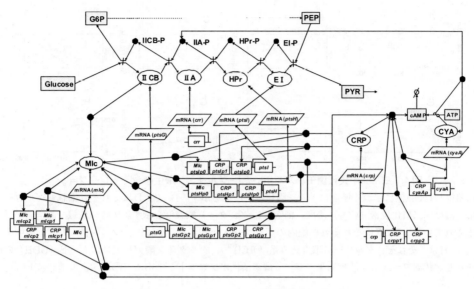

図3　E. coliグルコースPTSのモデリング

遺伝子（□），mRNA（◇），タンパク質（○），代謝物（影付き□）の変換（→），反応（─○），結合（●─●），タンパク質合成抑制（─┤），タンパク質合成促進（─▷）が示されている。

ス・メンテン型をベースとした酵素反応モデルをグルコースPTS，解糖系，ペントースリン酸経路，TCAサイクル，補充経路，およびグリオキシル酸経路を含むE. coliの中央代謝系の酵素を対象に代謝物数37，生合成反応式58のモデルを構築するとともに，主要な転写因子CRP，Mlc，Cra（catabolite repressor/activator），PdhR（pyruvate dehydrogenase complex repressor）およびIclR（acetate operon repressor）の5つの転写因子による43の遺伝子発現モデルを構築した[22]。増殖を伴う発酵過程のシミュレーションのため，RNAポリメラーゼとリボゾーム濃度を比増殖速度の関数として細胞の増殖に応じた遺伝子発現を実現した。E. coli野生株のグルコースあるいはフルクトースを炭素源とする回分培養のシミュレーションを実施した。この際に，生育データの近似関数を用いて比増殖速度を定義するとともに，前項で述べた安定同位体（^{13}C）ラベル基質を用いて測定された細胞内アミノ酸の同位体分布比率に基づく代謝フラックス解析結果をin vivoの酵素活性として取り扱い，酵素反応と遺伝子発現のパラメーターをマニュアルでフィッティングしたことが大きな特徴である。両炭素源での培養にて良好なフィッティング結果が得られたことから，さらに最もシンプルな遺伝形質のL-グルタミン酸生産株であるE. coliのα-ケトグルタル酸脱水素酵素（KGDH）遺伝子欠損株（MG1655 ΔsucA）を用いてL-グルタミン酸の生産シミュレーションを実施し，結果の一部を図4に示した。本シミュレーションにおいては，排出CO_2濃度の挙動に実験結果との乖離がやや大きかったものの（図4C），グルコース消費（図4B），L-グルタミン酸生産（図4D）については，良好な実験結果への一致を見ることができた。代謝フラックス解析の結果に対してプロットした酵素活性では，グルコースPTS（ⅡCB）などでは乖離

79

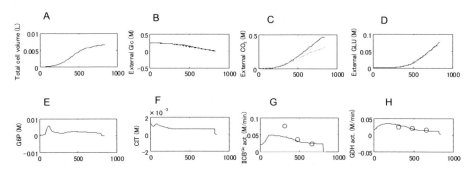

図4 *E. coli*中央代謝モデルを用いたL-グルタミン酸生産シミュレーション
Aは測定したOD値に基づく増殖による細胞体積の増加を示す。B, C, Dはそれぞれ細胞外グルコース（Glc）濃度, 二酸化炭素（CO_2）濃度, 細胞外L-グルタミン酸濃度を示す。灰色の破線で測定値がプロットされている。E, Fはそれぞれ細胞内のグルコース-6-リン酸（G6P）, クエン酸（CIT）濃度を示す。G, Hは, それぞれグルコース取り込み系（IICB[Glc]）, グルタミン酸デヒドロゲナーゼ（GDH）の活性を示し, 代謝フラックス解析結果に基づく酵素活性がプロットしてある（○）。

もあったが（図4G），グルタミン酸デヒドロゲナーゼ（GDH）などでは良好な一致を認めた（図4H）。

感度解析によりL-グルタミン酸の生産量増加に重要な因子を解析するとともに*in silico*実験を実施した。野生株モデルの感度解析では細胞内L-グルタミン酸濃度に影響の大きい遺伝子発現パラメーターと酵素反応パラメーターは，それぞれKGDHの翻訳効率とKGDHの触媒定数であったのに対し，KGDH活性のないL-グルタミン酸生産株モデルでは，細胞外L-グルタミン酸濃度に影響の大きい遺伝子発現パラメーターと酵素反応パラメーターが，それぞれクエン酸合成酵素のmRNAの分解係数とイソクエン酸リアーゼの触媒定数になるという合理的な結果を得ることができた。また，*in silico*での遺伝子欠損実験としては，過去の知見から示唆されていたマリックエンザイムの発現抑制のモデリングを試みた。マリックエンザイムをコードする遺伝子にリンゴ酸と結合する仮想のリプレッサーをモデルに導入することで，より実験値に近い酵素活性のプロファイルを得ることに成功している[22]。

モデル，シミュレーション手法いずれも改良の余地は大きいものの，ラショナルな株改良やプロセス改良に向けた基礎となるシミュレーションシステムを構築できたと考えている。さらにモデルの規模や精度を改良するとともに感度解析技術の向上にも取り組んでいる。

4.6 おわりに

紹介してきた代謝工学技術の進展によって，アミノ酸発酵過程の代謝の変化をより微細に，より詳細に見ることができるようになってきた。さらにこれらの技術を向上させ，組み合わせていくことにより，より精密にアミノ酸発酵過程の解析が可能になり，目的物質をより速く効率的に生産することができるものと考えている。また，アミノ酸発酵においても既存のアミノ酸生産株

第3章　オミクス解析の視点

にはない新規な経路を導入することで，発酵収率を向上させる合成生物学的な実例も報告されている[23]。今後，これらの手法が微生物を用いるアミノ酸生産に限られることなく，今後大いに進展が期待される合成生物学手法を用いたバイオプロセス開発にも大いに活用されることを期待したい。

謝辞
　本節に記載した研究成果は，味の素㈱ならびに大学等研究機関の多くの共同研究者との研究成果を含んでおります。ご指導頂きました九州工業大学倉田博之教授，清水和幸教授をはじめとする共同研究者各位に深く感謝いたします。

文　　　献

1) S. Kinoshita *et al.*, *J. Gen. Appl. Microbiol.*, **3**, 193（1957）
2) F. R. Blattner *et al.*, *Science*, **277**, 1453（1997）
3) M. Ikeda and S. Nakagawa, *Appl. Microbiol. Biotechnol.*, **62**, 99（2003）
4) J. Kalinowski *et al.*, *J. Biotechnol.*, **104**, 5（2003）
5) Y. Nishio *et al.*, *Genome Research*, **13**, 1572（2003）
6) Y. Nishio *et al.*, *Mol. Biol. Evol.*, **21**, 1683（2004）
7) J. Ohnishi *et al.*, *Appl. Microbiol. Biotechnol.*, **58**, 217（2002）
8) J. Ohnishi *et al.*, *Appl. Microbiol. Biotechnol.*, **62**, 69（2003）
9) A. Imaizumi *et al.*, *J. Biotechnol.*, **117**, 111（2005）
10) R. Takors *et al.*, *J. Biotechnol.*, **129**, 181（2007）
11) A. Poetsch *et al.*, *Proteomics*, **11**, 3244（2011）
12) W. Wiechert, *J. Biotechnol.*, **94**, 37（2002）
13) S. Iwatani *et al.*, *Biotechnol. Lett.*, **30**, 791（2008）
14) S. Schuster *et al.*, *Trends Biotechnol.*, **17**, 53（1999）
15) S. J. Van Dien *et al.*, *J. Biosci. Bioeng.*, **102**, 34（2006）
16) W. Wiechert, *Metab. Eng.*, **3**, 195（2001）
17) S. Iwatani *et al.*, *J. Biotechnol.*, **128**, 93（2007）
18) J. Wang *et al.*, *J. Biotechnol.*, **92**, 133（2001）
19) C. Chassagnole *et al.*, *Biotechnol. Bioeng.*, **79**, 53（2002）
20) H. Kurata *et al.*, *Genome Res.*, **15**, 590（2005）
21) Y. Nishio *et al.*, *Mol. Syst. Biol.*, **4**, 160（2008）
22) Y. Usuda *et al.*, *J. Biotechnol.*, **147**, 17（2010）
23) A. Chinen *et al.*, *J. Biosci. Bioeng.*, **103**, 262（2007）

5 代謝工学によるバイオアルコール生産の向上

厨　祐喜[*1]，岡本正宏[*2]

5.1　はじめに

　従来の代謝工学では，代謝流束解析を基本とする手法を用いる。これは，細胞内の代謝物質濃度が定常状態であると仮定して，細胞内の代謝系における各代謝反応の反応速度（モル流束）分布を解析する手法である[1]。しかし，この手法は，細胞内の代謝物質濃度がほぼ定常に近いと考えられる状態（擬定常状態という）にのみ適用できることから，代謝物質濃度が変化する過渡状態や，振動系のように定常に達しない系には適用できないという欠点があった。ところが，近年のメタボローム測定解析技術，代謝系の数理モデル化技術およびコンピュータを用いた数値解析手法の目覚ましい発展により，最近では非定常状態にある代謝系の解析も可能となってきた。メタボローム測定解析によって，対象となる代謝系に含まれる代謝物質について網羅的に濃度のタイムコースデータを得て，その挙動を再現する数理モデルを構築できれば，定常状態にとらわれずに培養時間ごとの代謝流束解析が可能となる。

　ところで，代謝経路などのネットワークやパスウェイと呼ばれるもののネットワーク解析・パスウェイ解析を行う上で最も心がけるべきことは，「パスウェイは物の流れを記述したものであって，制御のネットワークを表したものではない」ということである。身近な例を挙げると，交通渋滞の効果的な解消法は，道路の車線拡充ではなく，信号機の赤，青の切り替え時間の制御と，隣接する信号機同士の連携の制御であることは容易に想像がつく。この事例でいえば，短絡的ではあるが，道路地図に相当するものが代謝マップである。しかし，この代謝マップの情報だけでは代謝物質生産プロセスを最適に設計することは大して期待できない。では，道路の信号機の連携制御に相当するものを代謝物質生産プロセスに組み入れて，新奇な代謝工学的手法を提案できるのであろうか？

　以上のことを踏まえて，本節では，アセトン・ブタノール・エタノール（ABE）生産菌（*Clostridium saccharoperbutylacetonicum* N1-4 ATCC 13564）を用いたブタノール高生産を例にして，著者らが行った合成生物工学的手法とその展望について概説する。

5.2　ABE発酵のキネティックモデル

　グルコースを初期基質としたときのABE発酵菌*Clostridium acetobutylicum* ATCC 824の代謝経路を図1に示す[2]。図の点線で示されるように，酸生成期においては，ATP合成を伴う有機酸（酢酸，酪酸）が生成され，その後，図の太線で示されるように，ソルベント生成期においては，これらの有機酸を再同化して，アセトン，ブタノール，エタノールを生産するという2つの代謝フェイズからなる複雑な代謝系を有する。近年，ABE発酵Clostridiaに関しても遺伝子改変のた

＊1　Yuki Kuriya　九州大学　大学院農学研究院　生命機能科学部門　博士研究員
＊2　Masahiro Okamoto　九州大学　大学院農学研究院　生命機能科学部門　主幹教授

第3章 オミクス解析の視点

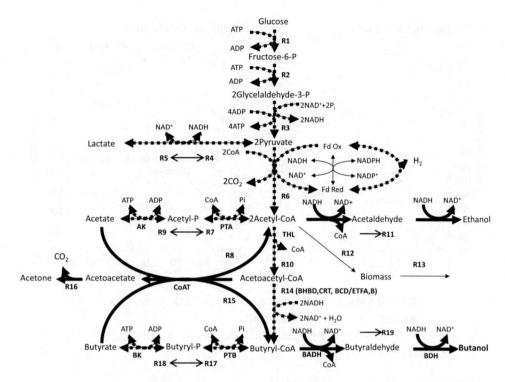

図1 *Clostridium acetobutylicum* ATCC 824の酸生成期，ソルベント生成期における代謝系（Jones and Woods, 1986より改変）

太矢印，太破線矢印は，それぞれ，ソルベント生成期，酸生成期における主な炭素の流れを示している。R_i（$i=1, 2, 3, \cdots, 19$）は構築したキネティックモデルの流束式に相当する反応過程を示している。太字で示された酵素の略号は以下の通りである。AK, acetate kinase；PTA, phosphotransacetylase；THL, thiolase；BHBD, β-hydroxybutyryl-CoA dehydratase, CRT, crotonase；BCD/ETF, butyryl-CoA dehydrogenase/electron transfer flavoprotein complex；BK, butyrate kinase；PTB, phosphotransbutyrylase；BADH, butyraldehyde dehydrogenase；BDH, butanol dehydrogenase。

めの手法が開発されてきたこと，オミクス解析が適用されるようになってきたこともあり，代謝系のシステム解析が行われるようになった[3〜5]。進藤ら[6]は，*C. saccharoperbutylacetonicum* N1-4を用いて，初期グルコース濃度36.1，70.6，122，295 mM，培地300 mL，発酵温度30℃，初期培地pH 6.5の回分培養を行い，各初期グルコース濃度条件における，グルコース，アセトン，ブタノール，エタノール，酢酸，酪酸，菌体濃度のタイムコースを測定し，それらの実験データを再現するキネティックモデルを構築した。その後，高グルコース濃度（495 mM）の条件下での実験データと，ブタノールによる菌体増殖阻害実験でのデータを考慮し，キネティックモデルの改良を行った[7]。構築したモデルの検証を行うために，実験データと計算データとの比較を行った。その結果を図2〜4に示した。いずれの場合も，シンボルが実験データ，曲線がシミュレーション

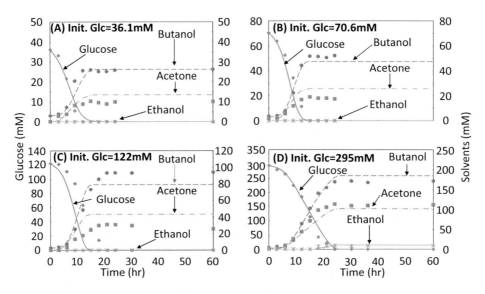

図2 回分培養実験におけるグルコース,アセトン,ブタノール,エタノールの実験値とシミュレーション値の比較

初期グルコース濃度はそれぞれ,(A)36.1 mM,(B)70.6 mM,(C)122 mM,(D)295 mM。実験値のエラーバーは省略した。

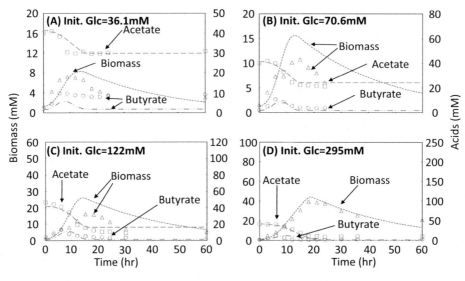

図3 回分培養実験における酢酸,酪酸,バイオマスの実験値とシミュレーション値の比較

初期グルコース濃度はそれぞれ,(A)36.1 mM,(B)70.6 mM,(C)122 mM,(D)295 mM。実験値のエラーバーは省略した。

第3章 オミクス解析の視点

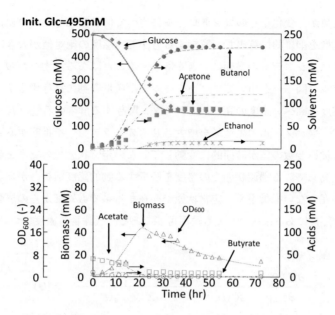

図4　回分培養実験における実験値とシミュレーション値の比較
初期グルコース濃度は，495 mM。上図は，グルコース，アセトン，ブタノール，エタノール濃度のタイムコース，下図は，酢酸，酪酸，菌体濃度（シミュレーション値はバイオマス濃度，実験値はOD_{600}）。

表1　回分培養実験データ（図2～4）における主要代謝物質濃度の実験値とシミュレーション値の相関係数

Initial glucose (mM)	Biomass	Glucose	Acetate	Acetone	Butyrate	Butanol	Ethanol	Overall
36.1	0.670	0.992	0.893	0.973	0.404	0.969	−	0.817
70.6	0.919	0.985	0.991	0.997	0.925	0.997	−	0.969
122	0.935	0.939	0.994	0.975	0.740	0.975	−	0.926
295	0.981	0.996	0.996	0.994	0.416	0.995	0.925	0.896
495	0.934	0.992	0.990	0.994	0.306	0.996	0.994	0.869
Average	0.888	0.981	0.973	0.987	0.558	0.987	0.959	0.896

で得られた計算データである。また，初期グルコース36.1，70.6，122，295，495 mMでの各測定代謝物質の実験データと計算データとの相関係数を表1にまとめた。このようにして，初期グルコース濃度を13.7倍以上変化させても実験データをほぼ再現しうるキネティックモデルを構築した。

5.3　動的感度解析

感度とは，システム内の任意のパラメータの単位％あたりの変化に対し，代謝物質濃度や代謝

流束などの従属変数が，変化なしのコントロールに比べて何％変化したかの変化率を表す。感度解析とは，この感度を網羅的に算出し，解析する方法で，感度の絶対値が大きければ，そのパラメータの値の変化は，システムの挙動に大きく寄与することになる。すなわち，前項で構築したキネティックモデル（図1）を用いて，ブタノールの生産量変動に寄与するすべてのキネティックパラメータの感度を調べ，感度の高いパラメータに関与する酵素の特性（K_m値やV_{max}値など）を改変することで，ブタノールの生産量を増大させるストラテジーを推察することができる。

　感度解析には，従属変数の値が時間的に変動していない定常状態での感度を解析する静的感度解析と時間的に変動している過渡状態での感度を解析する動的感度解析とがある。動的感度解析は，定常状態が存在しない振動系や，定常状態が存在する系でも外部からの摂動などにより，過渡状態（非定常状態）にある系に対しても適用可能である。代謝物質濃度についての動的感度は，次式で表される。

$$S\left(X_i(t),\ p_j\right) = \frac{\partial X_i(t)}{\partial p_j} \cdot \frac{p_j}{X_i(t)} \cong \frac{X_{i-1\%}(t) - X_{i-control}(t)}{X_{i-control}(t)} \times 100$$

ここで，$X_i(t)$は時刻tにおける代謝物質iの濃度，p_jはキネティックパラメータ，$S(X_i(t),\ p_j)$は，キネティックパラメータp_jに対する時刻tにおける代謝物質iの濃度$X_i(t)$の動的感度（％）を示している。また，近似式中の$X_{i-1\%}$，$X_{i-control}$は，それぞれ，任意のキネティックパラメータp_jを単位％変化させた場合と，させなかった場合の代謝物質iの濃度を示している。計算された動的感度から以下の手順で目的代謝物質（この場合，ブタノール）生産増大のための遺伝子改変候補を絞り込む。

①目的代謝物質生産代謝系のキネティックモデルに対して動的感度解析を適用する。

②各キネティックパラメータに対する目的代謝物質の濃度の感度に注目し，任意の時刻におけるそれらの感度の絶対値でランキングする。

③ランキングの結果の上位10位に入ったキネティックパラメータを含む酵素反応過程（図1のRがついているものが酵素反応過程を表す）をその時刻における目的代謝物質生産増大のための遺伝子改変候補とする。

　初期グルコース濃度295 mM回分培養のデータ（図2(D)）を用いて，時刻4時間，10時間，20時間，30時間での動的感度解析を行った[7]。各時刻での上位10位までの感度ランキングをそれぞれ，表2～5に示す。表中のReaction stepは，図1のRで示す酵素反応過程番号であり，Strategyとは，目的代謝物質ブタノールの高生産のための戦略（上矢印は，そのキネティックパラメータの値を増加させる，下矢印は減少させる）を表す。表2～5の結果を代謝経路上に書き入れたものを図5に示す。

　図5(A)より，培養の初期（酸生成期）においては，グルコースの取り込みおよび解糖，バイオマス合成（R12），CoATを介さない酪酸再同化（R17）の促進がそれぞれ，高ブタノール生産に寄与すると考えられた。また，acetyl-CoAからのacetoacetyl-CoA生産（R10），酪酸生産（R18）

第3章　オミクス解析の視点

表2　時刻4時間における初期グルコース濃度295 mM回分培養時の感度

Reaction step	Parameter	Strategy	Sensitivity（%）
R1	V_{max1}	↑	0.531
R19	V_{max19}	↑	0.277
R12	V_{max12}	↑	0.269
	K_{m12}	↓	0.258
R2	V_{max2}	↑	0.252
R19	K_{m19}	↓	0.249
R2	K_{m2}	↓	0.234
R10	V_{max10}	↓	0.215
R18	V_{max18}	↓	0.206
R17	V_{max17}	↑	0.193

表3　時刻10時間における初期グルコース濃度295 mM回分培養時の感度

Reaction step	Parameter	Strategy	Sensitivity（%）
R1	V_{max1}	↑	2.098
R12	V_{max12}	↑	1.521
	K_{m12}	↓	1.479
R10	V_{max10}	↓	1.390
	K_{m10B}	↑	0.866
R1	K_{is1}	↑	0.575
R10	K_{m10A}	↑	0.515
R1	K_{ii1}	↑	0.377
R19	V_{max19}	↑	0.315
R2	V_{max2}	↑	0.286

表4　時刻20時間における初期グルコース濃度295 mM回分培養時の感度

Reaction step	Parameter	Strategy	Sensitivity（%）
R1	V_{max1}	↑	1.415
R12	V_{max12}	↑	0.937
	K_{m12}	↓	0.929
R10	V_{max10}	↓	0.890
R1	K_{ii1}	↑	0.666
R10	K_{m10B}	↑	0.547
	K_{m10A}	↑	0.328
R1	K_{is1}	↑	0.221
R13	k_{13}	↓	0.151
R19	V_{max19}	↓	0.147

表5 時刻30時間における初期グルコース濃度295 mM回分培養時の感度

Reaction step	Parameter	Strategy	Sensitivity（%）
R14	V_{max14}	↑	0.361
	K_{m14}	↓	0.348
R15	V_{max15}	↓	0.219
	K_{m15B}	↑	0.216
R8	V_{max8}	↓	0.132
	K_{m8B}	↑	0.132
R10	V_{max10}	↑	0.121
R12	V_{max12}	↓	0.085
	K_{m12}	↑	0.083
	K_{iii12}	↓	0.079

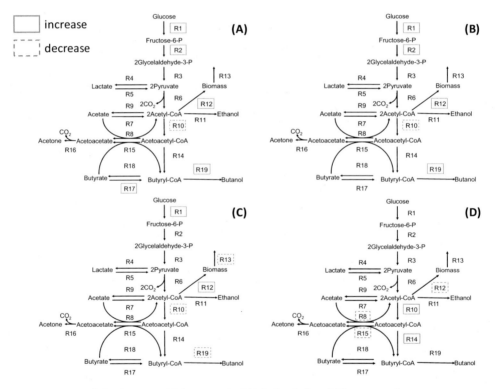

図5 初期グルコース濃度295 mM回分培養時の任意の時刻におけるブタノール生産増大のための遺伝子改変方策

(A)$t=4$時間，(B)$t=10$時間，(C)$t=20$時間，(D)$t=30$時間。太線で囲まれた反応過程の$t=0$時間での増大または破線で囲まれた反応過程の$t=0$時間での抑制が各時刻でのブタノール生産増大に大きく寄与することを示す。

第3章 オミクス解析の視点

の抑制が高ブタノール生産に寄与することが示唆された。図5(B), (C)より, 培養の中期・後期（ソルベント生成期前期・後期）においても, 高ブタノール生産に寄与する遺伝子改変方策はほぼ同様であった。大きな違いは, ソルベント生成後期（図5(C)）におけるブタノール生産過程（R19）の抑制であった。一方, 培養終期（図5(D)）では, acetyl-CoAからのacetoacetyl-CoA生産（R10）, acetoacetyl-CoAからのbutyryl-CoA生産の促進（R14）, CoAT経路（R8, R15）, バイオマス合成（R12）の抑制がそれぞれ, 高ブタノール生産に寄与することが示唆された。このように, 図5より, 培養の時間帯において高ブタノール生産に寄与する遺伝子改変方策は変動していた。さらに, 表2～5より, 遺伝子改変方策にほとんど変わりがなくても, 感度のランキングは変動していることが示唆された。また, 培養前期では, グルコース取り込み過程（R1）でのグルコースによる基質阻害定数（K_{isl}）に対する感度がランキングされているが, 培養後期・終了時（表4, 5）では, ブタノールによるグルコース取り込み（R1）阻害に関する定数（K_{iil}）およびバイオマス合成（R12）停止に関する定数（K_{iii12}）に対する感度の方がランキング上位になっていた。

5.4 おわりに

　実験データを再現しキネティックモデルを構築し, そこに含まれるすべてのキネティックパラメータのブタノール生産に及ぼす動的感度を精査した結果, 図5の実線の四角の反応過程を促進し, 破線の四角の反応過程を抑制することで, ブタノール生産が増大すると予測された。増産に向けた第一歩としては, これらの反応過程を触媒する酵素の転写因子を精査しなければならない。そして, それらの情報をもとに, 合成生物学の手法[8]を用いて, 酵素活性を連携制御する人工遺伝子回路の構築法を考えなければならないだろう。この人工遺伝子回路による酵素活性の制御は, 冒頭で述べた信号機の連携制御によって交通渋滞を解消する方法に相当する。将来, 構築した人工遺伝子回路を菌に組み入れることができれば, まさに新奇な代謝物質生産のプロセスの構築が可能であろう。この人工遺伝子回路は, 代謝マップの階層とは異なる階層に属することになり, 代謝の流束は, 異なる階層からの制御を受けて動的に変化することになる。このように, これからの代謝工学は, 合成生物学的手法を取り入れた, 「創って解析・利用する代謝工学」[9]へ変貌しつつある。

文　　献

1)　清水浩, 塩谷捨明訳, 代謝工学：原理と方法論, 東京電機大学出版局（2002）
2)　D. T. Jones, D. R. Woods, *Microbiol. Rev.*, **50**, 484（1986）
3)　R. P. Desai, L. M. Harris, N. E. Welker, E. T. Papoutsakis, *Metab. Eng.*, **1**, 206（1999）

4) R. P. Desai, L. K. Nielsen and E. T. Papoutsakis, *J. Biotechnol.*, **71**, 191（1999）

5) R. Sillers, M. A. Al-Hinai, E. T. Papoutsakis, *Biotechnol. Bioeng.*, **102**, 38（2009）

6) H. Shinto, Y. Tashiro, M. Yamashita, G. Kobayashi, T. Sekiguchi, T. Hanai, Y. Kuriya, M. Okamoto, K. Sonomoto, *J. Biotechnol.*, **131**, 45（2007）

7) Y. Kuriya, S. Tanaka, G. Kobayashi, T. Hanai and M. Okamoto, *Chem-Bio Informatics J.*, **11**, 1（2011）

8) 柳川弘志，土居信英，板谷光泰，菅原正，四方哲也著，合成生物学（現代生物科学入門９），岩波書店（2010）

9) 文部科学省科学研究費補助金新学術領域研究（研究領域提案型）「動的・多要素な生体分子ネットワークを理解するための合成生物学の基盤構築」研究期間：平成23年度〜27年度，領域代表者：岡本正宏，http://www.syn-biol.com/

6 合成代謝経路によるバイオアルコール生産

花井泰三*

6.1 はじめに

近年，バイオマスから代替燃料や化学製品原料を生産する試みが，国内外で盛んに行われている。このような試みは，バイオリファイナリーと呼ばれており，持続的に発展可能な社会を維持するために重要なテーマであると考えられている。

バイオリファイナリーで，ターゲット生産物として注目されている物質の一つに，エタノールをはじめとしたバイオアルコールがあげられる。エタノールは，炭素鎖2のアルコールであり，ブラジルやアメリカを中心に，コーンスターチや廃糖蜜などから工業レベルで生産されている。現在，次世代のバイオアルコールとして，炭素鎖3のプロパノール，炭素鎖4のブタノールの工業レベルでの生産に注目が集まっている。ブタノールの生産に関しては，1930年代より，国内でClostridium属細菌を利用した工業生産が行われていたが，石油工業の発展に伴い，現在は行われていない。Clostridium属細菌を利用したブタノール生産において，問題となるのが，バッチ培養では20 g/L未満となる低い生産量である。様々なアプローチで，生産量を増やす試みがなされているが，Clostridium属細菌は大腸菌や酵母などと比較し，遺伝子組換えが難しいとされており，代謝工学的なアプローチによる菌体の改変には，より長い時間が必要とされる。

このような状況下，ブタノールを全く生産することのできない大腸菌に，Clostridium属細菌が持つブタノール生産関連酵素群を導入し，人工的に1ブタノール生産のための代謝経路を構築する研究が行われた[1]。このようなアイディアは，合成代謝経路（Synthetic Pathway）と呼ばれており，合成生物学の一つの研究分野と考えられている。モデル微生物である大腸菌や酵母に，合成代謝経路を導入することで様々な化学物質を生産させることができれば，代謝工学的なアプローチにより，その生産量を増加させられる可能性も高い。また，代謝経路に関しても，モデル微生物は詳しく調べられており，早く生産菌を開発できる可能性も高い。合成代謝経路による物質生産の研究は，DuPont社とGenencor社が1996年に特許を取得した大腸菌による1,3-プロパンジオール生産[2]が，初めての大きな成功例である。現在では，様々な化学物質が同様のアプローチで生産できることが報告されている。

6.2 合成代謝経路

図1を参考に，合成代謝経路による物質生産について，もう少し詳しく見ていくこととする。まず，大腸菌を用いて，1)に示すように，基質Aからある目的生産物Fを生産させる場合を考える。生産実験を行い，Cの生産量が高く，Fの生産量が低いとの結果が得られた場合は，Cの生産量を減少させ，Fの生産量が向上することを期待して，2)に示すように，B→Dの反応を行う酵素遺伝子を大量発現させることなどが行われる。あるいは，B→Cの反応酵素遺伝子を破壊する

---

* Taizo Hanai 九州大学大学院 農学研究院 准教授

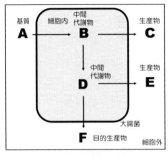 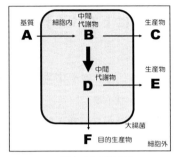

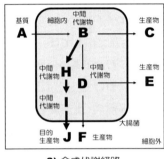 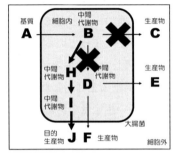

図1　合成代謝経路

ことも有効な手段である。いわゆる，代謝工学的なアプローチでは，このような方法が用いられてきた。ただし，この方法では，もともと微生物（この場合は大腸菌）が生産する物質に，目的とする物質がない場合は，生産させることができない。この場合でも，例えばB→Gの酵素反応を行う外来の遺伝子を導入し，大量発現させることで，他の生産物（この場合はG）を生産させることも可能となる。しかし，多様な生産物を生産させるためには，3)に示すように，多種類の酵素遺伝子群を導入することで，人工的な代謝経路（合成代謝経路）を構築する必要がある。もとの微生物の代謝経路に，多くの反応ステップを加えることで，初めて多種多様な物質を生産することが可能になる。この生産代謝経路を構築する際には，B→Jの代謝経路を有するある微生物の酵素遺伝子群を，そのまま利用する方法のみでなく，複数の微生物由来の酵素遺伝子を組み合わせる方法も有効である。また，構築された人工代謝経路による目的生産物の生産量あるいは生産速度を向上させるため，4)に示すように，副生産物に関する代謝反応遺伝子の破壊を行うことが行われる。

6.3　イソプロパノール生産合成代謝経路の構築[3]

　イソプロパノールは，炭素3分子からなる2級アルコールであり，触媒で容易にプロピレンに変換できることから，バイオプラスチック材料として期待されている。イソプロパノールを生産

第3章　オミクス解析の視点

する微生物としては，*Clostridium*属細菌が知られているが，この中で最もイソプロパノールを生産する*Clostridium beijerinckii* NRRL B593でも，30 mMしかイソプロパノールを生産することができない。我々は，イソプロパノール生産合成代謝経路を，大腸菌に導入することで，グルコースからイソプロパノールの大量生産を試みた。

導入した合成代謝経路および大腸菌の代謝経路を図2に示す。我々は，大腸菌において，グルコースからAcetyl-CoAまでの代謝物の流れは，イソプロパノール生産には十分であると仮説を立て，Acetyl-CoAからイソプロパノールまでの代謝経路導入を考えることとした。イソプロパノール生産菌である*Clostridium beijerinckii* NRRL B593は，4つの酵素によって，Acetyl-CoAからアセトンを経由し，イソプロパノールを生産する。まず，Acetyl-CoA acetyltransferase（ACoAAT）は2分子のAcetyl-CoAから1分子のAcetoacetyl-CoAを生産する。次に，Acetoacetyl-CoAと酢酸からアセト酢酸とAcetyl-CoAがAcetoacetyl-CoA-transferase（ACoAT）によって変換される。さらに，Acetoacetate decarboxylase（ADC）によって，アセト酢酸がアセトンに変換される。最後にsecondary alcohol dehydrogenase（SADH）が，NADPHを利用してアセトンをイソプロパノールに変換する。*Clostridium*属細菌として，よく研究されているのは，*C. acetobutylicum* ATCC824であり，SADH以外の上記の酵素遺伝子情報も入手可能であるので，*thl*A（ACoAAT），*ctfAB*（ACoAT），*adc*（ADC）遺伝子を利用して，合成代謝経路を構築することとした。また，大腸菌もACoAATおよびACoATの酵素遺伝子*atoB*, *atoAD*を有していることが知られているので，*E. coli* K-12 MG1655由来のこれらの遺伝子も利用することとした。また，SADHの遺伝子としては，イソプロパノール生産菌である*C. beijerinckii* NRRL B593の*adh*（*cbadh*）および*Thermoanaerobacter brockii* HTD4の*adh*（*tbadh*）の遺伝子配列が入手可能であるため，これらを利用することとした。

上記の遺伝子を利用し，組み合わせることでいくつかの合成代謝経路を構築し，大腸菌に導入することで，イソプロパノール生産を行い，その比較を行った。その結果，*thlA*, *atoAD*, *adc*,

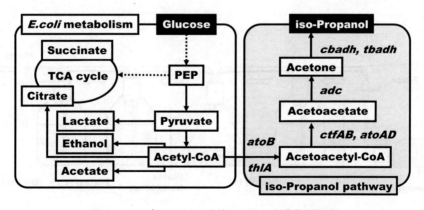

図2　イソプロパノール生産のための合成代謝経路

*cbadh*の遺伝子を組み合わせた場合の合成代謝経路が，最もイソプロパノール生産に適していることが明らかになった。初発濃度が20 g/L（111 mM）となるようにグルコースを加えたSD-8培地で培養したところ，培養開始後3 hの導入遺伝子の発現誘導から10 hのグルコース枯渇まで，イソプロパノールは生産された。24 hに再度20 g/L（111 mM）となるようにグルコース溶液を添加したところ，速やかに資化され，30.5 hには枯渇した。このとき，イソプロパノール濃度は81.6 mMとなった。培養工学的な最適化を全く行っていない状況で，*Clostridium beijerinckii* NRRL B593が持つ30 mMのイソプロパノール生産量を，超えることができたことから，合成代謝経路を用いることで非常に優れた生産菌を構築することができたと，考えられた。

6.4 イソプロパノール生産の培養工学的な最適化[4]

thlA，*atoAD*，*adc*，*cbadh*の遺伝子を利用した合成代謝経路を大腸菌に導入し，培養工学的な最適化を行うこととした。上記の培養実験の結果，pHの低下と6 hごとに約20 g/Lグルコースが消費されることが明らかとなった。このため，6 hごとに，高濃度グルコースの添加とpH調整を行うこととした。培養液が一定量に保たれるように，添加したグルコースの液量とサンプリングで抜き取る液量を同じとした。この結果，培養開始後60 hまで，細胞増殖とイソプロパノール生産は続き，673 mMのイソプロパノールが生産された。細胞増殖と生産が停止した理由は，イソプロパノールによる生産物阻害と予想されたので，培養初期に600 mMとなるようにイソプロパノールを添加したところ，予想通り，菌体増殖は停止し，イソプロパノールの生産も行われなくなった。

イソプロパノールによる生産物阻害を回避するため，培養液中からイソプロパノールを分離し，回収する必要がある。イソプロパノールの沸点は82.4℃であり，揮発しやすい。この様な場合，ガスストリッピングが有効である。そのため，図3のような装置を試作し，培養を行うこととした。先ほどと同様，グルコースの添加とpH調整を6 hおきに行うこととした。その結果，168 hまでイソプロパノールは生産された。培養期間を通じ，培養液中のイソプロパノール濃度は400 mM以下で，生産物阻害が起こると考えられた600 mMを超えることはなかった。培養液と回収瓶で

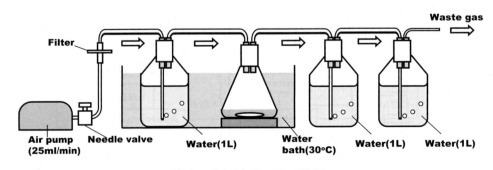

図3　ガスストリッピング装置

第3章　オミクス解析の視点

回収されたイソプロパノールを合計し，すべてが培養液に溶解しているとして計算した実効生産
濃度は1358 mMであった。168 hでのイソプロパノール生産の回復を狙って，濃縮培地を添加した
ところ，生産が回復した。そのため，細胞増殖速度が低下した場合，濃縮培地を加えることとし
て，再度，ガスストリッピング法による培養を試みたところ，240 hまで生産が続き，実効生産濃
度は2378 mM（148 g/L）となった。生産量として，十分満足できる値が得られた。

6.5　最後に

　合成代謝経路による物質生産について，その概念から，我々が行ったイソプロパノール生産を
例に説明を行ってきた。合成代謝経路をモデル微生物に導入する方法論は，非常に強力であり，
近年，多くの企業，大学により，同様の研究が行われている。ただし，目的生産物の高い生産量
を実現させるためには，培養工学的なアプローチも不可欠である。我々は，イソプロパノールの
他に，1ブタノール[1]およびイソブタノール[5]を大腸菌で，生産させることにも成功している。こ
れらの物質生産菌を構築する際には，生産物の生産量あるいは生産速度を上げるために，遺伝子
破壊を行う最適化も行っている。この際，破壊遺伝子の候補は，文献情報を基に決められた。し
かし，さらなる最適化を行う場合には，メタボロームデータに基づく改変が重要であると考えら
れる。なぜなら，メタボローム解析によって100種類以上の代謝物質のデータが得られる場合もあ
るので，これらのデータはコンピュータシミュレーションなどに基づいて解析する必要があるか
らである。

　現在広く行われている合成代謝経路による物質生産では，バイオマスから加水分解などによっ
て得た糖を用いて生産することを前提としている。しかし，最近の研究では，光合成細菌に人工
代謝経路を導入し，CO_2と光からバイオアルコールを生産させる技術開発も行われている[6]。この
方法では，バイオマスである植物を育てる時間を考えると大変効率的で，バイオマスを糖化する
処理も不必要であるため容易であると考えられる。光合成細菌の代謝経路に関する研究はまだ十
分には行われておらず，遺伝子組換えには長い時間がかかるので，実用化されるまでは期間が必
要であるが，夢のある技術であると思われる。

　少量でも微生物によって生産される物質であれば，ここまで述べてきた合成代謝経路のアプロ
ーチで，大量生産できる可能性がある。ただし，目的物質を生産する微生物が知られていない場
合は，このようなアプローチでは難しい。最近，このような問題にチャレンジし，物質生産に成
功した報告がなされた[7]。今後は，このような研究が広がることで，ほとんどすべての化学物質
を，合成できるような日が来るかもしれない。

合成生物工学の隆起

文　　献

1) S. Atsumi, A. F. Cann, M. R. Connor, C. R. Shen, K. M. Smith, M. P. Brynildsen, K. J. Y. Chou, T. Hanai and J. C. Liao, *Metab. Eng.*, **10**, 305（2008）
2) C. E. Nakamura and G. M. Wihited, *Curr. Opi. Biotechnol.*, **14**, 454（2003）
3) T. Hanai, S. Atsumi and J. C. Liao, *Appl. Environ. Microb.*, **73**, 7814（2007）
4) K. Inokuma, M. Okamoto and T. Hanai, *J. Biosci. Bioeng.*, **110**, 696（2010）
5) S. Atsumi, T. Hanai and J. C. Liao, *Nature*, **451**, 86-89（2008）
6) S. Atsumi, W. Higashide and J. C. Liao, *Nature Biotechnol.*, **27**, 1177（2009）
7) H. Yim, R. Haselbeck, W. Niu, C. Pujol-Baxley, A. Burgard, J. Boldt, J. Khandurina, J. D. Trawick, R. E. Osterhout, R. Stephen, J. Estadilla, S. Teisan, H. B. Schreyer, S. Andrae, T. H. Yang, S. Y. Lee, M. J. Burk and S. V. Dien, *Nature Chem. Biol.*, **7**, 445（2011）

〔応用編〕

第4章　ミニマムゲノム―枯草菌

荒　勝俊[*]

1　はじめに

　合成生物学は，細胞の生命現象を司る遺伝子の集合体であるDNAや蛋白質をはじめとする生体分子を新規にデザインしたり，最適な状態に組み合わせたりすることで生命現象を理解し，任意の機能を持った生体システムを構築することを目的とした学問である。遺伝子工学を含む分子生物学やゲノム工学の急速な進展と，次世代シーケンサーをはじめとする最先端機器の開発により，生体分子の種類や分子間のネットワークに関する膨大な情報を得ることが可能となり，生命の部品を自由自在に組み合わせて生命現象を再現・設計・最適化する合成生物学的研究へと移行しつつある。

　遺伝子工学やゲノム工学の発展により，私達は個々の遺伝子に焦点を絞って，その遺伝子自体の改良あるいはゲノム上における遺伝子のデザインを行うことが可能となった。そして，合成生物学は多数の遺伝子の集合体によって引き起こされる生命現象を一括して扱うことを可能にし，「作ることで生命現象を理解しようとする研究」，あるいは「有用な生体システム創出を目的とする研究」に移行しつつある。「作ることで生命現象を理解しようとする研究」は"構成的研究"とも呼ばれ，細胞内に現存する分子群を取り出して機能発現を研究したり，生命の持つ普遍的様式を探ろうとする研究が行われている。

　特に最近は，多くの微生物ゲノムの塩基配列が解読され，染色体工学の技術も整備されつつあり，菌体そのものをダイナミックに改変する試みが行われている。筆者らは，既存の生物として"枯草菌"を題材に染色体を大規模に操作し，醗酵や酵素生産に特化した実用的物づくりに耐える宿主細胞の改変を強力に進めてきた[1]。

　本稿では，枯草菌を用いた合成生物学の研究例として，枯草菌MGF（Minimum Genome Factory）細胞の創製，枯草菌窒素代謝経路のデザイン，枯草菌翻訳・分泌装置の改良，に関して紹介したい。

2　枯草菌MGF（Minimum Genome Factory）細胞の創製

　枯草菌は，①異種遺伝子産物の大量分泌生産能，②ゲノム全配列が公知，③宿主の安全性，といった面で優れた工業生産用宿主である[2]。一方，枯草菌は多種多様な分泌型プロテアーゼを有

---

　*　Katsutoshi Ara　花王(中国)研究開発中心有限公司　基盤研究部　部長

しており，生産した外来遺伝子産物が分解されてしまうといった問題点を抱えている。さらに分泌型プロテアーゼの欠失により溶菌しやすくなるといった問題も明らかになってきた[3~5]。こうした課題を解決する手段として，宿主細胞の遺伝子の本体であるゲノムを対象とした工学的アプローチが進められており，有用酵素やヒト由来蛋白質の生産などに利用されている[6~9]。ゲノムは宿主細胞の生命活動を決定する情報分子であり，枯草菌のゲノムを知り活用することは実用的物づくりに耐える宿主細胞を構築する上で重要となる。即ち，枯草菌のゲノムを解析することで，生育環境の変化に対する宿主の対応などを予測し，新たな高性能宿主構築の手がかりを得られる[10,11]。さらに，枯草菌への新たな機能付加や機能強化といった技術の導入は，高性能宿主を構築する上で非常に有効な手段となる。

　枯草菌は様々な環境に順応する為，胞子形成や特殊な条件下や環境ストレスでのみ反応する多くの遺伝子を持っている[12]。こうした遺伝子は栄養源が十分で生育環境の整った工業生産系などでの条件では不要であり，逆にエネルギーの無駄な消費が予想される。そこで，実用的物づくりに耐える宿主細胞を構築する上で不要な遺伝子をできる限りゲノム上から欠失させた枯草菌MGF細胞の創製が試みられた[1, 13]。

2.1　合成生物学を支える枯草菌ゲノム改変技術

　枯草菌MGF細胞を創製する上で，ゲノム上の数多くの遺伝子から目的遺伝子だけを正確且つ効

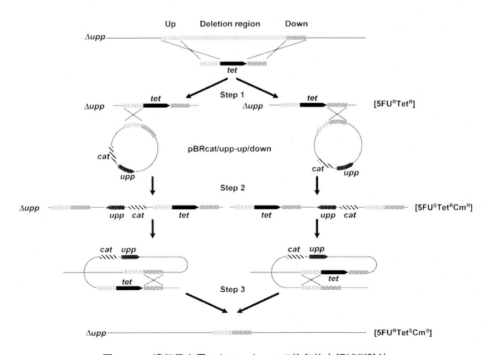

図1　upp遺伝子を用いたマーカーレス染色体大領域削除法

第4章 ミニマムゲノム―枯草菌

率的に欠失する方法の開発が課題となる。さらに，同一宿主で複数の遺伝子改変を行う際，使用可能な選択マーカー遺伝子の種類が限られるといった問題を有したことから，マーカーを効率的に除去する手法が不可欠となる。

筆者らは，ゲノム領域から遺伝子を効率的に削除する方法として，*upp*遺伝子破壊株を用い，*upp*遺伝子をポジティブセレクションマーカーとして，5FU（5-fluoro-uracil）存在下でゲノム領域削除に伴うクリーンミュータントの選択を行った[14]。さらに，筆者らは薬剤耐性マーカーを持たない変異株を取得する方法として，制御因子AraRを用いた方法を開発した[15,16]。本方法では，枯草菌の*araR*遺伝子領域に対して，プロモーターを含まないネオマイシン耐性遺伝子（neo）とアラビノース・オペロン・プロモーター，およびクロラムフェニコール耐性遺伝子を含む選択マーカーから構成されるカセットへと置換した。さらに，アラビノース・オペロンの抑制因子を含む*araR*遺伝子を標的部位に統合した。形質転換体は，相同組み換えにより薬剤マーカー・カセットを含まない細胞はネオマイシン抵抗性として選択が可能となった。しかし，マーカーを無くしたクリーンミュータントの取得頻度は非常に低く，耐性株の出現などの問題もあり，さらに目的株の取得に長時間を要した。

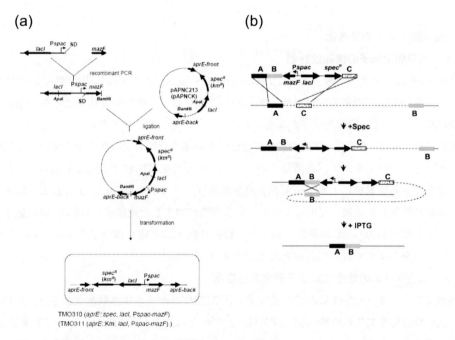

図2 *mazF*遺伝子を用いたマーカーレス染色体大領域削除法の構築
(a) *mazF*マーカーカセットの構築[20]。(b) *mazF*マーカーカセットを用いた大領域削除法。削除目的領域の外側AとB，内部領域CをそれぞれPCRにより増幅し，A，B，マーカーカセット，Cの順番にSOE-PCRによって結合したDNA断片を作製し，枯草菌を形質転換した。こうして得られた形質転換体を1mM IPTGを含むLB寒天培地で選択することで，B領域で組み換えが起こったノーマーカー変異体を得た。

そこで，新たに大腸菌のmazF遺伝子を利用した効率的なノーマーカークリーンミュータントの取得方法を確立した[17]。大腸菌のmazF遺伝子はリボヌクレアーゼをコードしており，枯草菌の細胞内に組み込むことでmazF遺伝子が発現すると細胞死が誘導されることを利用して，mazF遺伝子カセットを標的遺伝子配列領域にSOE-PCRにより結合させた。mazF遺伝子カセットとして，染色体への組み込み用の薬剤耐性遺伝子と，マーカー削除用の選抜用マーカーとしてIPTG誘導可能なspacプロモーター制御下にmazFが連結されたものを作製した。マーカカセットと，削除する標的遺伝子配列領域の上流と下流に隣接する配列（fragmentAとB）および標的遺伝子の内部領域（fragmentC）をPCRにより増幅し，fragmentA，fragmentB，マーカーカセット，fragmentCの順番でSOE-PCRにより結合した。構築したPCR産物を用いて形質転換を行い，fragmentAとfragmentCの相同組み換えにより，薬剤耐性マーカーによる選抜でカセットが挿入されたクローンを取得した。次にIPTG感受性を示すクローンを選択することで，fragmentB領域での相同組み換えによりマーカーカセットを欠失したクローンを選択した。得られたクローンは欠失領域の外側に設計したプライマーを用いて，コロニーPCRにより目的領域の欠失を確認した[18]。

本手法により，3日でマーカー除去株を取得することが可能となり，マーカー除去率は90％以上となった。

2.2　枯草菌ゲノムの最適化

2.2.1　枯草菌遺伝子の機能性評価

枯草菌168株は，全ゲノム配列の決定により4106個の遺伝子を有することが明らかとなった[19]。また，枯草菌全遺伝子の過半数は機能が明らかにされており，その中で枯草菌の生命活動維持に必須な遺伝子として271個の遺伝子が報告されている[20]。そこで，分泌タンパク質の生産に関与する遺伝子に関しては，枯草菌168株の個々の遺伝子を破壊または欠失させた約3000遺伝子に相当する変異株ライブラリーを用い，各遺伝子のセルラーゼ分泌生産における機能を明らかにした。評価方法として，各変異株にセルラーゼ高分泌生産用プラスミドを導入し，生育および酵素分泌生産量を詳細に解析した結果，欠失によって分泌生産性が向上した遺伝子が116個，逆に低下した遺伝子が96個見出された[1]。本結果は，枯草菌の機能性向上に必須な遺伝子の組み合わせを知る上で多くの示唆を与えてくれる羅針盤となるであろう。

2.2.2　宿主ゲノムの縮小化による酵素高生産化

生育およびセルラーゼ生産に不要な遺伝子を枯草菌168株ゲノムより順次欠失させ，最終的に全ゲノム長の約21％を欠失した株（MGB874株）が創出された[21]。本株のセルラーゼ生産量は約1.7倍にまで向上しており，タイリングアレイによる転写解析からマルトース取り込みに関与するトランスポーター遺伝子malP，解糖経路の主要遺伝子gapA，アセトイン合成経路alsSおよびalsDの発現量が枯草菌168株よりも高発現していることが明らかとなった。アセトインは解糖系からのオーバーフローにより生産されることから，ゲノム縮小株において糖の消費が向上していることが予想された。

第4章 ミニマムゲノム―枯草菌

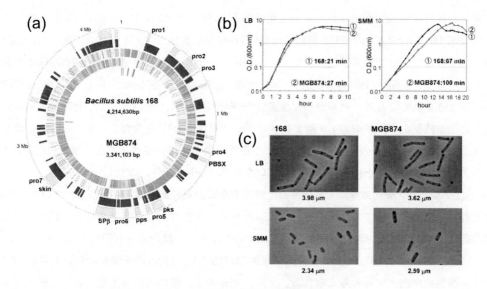

図3　MGB874株の生育と細胞形態
(a)MGB874株の設計。外側からMGB874株の削除領域(緑)，単独欠失領域(青)，時計回り，反時計回りの遺伝子(水色)，RNA遺伝子(赤)。(b)168野生株とMGB874株の生育。(c)168野生株とMGB874株の細胞形態。

また，MGB874株は*rapA*遺伝子の高発現により胞子形成関連σ因子（σE, σF, σG）の発現が遅延しており，胞子形成の遅延がセルラーゼ高生産に寄与している可能性が示唆された。

さらに，セルラーゼの転写量に関してプラスミド・コピー数の解析を行った結果，セルラーゼ遺伝子のプラスミド・コピー数は，ゲノム縮小株の定常期において168野生株より著しく高かった[22]。

本結果から，不要な遺伝子をゲノム上から欠失させることで，有用酵素の生産効率を格段に向上できることが明らかとなった。本技術は枯草菌に留まらず，多くの宿主に応用可能な技術として期待される。

3 枯草菌高性能宿主の創出

3.1 枯草菌の窒素代謝経路の最適化[22]

枯草菌168株ゲノムから不要な遺伝子領域として874 kbを削除したMGB874株を構築する過程において，アルギニン代謝に関与するpdp-rocRDEF遺伝子を含む98 kbの領域を削除したところ，セルラーゼ生産性が大幅に向上した。そこで，筆者らは生産性向上因子を明らかにする為に，アルギニン分解経路の*rocDEF*オペロン，およびこれを活性化する転写因子をコードする*rocR*の削除を行ったところ，特に枯草菌168株から*rocR*遺伝子を削除することでセルラーゼの生産性が大

幅に向上しており，rocRがセルラーゼの生産性向上因子の一つであることを明らかにした。さらに，MGB874株にrocRとrocDEFを復帰させた874 rocDEF-R株は，アルギニンが速やかに細胞内に取り込まれることで培養初期にアルギニンが枯渇し，セルラーゼ生産性はMGB874株よりも低下した。一方で，MGB874株にrocDEFのみを復帰した874 rocDEF株は，アルギニンが比較的緩やかに取り込まれることで，セルラーゼ生産性が168野生株の1.2倍以上（MGB874株と同等）に向上した。本結果から，グルタミン酸デヒドロゲナーゼ（RocG）を含むアルギニン分解経路を活性化する制御遺伝子rocRの欠失がセルラーゼ生産性を著しく増加させること，またrocDEFオペロンの欠失は生産性の向上にあまり関係していないことを明らかにした。

　RocGはグルタミン酸代謝経路を制御する上で重要な蛋白質であることが報告されている。RocGは2機能性を持つ蛋白質であり，①グルタミン酸分解活性を有する酵素であると同時に，②その制御機能によりグルタミン酸合成酵素GltABによるグルタミン酸合成をも抑制する。したがって，rocGの発現が高いほど細胞内のグルタミン酸供給が低下し，rocGの発現が低いほど細胞内のグルタミン酸供給が向上すると考えられる。また，グルタミン酸は蛋白質生産において極めて重要であり，グルタミン酸の供給ポテンシャルはセルラーゼ生産性に影響すると考えられる。

　筆者らは，168野生株とMGB874株，874 rocDEF-R株の細胞内・細胞外のアミノ酸レベルを測定した。その結果，168野生株と874 rocDEF-R株の培養液では，細胞が定常期に入る前にアルギニンとグルタミン酸の両方が枯渇したが，MGB874株ではアルギニン分解経路の不活性化によりアルギニン量は徐々に減少した。一方で，グルタミン酸の量は168株および874 rocDEF-R株と比

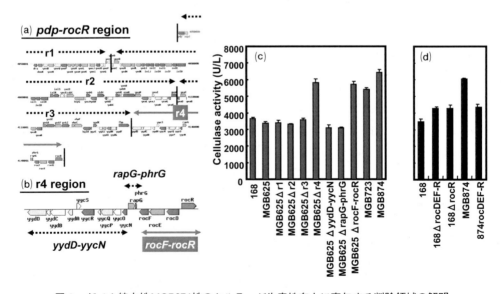

図4　ゲノム縮小株MGB874株のセルラーゼ生産性向上に寄与する削除領域の解明
(a)MGB623株からMGB723株を構築する段階で削除されたpdp-rocR領域。
(b)セルラーゼ生産性向上に寄与するr4領域。
(c)(d)ゲノム縮小株およびその変異株のセルラーゼ生産性。

第4章　ミニマムゲノム—枯草菌

較して著しく大きかった。即ち、有用酵素生産において、宿主のグルタミン代謝系をデザインすることで人為的に制御可能な醱酵システムを構築できるものと期待される。

3.2　枯草菌の翻訳装置の専有化

枯草菌のリボソームは57種のリボソーム蛋白質と3種（5S, 16S, 23S）のrRNAより構成されており、3種のrRNAをコードする領域はオペロンを形成している。枯草菌ゲノム上ではリボソーム蛋白質はほとんど1コピーのみ存在するのに対し、rRNAオペロンは10種存在している[23]。しかし、他の細菌とのrRNAオペロンの数を比較すると必ずしも全てが必要とは限らない。

リボソームによるタンパク質合成は、遺伝子上流に存在するSD配列を認識することで始まる。枯草菌のSD配列（GGAGG）に対するリボソームの認識は、16S rRNAの3'末端側の相補鎖配列（CCTCC）による。したがって、SD配列が同じであれば、全ての遺伝子に対して同じ確率で認識される。仮に、異なったSD配列を有する遺伝子と、その配列を認識する16S rRNAで構成されるリボソームが存在すれば、そのリボソームは、異なったSD配列を有する遺伝子のタンパク質合成

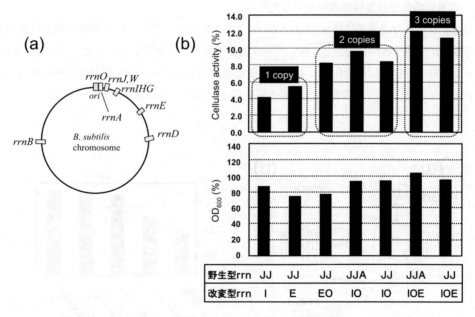

図5　*rrn*専有化によるセルラーゼ生産性評価
(a)枯草菌ゲノム上のrRNAオペロンの位置。*ori*から順に*rrnO, A, J, W, I, H, G, E, D, B*が存在する。(b)グラフの縦軸は枯草菌野生株（168株）の生産性と生育度を100%とした時の相対値で示した。野生型*rrn*は、相補鎖配列がCCTCCのままの16S rRNAを有する*rrn*オペロン。改変*rrn*は、相補鎖配列をGGTGGに改変した16S rRNAを有する*rrn*オペロン。野生型*rrn*においてJJと記載されているのは、*rrnJ*（野生型では1コピー）が*rrn*欠失の工程において2コピーになったことを示している。

103

専用になると予想された。そこで、高生産化させたい標的遺伝子、例えばセルラーゼ遺伝子のSD配列を改変し、その相補鎖を有する16S rRNAを枯草菌ゲノムに導入することで、セルラーゼの合成効率が向上すると期待され、rRNAの専有化を試みた。

まずセルラーゼのSD配列をGGAGGからCCTCCに変更し、既存の16S rRNAの相補鎖配列においてセルラーゼの改変SD配列を認識できないことを確認した。枯草菌ゲノム上には10箇所の16S rRNAが存在しており、1箇所に相補鎖配列（CCTCCからGGAGG）を導入しても専有化率が1/10にしかならない。そこで、ゲノム上から*rrn*オペロンを順次欠失させ、専有化率の向上を試みながら検討を行った。最終的に、相補鎖配列を変更せず野生型のままの*rrnJ*を2コピー有する株（*rrnJJ*）において野生株と同等の生育が確認できた。そこで、*rrnJJ*株に対して、セルラーゼの改変SD配列を認識できる様に相補鎖配列を変更した*rrnI*または*rrnE*を含む*rrnJJI*や*rrnJJE*（専有化率は1/3）を構築することに成功した。さらに、セルラーゼの改変SD配列を認識できる相補鎖配列を変更した*rrn*オペロンのコピー数と生産性との間には比例関係のあることが明らかとなった。この様に、*rrn*オペロンの一部を有用酵素生産に特化させることでリボソーム工学的手法によるリボソームの改良なども可能になると予想される。

3.3 枯草菌の分泌装置構成遺伝子の集約化

枯草菌が有する分泌装置には*secA/DF/E/G/Y*の5種類があり、これらが細胞膜上に集積することで機能が発現する。しかし、これらの構成遺伝子は枯草菌ゲノム上に分散していることから、これらを単一オペロンに集約化することで集積効率が向上し、タンパク質の分泌効率も向上する可能性があると考え、分泌装置遺伝子群の集約化を試みた。枯草菌*amyE*プロモーターに*secA/*

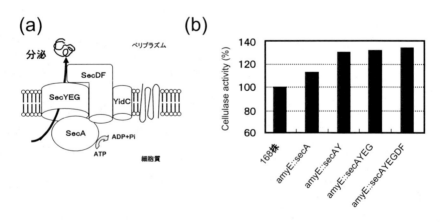

図6　分泌装置集約によるセルラーゼ生産性評価
(a)枯草菌分泌装置模式図[24]。(b)分泌装置遺伝子群を*amyE*領域内に順次オペロン化した際のセルラーゼ生産性。グラフの縦軸は枯草菌野生株（168株）の生産性を100％とした時の相対値。

第4章 ミニマムゲノム—枯草菌

$Y/E/G/DF$をコードする遺伝子を順次オペロン化し，枯草菌染色体上の$amyE$領域内に導入した株を作製した。分泌装置遺伝子群の集約を進めるに連れてセルラーゼの生産量も向上し，5種類全ての遺伝子を集約化することで，セルラーゼ生産性が枯草菌野生株（168株）に対して1.3倍まで向上させることに成功した。本結果は，ゲノムに点在する遺伝子を集約させることでさらに効率が向上できることを示唆するものである。

4 おわりに

　枯草菌という生物の生き方を決めている4100遺伝子のネットワークを理解し，生育と酵素生産に寄与する遺伝子を明確にし，不要な遺伝子を削除することで約1000遺伝子を削除した枯草菌MGF細胞を創製することを目指し研究を進めてきた。筆者らの目指すものは産業用酵素の大量生産であるが，創製された枯草菌MGF細胞は各種産業分野で利用可能な種々の蛋白質素材の生産にも適応可能と思われる。本目的を達成する為には，枯草菌のゲノムに書き込まれた全情報を解読するとともに，体系的な機能情報収集に加え，こうした情報を用いて一定の細胞機能に関係する遺伝子の機能ネットワークの解明など，遺伝子機能の特異的な研究も必要となる。また，機能解析実験の結果も含めた情報学的解析による遺伝子機能や発現制御配列に関する新たな予測とその実験的検証も欠かせない研究方法である。

　今回紹介した合成生物学を駆使した技術は，それ1つで全ての蛋白質の生産性向上に寄与するものではないが，枯草菌MGF細胞に代謝制御技術や翻訳・分泌装置改変技術といった，蛋白質生産に必要な技術を組み合わせて構築した高性能枯草菌RGF（Refined Genome Factory）細胞は，化学プロセスの代替技術として十分寄与しうるバイオ技術として成り立つものと我々は考えている[25]。

謝辞

　本稿を執筆するにあたり，研究の面でご指導を賜りました，奈良先端科学技術大学院大学・小笠原直毅教授，信州大学・関口順一名誉教授，筑波大学・中村幸治教授，立教大学・河村富士夫教授，福山大学・藤田泰太郎教授，NITE顧問・井上恵雄博士，ならびに本研究の研究推進にご支援，ならびに執筆を許可頂きました花王㈱研究開発部門・沼田敏晴常務，スキンケア研究所・武馬吉則所長，生物科学研究所・長谷正所長，木村義晴主席，尾崎克也室長，花王(中国)研究開発中心有限公司・泉裕総経理，梅本勲副経理，服部道廣部長に心から感謝致します。また，本研究成果を生み出して頂いた花王㈱生物科学研究所MGPプロジェクトの小澤忠弘，影山泰，真鍋憲二，劉生浩，森本卓也，掛下大視，児玉武子，児玉裕二，斉藤和広，川原影人，柴田望，澤田和久，遠藤圭二，東畑正敏，各研究員に書面を借りて感謝致します。最後に，私を支えてくれた妻・佳子，娘・美有紀に感謝致します。

文　　献

1) K. Ara *et al.*, *Biotech. Appl. Biochem.*, **46**, 169 (2007)
2) M. Simonen and I. Palva, *Microbiol. Rev.*, **57**, 109 (1993)
3) T. Kodama *et al.*, *J. Biosci. Bioeng.*, **103**, 13 (2007)
4) T. Kodama *et al.*, *J. Biosci. Bioeng.*, **104**, 135 (2007)
5) T. Kodama *et al.*, *Biotechnology, In Tech* (2012)
6) H. Kakeshita *et al.*, *Mol. Biotechnol.*, **46**, 250 (2010)
7) H. Kakeshita *et al.*, *Appl. Microbiol. Biotechnol.*, **89**, 1509 (2011)
8) H. Kakeshita *et al.*, *Biotechnol. Lett.*, **33**, 1847 (2011)
9) H. Kakeshita *et al.*, *Biotechnology, In Tech* (2012)
10) K. Kobayashi *et al.*, *J. Biol. Chem.*, in press
11) K. Tagami *et al.*, *Microbiology Open*, in press
12) T. Kodama *et al.*, *Biosci. Biotech. Biochem.*, **75**, 6 (2011)
13) Y. Kageyama *et al.*, Bacterial DNA, DNA polymerase and DNA helicases., Nova Science Publishers, Inc. (2009)
14) 微生物機能を活用した革新的生産技術の最前線，シーエムシー出版 (2007)
15) S. Liu *et al.*, *Genes Genet. Syst.*, **82**, 9 (2007)
16) S. Liu *et al.*, *Microbiology*, **154**, 2562 (2008)
17) T. Morimoto *et al.*, Strain Engineering: Methods and Protocols, Human Press (2010)
18) F. Kunst *et al.*, *Nature*, **90**, 249 (1997)
19) K. Kobayashi *et al.*, *Proc. Natl. Acad. Sci. USA*, **100**, 4678 (2003)
20) T. Morimoto *et al.*, *Genes Genet. Syst.*, **84**, 315 (2009)
21) T. Morimoto *et al.*, *DNA Res.*, **4**, 1 (2008)
22) K. Manabe *et al.*, *Appl. Environ. Microbio.*, **77**, 8370 (2011)
23) M. Matsuzaki *et al.*, *Nature*, **428**, 653 (2004)
24) http://www.cc.kyoto-su.ac.jp/~k4563/research.html（京都産業大学・伊藤維昭研究室HP）
25) 荒勝俊，生物工学会誌，**85**，174 (2007)

第5章　分裂酵母ミニマムゲノムファクトリーを用いた組換えタンパク質生産システム

東田英毅[*]

1　はじめに

　医薬品原料や産業用酵素としてのタンパク質の利用は，様々な組換えタンパク質生産システムの開発に伴い急速な広がりを見せた。タンパク質の用途や種類に適した生産のため，大腸菌や枯草菌，コリネ型細菌や放線菌などの原核生物，酵母や糸状菌といった真核微生物，さらには動植物昆虫細胞や動植物昆虫体そのもの，各種細胞抽出物を用いた無細胞系など，数多くの発現系が開発された。しかしながら多種多様なタンパク質に対応するためにはこれらの系では未だに不十分な場合も多く，今なお様々な生産系改良が続けられている。

　組換えタンパク質生産の基本的な仕組みは，Itakuraらの先駆的な仕事から今に至るまで，宿主細胞の複製・転写・翻訳というセントラルドグマに基づいている。このため，効率的な組換えタンパク質生産を行うには，これらの各過程それぞれを最適化することも必要であるが，同時に，宿主細胞自体の改良も様々試みられており，例えばミニマムゲノムファクトリー構想[1]もその改良手法として取り入れられた。

　本稿では，酵母の一種である*Schizosaccharomyces pombe*（*S. pombe*）を宿主細胞とし，それを用いた組換えタンパク質生産系の改良，ならびに今後の発展に向けた取組みについて述べる。

2　分裂酵母*Schizosaccharomyces pombe*

　パン酵母や酒類製造用の菌種に代表される出芽酵母は，一部の病原性のものを除いて，食品生産に長年使用されている安全性の高い真核微生物である。取扱いが簡便であると同時に，大腸菌や枯草菌などの原核生物と異なり，高等動植物細胞と類似した発達した細胞内構造や機能を合わせ持つことが知られている。同じ酵母でも出芽ではなく分裂という，動植物に類似した増殖様式を持つ分裂酵母*Schizosaccharomyces pombe*は，他の酵母に比して独自の進化を遂げ，異なる特徴を持っている。高等動物細胞と似た転写・翻訳機構を持つこと，高等動物の遺伝子機能をよく相補すること，複雑な翻訳後修飾が可能であることなどから，特にヒトに由来する組換えタンパク質生産用宿主として注目され[2~4]，近年は糸状菌や担子菌との類似性を示す研究も多い。実用的には，一部地域（東アフリカ・ジャワ・サイパンなど）の酒類やワインビネガー製造の際に使用

　＊　Hideki Tohda　旭硝子㈱　ASPEX事業部　主幹

されたり，インドネシアのスマトラ島に位置するバイオエタノール工場での利用例もあるが，工業的にはあまり用いられてこなかった。その一方でSaccharomyces cerevisiae（S. cerevisiae）に代表される他の酵母が出芽して増殖するのに対し，分裂して増殖するという特徴的な性質が注目され，分子遺伝学・細胞生物学研究が今日まで盛んに行われており，染色体の塩基配列決定も終了した[5~7]。

　安価な培地で生育速度が速く，高密度培養が可能な分裂酵母ではあるが，より効率的に組換えタンパク質を生産するためには，分子生物学的手法を用いた高生産宿主株のさらなる開発が必要である。そこで我々もS. pombeを宿主として組換えタンパク質生産を効率的に行う目的で，菌体増殖や物質生産に不要な遺伝子を染色体から取り除き，細胞内の無駄なエネルギー消費をできるだけ抑えるため，通常の培養条件下では生育に影響のない遺伝子を可能な限り削除した染色体縮小化株を造成し，組換えタンパク質生産に特化した分裂酵母株を創出することを考えた[8]。生物は，その進化の過程で経験してきた様々な環境に適応するため，通常の生育条件では見られない，特殊な条件下で発現される多数の遺伝子をゲノム上に有している。生命工学の手法を用いて望みの物質を効率的に生産する場合は，これらの遺伝子発現は直接的に必要なものではない。しかも一般的な物質生産プロセスでは，対象とする生物に最適化された生育環境，すなわち栄養源や温度・通気条件を整えるため，特殊環境に応答する遺伝子は，細胞内の無駄なエネルギーを消費していることが予想される。これを回避するアイデアとして，通常の培養条件下では生育に影響のない遺伝子を可能な限り削除して，物質生産に特化した宿主細胞を造成するという，ミニマムゲノムファクトリーのコンセプトが提唱された[1]。物質生産に不要な代謝エネルギーの浪費を抑えたシンプルな細胞は，実験室で常用されているモデル生物や，工業的に長期に使われている菌株から造成することが可能である。このため安全性が高く，既存の製造プロセスに導入することが容易である。合成生物学的手法で考慮しなければならない，生命倫理上の問題も発生しない。

3　分裂酵母ミニマムゲノムファクトリー

　分裂酵母のゲノムは，3本の染色体それぞれ5.7 Mb・4.6 Mb・3.5 Mb，合計13.8 MbおよびミトコンドリアDNAより構成される。染色体には約4,900個の遺伝子がコードされており，その26.1%が必須遺伝子であることが報告された[9]。これらの必須遺伝子は3本の染色体上に満遍なく散在しているが，第1・第2染色体末端付近には，比較的長大な（100 kb超）非必須遺伝子領域が存在している。これらの領域は互いに相同性も高い。そこでこれら4つの領域を削除するため，染色体上から複数の遺伝子を含む比較的長い領域を一度に削除する方法の開発を試み，新しい分裂酵母遺伝子削除方法を報告した[10]。本法は，まず削除したい任意の領域を選び，栄養要求性マーカーura4[+]遺伝子と削除したい領域の配列の一部をPCRにより増幅した断片を結合した削除断片を作製し，相同組換えによって削除したい位置に組込む。次にウラシル要求性培地からコロニーを5-フルオロオロチン酸（FOA）含有栄養培地に移し，生育させることで再度相同組換え

第5章 分裂酵母ミニマムゲノムファクトリーを用いた組換えタンパク質生産システム

を生じさせ，目的の領域内の全ての配列を削除する。この方法では，(1)FOAで$ura4^+$遺伝子が除去されると，削除された領域の周りに遺伝子操作の「痕」が全く残らない，(2)FOA処理により$ura4^+$遺伝子が完全に除去されるので，再びウラシル要求性による選択が可能であり，同一株での多重遺伝子削除も可能である，(3)一度削除断片を組込んでからFOAによる削除を行うため，削除できない場合にはこの領域に必須遺伝子が存在することが推定できる，などの利点を持っている。

この方法を用いて，必須遺伝子の中で最も染色体の末端にある遺伝子が，第1染色体左腕（ALT）では*trs33*，右腕（ART）では*sec16*，第2染色体左腕（BLT）では*zas1*，右腕（BRT）では*usp109*であると同定した（図1）。Kimら[9]によって発表された分裂酵母のゲノムワイドな一遺伝子破壊解析では，上記で述べた必須遺伝子より染色体末端側にあるSPAC1F8.07c・SPBC1348.06c・*alr2*・*dea2*も必須遺伝子であると報告された。我々の実験結果ではSPAC1F8.07cを欠失すると著しい生育遅延を生じるが，他3つの遺伝子欠失はほとんど増殖効率に影響しなかった。

我々は物質生産性が向上した宿主細胞の構築を目的としているため，大規模削除後にも菌体の増殖性能や細胞機能の安定性が維持・確保されることを重要視した。このため慎重に削除領域の検討を行い，染色体大規模削除領域の具体的な長さは，ALT：168.4 kb，ART：155.4 kb，BLT：211.7 kb，BRT：121.6 kbとした（図1）。なお，染色体の安定性を保つため，削除部位は各染色体末端の最も端の遺伝子までにとどめ，テロメア・サブテロメアは削除領域に含まれていない。また，第3染色体については，第1・第2染色体と末端構造が異なっているため，現時点では削除を行っていない。

これらの4領域を様々な組合せで削除し，合計15種類の染色体大規模削除株のセットを揃えた。最大削除株は，第1・第2染色体全末端の4領域を削除したIGF742株で，その染色体削除サイズは657.3 kb（全染色体の約4.7%），削除遺伝子数は216である。IGF742株は，最大比増殖速度が親株の約80%，細胞形態は若干小さくなる傾向を示すが，最終到達菌体濁度は野生株とほぼ同等

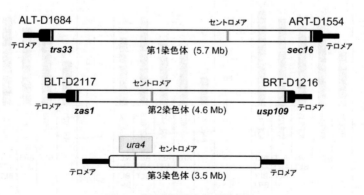

図1　分裂酵母染色体削除領域

分裂酵母の3本の染色体を模式的に示した。各染色体末端の細い棒で示したテロメア領域は残し，その内側の着色領域（100 kb強）が削除の対象である。第1（上），第2（中）染色体末端の上部に削除領域，下部に最末端必須遺伝子を示している。ALT削除領域に含まれるSPAC1F8.07cを削除すると増殖速度が著しく低下したため，第3（下）染色体の*ura4*遺伝子座に移した。

で，核も正常に分配されている．削除領域である染色体末端はヘテロクロマチンを形成するタンパク質が結合する領域であるため，テロメアへの影響も懸念されたが，栄養培地で100世代細胞分裂を行ってもテロメア長に異常は観察されなかった．以上の結果から，IGF742株の生育特性に関しては，ほぼ野生株と同等の安定性を維持し，物質生産用宿主として使用可能であると判断した．

一連の操作で得られた各種染色体大規模削除株を宿主として，モデルタンパク質を用いた物質生産性の評価を実施した．具体的には，緑色蛍光タンパク質（EGFP）を細胞内におけるタンパク質合成効率，ヒト成長ホルモン（hGH）とヒトトランスフェリン（hTF）にはN末端にシグナル配列を付加し，タンパク質合成効率に加え菌体外への分泌効率も合わせて評価した．合成培地におけるEGFPタンパク質生産性は，ART削除株をはじめとして削除サイズを増やすごとに高くなり，最終的にIGF742株では野生株の約1.7倍に高まることがわかった．また栄養培地（YPD）を用いたhGHとhTFの分泌発現解析では，3領域を削除した株での分泌生産性が最も高い値を示した．これらの結果から，染色体の不要な領域を大規模に削除することで，モデルタンパク質に対する生産性の向上が明らかとなった（図2）．例えばEGFPの生産については染色体末端領域の削除に伴って生産性が増加しており，削除した特定の遺伝子が影響しているのではなく，100 kb以上の染色体領域の削除によって生産性が向上するという，興味深い結果が得られた．

本研究は，染色体を縮小することによって無駄なエネルギー消費を抑制し，物質生産効率を向上させるというコンセプトのもとに進められてきた．それでは実際に組換えタンパク質生産性が向上した染色体大規模削除株IGF742株の細胞内では，どのような現象が生じているのだろうか．EGFPを菌体内生産するIGF742株のトランスクリプトームならびにメタボローム解析からは，部分的な窒素飢餓シグナルが発動していると判明したが，アンモニアトランスポーターなどの発現

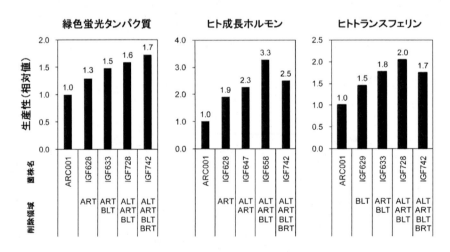

図2　染色体大規模削除株における物質生産性比較

緑色蛍光タンパク質，ヒト成長ホルモン，ヒトトランスフェリンの生産性を，親株（ARC001）に対する相対値で示した．菌株名（IGF番号）を付けた株は，それぞれその下に示した領域を削除した染色体大規模削除株である．

第5章　分裂酵母ミニマムゲノムファクトリーを用いた組換えタンパク質生産システム

量が上昇しており，アミノ酸生合成が活発になっているものの，各種アミノ酸の量が全体的に増加しているというわけではない。ただしATP・GTP量が増加していることから，アミノ酸生合成を含む細胞内の代謝活性向上やタンパク質生合成の亢進が示唆された。これらの細胞に生じた変動に伴って，IGF742株での組換えタンパク質生合成効率が増加したと考えている。

4　プロテアーゼ削除などによる組換えタンパク質生産性の向上

　組換えタンパク質を生産する場合に，特別なプロセシングが必要な分子種を除いて，宿主細胞由来のプロテアーゼは通常不要である。プロテアーゼには細胞の生育や機能に必要なものも多いが，組換えタンパク質によっては宿主プロテアーゼによる分解が顕著なため，生産量が減少することがある。そこでS. pombeのプロテアーゼ遺伝子を網羅的に破壊した株のセットを作製し，組換えタンパク質生産に不利に働くものの検索を行った。

　サンガー研究所のデータベース（GeneDB, http://www.genedb.org/genedb/pombe/index.jsp）を用いて，S. pombeのプロテアーゼをコードすると予測される遺伝子を特定した。プロテアソームの構成因子ならびにユビキチン（およびその類縁体）の代謝に関与すると推定されるものは正常な細胞機能に必要なものであると考え，それらを除外した62個の遺伝子をS. pombe仮想的プロテアーゼ遺伝子（ppp, S. pombe putative protease）とした。その多くは，性質が実験的には明らかにされていない。このうち52個の遺伝子破壊株の作製を終了し，それらの単独欠損株に対して，比較的プロテアーゼによる分解を受けやすいタンパク質であるヒト成長ホルモン（hGH）を分泌型組換えタンパク質のモデルとして検討したところ，20種類近くのプロテアーゼの遺伝子破壊が生産物分解の抑制に有効であることを確認した[11]。

　さらにこれら単独での有効性が確認されたプロテアーゼの多重欠損株を作製し，hGH生産における有効性評価実験を行い，組換えタンパク質生産に適した「ミニマムプロテアーゼ」株の作製を行った。多重欠損候補のプロテアーゼ遺伝子として，上記52種類の中からatg4・cdb4・fma2・isp6・mas2・oma1・pgp1・ppp16・ppp20・ppp22・ppp51・psp3・sxa2の13個を選抜し，ura4を選択マーカーとした融合PCR法を繰り返し用いて，多重欠損株を作製した。これらの株を用いてhGH生産試験を行ったところ，SDS-PAGEによる分析結果から，プロテアーゼ遺伝子の多重欠損によってhGHの分泌生産量が著しく増加されたことが確認された。特に6重破壊株MGF323（psp3, isp6, oma1, ppp16, fma2, sxa2）における効果は著しく，野生型株を用いた場合に比べて30倍の生産性増大を確認した[12]。その後，本ミニマムプロテアーゼ株は8重破壊株MGF433（psp3, isp6, oma1, ppp16, fma2, sxa2, atg4, ppp20）の作製にまで進展した。

　分裂酵母で組換えタンパク質を効率良く生産する上で，細胞内のタンパク質選別・輸送機構についての知見を得ることもまた重要である。特に分裂酵母の液胞輸送経路に関連する遺伝子を明らかにするために，全vps（vacuolar protein sorting）遺伝子破壊株の解析を行った。出芽酵母vps遺伝子変異株はカルボキシペプチダーゼY（CPY）を細胞外へミスソートするという表現型を

示すことが知られており，分裂酵母においても同様に液胞タンパク質輸送に欠損があるかどうかを解析した。その結果，*vps5・vps11b・vps17・vps18・vps33・vps34・vps39・vps41*のように液胞の形態に影響が見られる株ではCPYの分泌が顕著に見られた。そこでこれらの破壊株を用い，hGHをモデルタンパク質としてその生産性を検討したところ，*vps10・vps22・vps34*で野生型株よりも分泌量が増加していることがわかった。出芽酵母での研究から，Vps10pはCPYレセプターであるのみならず，組換えタンパク質の輸送ならびに品質管理機構に関わっていることが示されている。すなわちフォールディングに異常をきたしたタンパク質がゴルジ体で蓄積するのを防ぎ，液胞へ輸送して分解する役割を持っていると考えられる。そこで，プロテアーゼ8重破壊株MGF433からさらに*vps10*（SPBC16C6.06）を破壊した株を作製し，組換えタンパク質の生産性を検討した。その結果，*vps10*破壊によってさらに2倍の分泌量増加が確認され，これは液胞への組換えタンパク質の輸送が抑えられたためであることがわかった[13]。

　また組換えタンパク質の生産性が低い場合にどのような現象が起こっているかの知見を得るため，DNAマイクロアレイを用いたトランスクリプトーム解析を行った。菌体内に可溶性で大量に生産可能な組換えタンパク質を生産している菌体の場合には，翻訳に関連する遺伝子の一部の発現上昇は観察されたものの，トランスクリプトームとしての大きな変化は観察されなかった。しかしながら，細胞質内で不溶性として検出される組換えタンパク質や，何らかの原因（例えば各細胞内小器官に輸送されるべき組換えタンパク質が，過剰生産のために細胞質内に滞留する場合など）で生産性が低く押さえられている場合には，トランスクリプトームレベルでの大きな変動が生じており，様々な分子シャペロン遺伝子の顕著な発現亢進が観察された。なかでも，*hsp16.0*遺伝子の変動は顕著であった。この遺伝子は，分裂酵母に熱ショックを与え，DNAマイクロアレイを用いてそれに応答する遺伝子を網羅的に検索した時にも，最も高い変動幅で発現上昇を示すことが観察された。また，Hsp16.0タンパク質がクエン酸合成酵素の熱凝集を*in vitro*で効果的に抑制すること，通常の状態で16量体のオリゴマー構造をとっており，これが熱によって2量体と思われる小さな構造に解離することによって，その熱凝集抑制効果を示すと考えられることから，Hsp16.0が低分子量熱ショックタンパク質であることが明らかになっている[14]。今後はこれらの遺伝子の発現を人為的に変化させることによる，組換えタンパク質の生産性向上にも期待したい。

5　培地添加物や分子シャペロンの改良による分泌生産性の向上

　我々はさらに，ヒトトランスフェリン（hTF）をモデルタンパク質とした，分裂酵母における分泌生産性の向上を検討した。hTFは約80kDaの可溶性タンパク質であり，2箇所のN-結合型糖鎖修飾部位を持つため，分裂酵母で発現させるとN-結合型糖鎖の付加により約110〜120kDa程度の分子量を示す。また本タンパク質のN-末端領域には細胞外への分泌シグナルを保持しているため，細胞外に分泌される。そのため，本タンパク質の培地中への分泌量を最大化するための，培養条件の検討を行った。

第５章　分裂酵母ミニマムゲノムファクトリーを用いた組換えタンパク質生産システム

　まず，染色体組込型hTF構成分泌発現ベクターを構築し，酢酸リチウム法によってプロテアー
ゼ８重破壊株であるMGF433株を形質転換した。最少培地MM上でのロイシン要求性の回復によ
って形質転換体を選択し，複数のクローンを獲得し，hTF生産実験を行い生産が確認されたクロ
ーンを以下の実験に使用した。培地の違いに依存したhTF生産量の違いを検討するために，分裂
酵母の培養で汎用されている培地であるYPD・MM・YES培地を用い，48時間それぞれの培地で
培養したのち培養上清を回収し，ウエスタン解析を行った。その結果，YPDとMM培地において
よく分泌生産されていた。さらにこの２つの培地に２％のカザミノ酸（CAA）を添加したとこ
ろ，ともに同程度生産量の増加が見られ，カザミノ酸無添加に比べて約５倍以上向上させること
が可能となった。hTFを今後産業的に大量発現する際のコスト面などを考慮し，このあとの培養
条件などの検討は，安価なMM最少培地を基本培地として実験を行うこととした。

　さらに培地に添加することでhTFの生産を向上させることができる物質のスクリーニングを行
った。MM培地に２％のCAAを添加した培地をベースとし，これにデキストラン硫酸ナトリウ
ム，Tween20，デオキシコール酸，TritonX-100，SDS，ポリエチレングリコール分子量8000平
均（PEG 8000）を添加した。48時間それぞれの培地で培養したのち培養上清を回収し，ウエスタ
ン解析を行ったところ，デキストラン硫酸ナトリウムを0.002～0.01％添加した場合が最も高い生
産向上を示し，無添加に比べて約３倍以上向上した。これらの結果から，MM培地に２％カザミ
ノ酸とデキストラン硫酸ナトリウムを0.002～0.01％添加することで，相乗効果により無添加の場
合に比較して15倍以上の生産向上を可能にした[15]。

　出芽酵母S. cerevisiaeにおいて，分子シャペロンであるprotein disulfide isomerase Pdi1タンパ
ク質と，糖鎖付加されない変異hTFではあるが，これらを共発現させることでhTFの分泌生産が
向上することが報告されている。そこでこのような効果が分裂酵母においても見られるか検討を
行った。分裂酵母のゲノムデータベースを用いて検索したところ，分裂酵母にはPDI1遺伝子のホ
モログがSPAC1F5.02，SPAC17H9.14c，SPBC3D6.13c，SPAC959.05c，SPCC1840.08cの５
種類存在することが明らかになった。そこでこれらの遺伝子をhTF発現株において共発現するこ
とを試みた。分裂酵母のゲノムからPCR法によりそれぞれの遺伝子を増幅し多コピー高発現型ベ
クターpREP1にクローニングし，それぞれの発現ベクターを作製した。これらの発現ベクターを
用い，酢酸リチウム法によって上記で作製したhTF発現MGF433株を形質転換した。最少培地
MM上でのウラシル要求性の回復によって形質転換体を選択し，複数のクローンを獲得した。こ
れらの株を48時間培養した後，培養上清を回収しウエスタン解析を行った結果，SPAC959.05c，
SPCC1840.08c共発現株においてはhTFの生産向上は見られなかったが，SPAC17H9.14c，
SPBC3D6.13c共発現株においては顕著な生産向上が見られた。またSPAC1F5.02共発現株におい
ては，糖鎖付加型のhTFを示す120kDa付近のhTFの生産向上には影響を与えなかったが，約
80kDaのhTFの発現が観察された。培養上清に対し，N-結合型糖鎖を特異的分解するpeptide：N-
glycosidaseであるEndoHfで処理したところ120kDa付近のhTFは消失し，SPAC1F5.02共発現株
によって生じた約80kDaのhTFと同位置に移行したことから，この約80kDaのhTFは糖鎖の付

加されていないhTFであることが示唆された。つまりSPAC1F5.02共発現株により糖鎖付加されないhTFの生産が可能になるという意外な結果が得られた。またhTFとSPAC17H9.14c, SPBC3D6.13c共発現株の生産向上能はデキストラン硫酸ナトリウムを0.002～0.01%添加した場合よりも約3倍以上高いことが示唆された[16]。

本検討で分裂酵母によりヒトトランスフェリンを生産させた場合には，培地としてカザミノ酸を用いた場合に飛躍的にその生産効率を向上させることができた。さらにデキストラン硫酸を添加した場合にも，著量なhTFを培地中に生産することを見出した。また分裂酵母のPDIの過剰発現によるhTFの生産効率を調べた結果，SPAC17H9.14c, SPBC3D6.13cという2つのPDIホモログがhTFの生産効率を上昇させることがわかった。この2つの共発現株をプロテアーゼ8重破壊株で作製することによって，hTFのさらなる分泌強化が可能であり，さらに添加物による分泌向上も期待できよう。

6　結語―組換えタンパク質生産における課題と今後の発展に向けた取組み

生産の対象となる組換えタンパク質には糖タンパク質や膜タンパク質なども含まれ，多種多様である。このため生産させたいタンパク質の種類によって，宿主・ベクター系や培養条件などを選択可能な汎用性の高いシステムの構築が長年求められてきた。我々もヒトリポコルチンIの高生産[17,18]を皮切りに，百種類を超える組換えタンパク質の生産を試みてきた。これまでの研究の過程で，組換えタンパク質生産を効率良く行う過程で，いくつかの「関所」が存在することがわかってきた。例えば分泌生産の場合の最も大きな課題は，粗面小胞体において立体構造の異常なタンパク質の蓄積を排除する機構である品質管理機構である。どのように改良すれば組換えタンパク質の生産効率向上につながるのか，興味が尽きない点である。

外来遺伝子発現のための宿主という観点では，分裂酵母は出芽酵母と比較して優れた特性を持っている。そもそもタンパク質の翻訳後修飾においても，分裂酵母は真核微生物であるために大腸菌や枯草菌とは異なり，糖タンパク質糖鎖を合成する能力がある。このため高等生物由来の糖タンパク質を分裂酵母では生産することが期待される。しかしながらその糖鎖構造は，高等動物由来のものと分裂酵母由来のものでは大きく異なっている。分裂酵母はその糖鎖構成成分にガラクトースを含み，高等動物に近い糖鎖構造を有しているものの，そのまま高等動物の発現用宿主として用いるには問題があり，分裂酵母の糖鎖生合成系を改変することが必要である。

宿主細胞の土台として，組換えタンパク質生産効率の上昇した染色体縮小化株が完成した。さらに組換えタンパク質生産効率や分泌効率を向上させるためには，プロテアーゼ8重削除株との削除領域の統合や，液胞輸送系の弱化株や小胞体分子シャペロンの強化株などの機能統合，さらに生産されたタンパク質の品質向上のためのHCP（宿主細胞由来タンパク質）低減や糖鎖エンジニアリング[19~23]なども検討することが望まれる。しかしながら，これらの機能統合は全ての組換えタンパク質において有効であるとは限らず，組換えタンパク質ごとに最適な条件を選別する必

第5章　分裂酵母ミニマムゲノムファクトリーを用いた組換えタンパク質生産システム

要がある。染色体縮小化株を土台とし，組換えタンパク質ごとに最適な機能統合を加えることで，さらに効率的に物質生産性の高い生物プロセスに繋がることが期待される。これまでの研究成果を活かして，今後は天然と同じ糖鎖を持つ組換えタンパク質を生産する新たな分裂酵母宿主を創製することで，さらに本格的な産業応用に利用可能となろう。

　本稿に記載した研究は主として，㈱新エネルギー・産業技術総合開発機構（NEDO）プロジェクトである，生物機能を活用した生産プロセスの基盤技術開発プロジェクト（2001〜2005年度）ならびに微生物機能を活用した高度製造基盤技術開発プロジェクト（2006〜2010年度）の一環で，九州大学大学院農学研究院竹川薫教授との共同研究として実施された。

文　　献

1) T. Fujio, *Biotechnol. Appl. Biochem.*, **46**, 145 (2007)

2) Y. Giga-Hama and H. Kumagai eds., Foreign gene expression in Fission Yeast: Schizosaccharomyces pombe, Springer-Verlag (1997)

3) Y. Giga-Hama *et al.*, *Biotechnol. Appl. Biochem.*, **30**, 235 (1999)

4) Y. Giga-Hama *et al.*, *Biotechnol. Appl. Biochem.*, **46**, 147 (2007)

5) A. Nasim, P. Young, B. F. Johnson eds., Molecular Biology of the Fission Yeast, Academic Press Inc., San Diego (1989)

6) R. Egel ed., The Molecular Biology of *Schizosaccharomyces pombe*, Springer-Verlag, Berlin Heidelberg (2004)

7) V. Wood *et al.*, *Nature*, **415**, 871 (2002)

8) Y. Giga-Hama *et al.*, *Biotechnol. Appl. Biochem.*, **46**, 147 (2007)

9) D. U. Kim *et al.*, *Nature Biotechnol.*, **28**, 617 (2010)

10) K. Hirashima *et al.*, *Nucleic Acids Res.*, **34**, e11 (2006)

11) A. Idiris *et al.*, *Yeast*, **23**, 83 (2006)

12) A. Idiris *et al.*, *Appl. Microbiol. Biotechnol.*, **73**, 404 (2006)

13) A. Idiris *et al.*, *Appl. Microbiol. Biotechnol.*, **85**, 667 (2010)

14) M. Hirose *et al.*, *J. Biol. Chem.*, **280**, 32586 (2005)

15) H. Mukaiyama *et al.*, *Appl. Microbiol. Biotechnol.*, **85**, 155 (2009)

16) H. Mukaiyama *et al.*, *Appl. Microbiol. Biotechnol.*, **86**, 1135 (2010)

17) H. Tohda *et al.*, *Gene*, **150**, 275 (1994)

18) Y. Giga-Hama *et al.*, *BIO/TECHNOLOGY*, **12**, 400 (1994)

19) Y. Ikeda *et al.*, *FEMS Yeast Res.*, **9**, 115 (2009)

20) T. Ohashi *et al.*, *Biosci. Biotechnol. Biochem.*, **73**, 407 (2009)

21) T. Ohashi *et al.*, *Appl. Microbiol. Biotechnol.*, **86**, 263 (2010)

22) T. Ohashi *et al.*, *J. Biotechnol.*, **150**, 348 (2010)

23) T. Ohashi *et al.*, *Glycobiology*, **21**, 340 (2011)

第6章　放線菌を多目的用途に利用可能な発現プラットフォームとする技術の開発

田村具博[*]

1　はじめに

　ロドコッカス属細菌は，非菌糸型の放線菌で，有機溶媒耐性をもつ菌株，脂肪族，芳香族および複素環式化合物などを変換する生体触媒活性をもつ菌株，生理活性物質を分泌する菌株などが確認されている細菌である。また，種（*R. erythropolis*）によっては，4〜35度という広範囲な温度域で増殖可能であることから，大腸菌などの汎用型宿主とは異なる環境で使用する，新たな物質の「生産場」あるいは「反応場」として利活用できる可能性がある。そこで筆者らは，ロドコッカス属細菌を多目的用途に利用可能な発現プラットフォームとするために，各種技術開発を進めてきた。

　宿主としては，リゾチーム感受性株を取得し，細胞内に発現したタンパク質を容易に回収することを可能にした[1]。ベクター系としては，発現ベクターとトランスポゾンベクターを開発している。発現ベクターはチオストレプトンで誘導可能なプロモーター，あるいは，同誘導型プロモーターの改変により得た構成型プロモーターが導入されたものがある[2]。また，ごく最近，新規の構成型プロモーターを見出し，それを導入した発現ベクターも開発している[3]。それぞれ，異なる選択マーカーや複製開始起点を組み合わせることで，多様な発現系の構築が可能である。一方，トランスポゾンベクターは，ゲノムへ外来遺伝子を転移・挿入させることが可能で，宿主細胞の機能解析のみならず遺伝子発現カセットをゲノムに挿入した，ゲノム挿入型発現系の構築が可能である。このベクターは，選択マーカーを変えることで，同一細胞に複数の遺伝子を挿入することを可能にした[4]。このような宿主―ベクター系の開発により，筆者らは，ロドコッカス属細菌において大腸菌では困難なタンパク質の発現や物質変換系の構築が可能であることを確認してきた。

　本稿では，ロドコッカス属細菌を物質生産の場として使用するための技術開発についてその一端を紹介するとともに，物質生産例として不活性型のビタミンD_3を活性型に変換する技術について紹介する。

---

[*]　Tomohiro Tamura　㈱産業技術総合研究所　生物プロセス研究部門
遺伝子発現工学研究グループ　グループ長

第 6 章　放線菌を多目的用途に利用可能な発現プラットフォームとする技術の開発

2　新規トランスポゾンベクター

　一般に，微生物の細胞内に外来遺伝子を導入して物質生産系を構築する場合，発現ベクターを導入した形質転換体を使用する。宿主―ベクター系が確立している菌では，発現ベクターに使用するプロモーターや複製開始起点などを組み合わせて，発現量を制御しながら複数のタンパク質を共発現することが可能である。一方，ベクター系が確立されていない菌においては，ベクターの構築のみならず至適化されたプロモーターによる発現制御が難しく，最適な発現量を得ることが困難である。また開発にも時間を要する。このような場合，ゲノムに構成的に発現する遺伝子発現カセットを挿入し，その挿入コピー数を制御することでタンパク質の発現量を調節できる可能性がある。さらに，発現ベクターは，その細胞内維持のため抗生剤などを使用する必要がある。特に，大きな培養系にあっては抗生剤によるコスト増とともに，培養後の培地処理が問題になってくる。一方，ゲノム挿入型発現系は，抗生剤添加による維持を必要とせず，細胞内に安定に保持される。

　そこで筆者らは，発現ベクターの開発とともにトランスポゾンベクターを利用したゲノム挿入型発現系の構築を行ってきた。開発したベクターは，宿主細胞内で自立増殖困難なベクターを骨格として使用し，逆向き反復配列に挟まれた領域がゲノムへ転移されるとともにベクターが消失するものである。同一ベクターからゲノムに挿入される遺伝子は 1 コピーであり，抗生剤などによる選択圧をかけ続ける必要もなく安定に細胞内に保持される。このベクターは，転移効率も高くトランスポゾンライブラリーの構築にも使用できる使い勝手の良いものであるが，複数コピーの転移を確認することはできなかった。

　そこで新たに多コピー挿入可能なベクター系の開発を行った（図 1 ）[5]。構築されたトランスポゾンベクターの特徴は，これまで開発してきたベクターと比較して以下の点で異なる。①遺伝子転移に必要なトランスポゼース（IstA）とそのヘルパータンパク質（IstB）の発現ベクターを，転移に必要な逆向き反復配列をコードする挿入ベクターとは別に構築した。②IstA と IstB は誘導型プロモーターの支配下で発現される。よって，ベクターを保持する形質転換体は発現誘導が起こらない限り転移が起こらない。③両ベクターともに，細胞内で自立増殖可能であり細胞内に安定に多コピー維持される。④両ベクターを細胞から除去するために，*sacB* が両ベクターに挿入されていることなどである。

　上記 2 種のベクターを形質転換した細胞を調製し，必要な細胞量に合わせて培養量を調節後，チオストレプトンの添加により IstA と IstB の発現を誘導する。発現した酵素により別の挿入ベクターにコードされる 2 箇所の逆向き反復配列に挟まれた領域の転移が誘導される。これまでの系では，形質転換効率が転移効率に影響を及ぼしていたが，本システムでは，ベクターを保持している形質転換体を使用するので，全ての細胞において転移が誘導される。細胞内には多コピーのベクターが安定に存在するため，転移が複数回行われる可能性が高くなると考えられる。転移終了後は，形質転換体をスクロース添加培地で培養しベクターを除去する。実際この方法により発

117

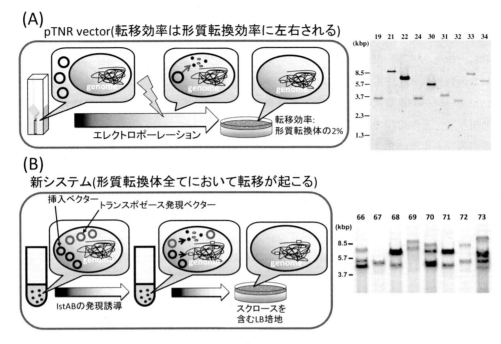

図1　トランスポゾンベクター系の模式図
(A)これまでのトランスポゾンベクターシステム。形質転換により転移を誘導。外来遺伝子をゲノムへ1コピー挿入可能（右図）。転移効率は形質転換された菌体の2%程度で，$R.\ erythropolis$ を宿主とした場合，1.23×10^6 cfu/μg vector。(B)新たなトランスポゾンベクターシステム。自立増殖可能なベクター系であり形質転換体全てにおいて転移が起こる。外来遺伝子を1から複数コピー挿入可能（右図）。詳細は本文参照。

現カセット挿入実験を行うと，予想通り形質転換体全ての細胞において1コピーから複数コピーの発現カセットが挿入されていた。その転移効率は，1コピーの転移が起こった細胞が全体の7割を占め，3割の細胞で2コピー以上の転移が確認された[5]。

構成型プロモーターに連結したレポーター遺伝子の発現カセットを宿主細胞に導入した場合，ゲノムに挿入された発現カセットのコピー数依存的にタンパク質の発現量が増え，酵素活性も上昇していた。また，本方法により多コピー挿入された遺伝子は，抗生剤を添加しなくとも80世代以上安定に保持されており，挿入カセット間の遺伝子組換えも認められなかった[5]。したがって，細胞毒性の高いタンパク質や代謝系酵素など細胞内でのタンパク質発現量を制御したい場合などでは，本ベクター系が有効であることが示唆された。また，本ベクター系は，細胞の機能解析にも役立つと期待されている。すなわち，既存のトランスポゾンベクターは，ゲノムに1箇所挿入されるので，1遺伝子欠失により表現型が現れる場合には有効であった。しかし新しいベクター系は，複数箇所の遺伝子破壊を同時に行えるので，複数遺伝子が同時欠失しないと現れない表現型の機能解析に有効であると考えられる。

3　*Rhodococcus erythropolis*を宿主としたビタミンD₃水酸化反応

　ビタミンD₃(VD₃) は脂溶性ビタミンの一種であり，人の体内においてカルシウムやリン酸の恒常性維持，細胞の増殖・分化，免疫調節などに関与する物質として知られている[6]。皮膚で生成あるいは食物から摂取されたVD₃は，肝臓で25位が，続いて腎臓で1α位が水酸化され活性型VD₃ (1α,25(OH)₂VD₃) へと変換される。遺伝的もしくは環境的要因による活性型VD₃の欠乏は，骨粗鬆症・くる病・乾癬・副甲状腺機能亢進症などの病気を引き起こすことが知られており，実際に，これら病気の治療薬として活性型VD₃が使用されている[7]。現在，主に薬剤として使用されている活性型VD₃は，有機化学合成とともに微生物での変換による製造が実用化されている[8,9]。微生物変換反応を担う*Pseudonocardia autotrophica*放線菌は，培地中に添加したVD₃を活性型VD₃へと変換する能力をもつ。この変換反応は，Vdh(Vitamin D₃ hydroxylase)と名付けられたシトクロムP450によって触媒され，同一酵素により2箇所の水酸化が行われる[10]。この変換過程で生まれる反応中間体(25(OH)VD₃)は，医薬中間体としての利用価値があるとともに1α,25(OH)₂VD₃同様の薬理効果があることが知られている。

　筆者らは，*R. erythropolis*を宿主としたVD₃水酸化系を再構築し[10]，水酸化VD₃の効率的な生産を目指した技術開発を進めてきた。大量培養による抗生剤を必要としないVD₃水酸化系の構築を目指す場合，前述したようにゲノム挿入型発現系が有用である。しかしながら，ゲノム挿入型発現系は，発現ベクターに対して絶対的にコピー数が少ないため，タンパク質発現量も低くなる場合が多い。そこで，上述した新規トランスポゾンベクターを用いて，Vdhの細胞内至適濃度を検討した。構成型プロモーターに*vdh*を連結した発現カセットを構築し，ゲノムへの挿入を行い，同発現カセットが1コピーから複数コピー挿入された細胞を取得した。取得した細胞を解析すると，予想通りVdh発現量は発現カセットのコピー数に依存して増加していることが確認された。一方で，生細胞を用いたVD₃水酸化体生産効率は，Vdh発現量にかかわらずある一定レベルで頭打ちとなることが判明した[5]。このことは，細胞内の酵素量依存的に変換効率が高くなるとの当初の予想から外れ，細胞内の酵素量とVD₃水酸化効率の至適条件を作り出すには，新たな技術的課題をクリアする必要があることを意味した（図2）。

　生細胞を用いたVD₃水酸化反応系では，脂溶性物質であるVD₃の溶解度を高めるため，シクロデキストリン（CD）を添加し，CD分子の内側空洞部にVD₃を取り込ませたCD-VD₃複合体の状態で培地に添加し変換反応を行う。CDは，D−グルコースがα(1→4) グリコシド結合によって環状構造をとった環状オリゴ糖で，グルコース分子が6個のα-CD，7個のβ-CD，8個のγ-CDが知られている。相対的に分子量が大きいCD-VD₃複合体は，細胞膜を直接透過できないため，CDから解離したVD₃が単独で膜を透過し変換を受けていると考えられる。このため，細胞内の酵素量が増えても基質の膜透過が律速となるため細胞内基質濃度が上がらず，結果的に変換効率が頭打ちになると予想された。このことは，タンパク質工学的手法により高活性型のVdhが開発できたとしても，VD₃水酸化体生産量を一定量以上増やすことができないことを意味する。実際，

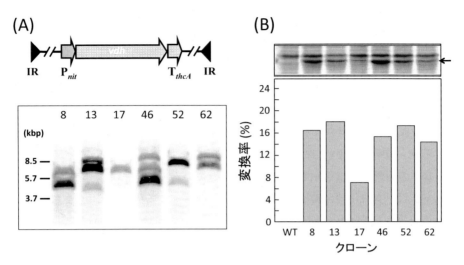

図2 *vdh*発現カセットのゲノム挿入とVD₃水酸化体生産効率
(A)*vdh*発現カセットと新トランスポゾンシステムで同発現カセットをゲノムに挿入したパターン。1コピーから複数コピー挿入された細胞を取得。(B)取得した細胞によるVD₃水酸化体変換効率。上図に示すVdh発現量に対し，VD₃水酸化効率はあるレベルで頭打ちとなる（下図）。

酵素活性が20倍以上高くなったVdh-K1変異体を発現した細胞を使用しても水酸化体生産効率を高めることはできていない。以上のことから，細胞内に発現した酵素の活性を最大限発揮させるためには，細胞内へのVD₃透過性を大きく改善する必要があると考えられた。

4　ナイシンと物質透過

　ナイシンは*Lactococcus lactis*が分泌する34アミノ酸から成る抗菌ペプチドであり，食品添加物としても認可されている[11]。ナイシンの作用機序はよく研究されており，主にグラム陽性菌の膜に直径2〜2.5 nm程度の孔を生じさせ，細胞内低分子物質が細胞外に漏出することで抗菌活性を示す[12]。この抗菌ペプチドを*R. erythropolis*に添加すると，ナイシン孔形成により菌自体は増殖能を喪失する。しかしながら*R. erythropolis*は他の細菌と比較して溶菌しにくい性質をもつため，ナイシンの添加量を調節することにより，孔は形成されながら細胞構造は維持され，溶菌しないというユニークな状態を作り出すことが可能となる。ナイシン孔の直径は，細胞内タンパク質を漏出させるほどの大きさではないので，細胞内に目的のタンパク質を過剰発現しておけば，目的酵素が高濃度にパックされた反応容器として使用することが可能である。

　そこで，ナイシン孔を介してCD-VD₃複合体が細胞内に移行できるか確認するため，ナイシン処理を施した細胞に対し，モデル基質として緑色化学発光γ-CD（Green Chemiluminescent CD）

第6章　放線菌を多目的用途に利用可能な発現プラットフォームとする技術の開発

を用い，その細胞内取り込みを調べた。γ-CDはCDの中でも一番サイズが大きく直径約1.7 nm
あるため，γ-CDの細胞内移行が確認できれば，全てのタイプのCDを細胞内に移行させること
が可能と思われる。解析した結果，ナイシンの濃度および処理時間に依存して細胞内に取り込ま
れたCDの発光レベルが高くなることから，ナイシン孔がCDの通り道として利用可能であること
が確認された[13]。

5　ナイシン処理した細胞を使用したVD₃水酸化反応

ナイシン処理により細胞内低分子は細胞外へ漏出するため，細胞内におけるタンパク質合成系
は機能しなくなる。また，VD_3の水酸化にはVdhに電子を供給するための補酵素が必要であるが，
この補酵素も細胞内に維持されない。このことから，ナイシン処理細胞を使用したVD_3水酸化反
応には，タンパク質の安定性の高い（半減期の長い）酵素を使用するとともに補酵素を供給する
必要がある。

VD_3を水酸化するVdhは，細胞内の安定性が高く，ナイシン処理した細胞でも長時間活性を維
持することが可能である。一方，Vdhに電子を供給するレドックスパートナー分子（フェレドキ
シンとフェレドキシンレダクターゼ）については，これまで使用していた*Rhodococcus*由来ThcC
とThcDの細胞内安定性は低く，ナイシン処理した細胞では，安定な水酸化反応を維持できなか
った。そのため，Vdhへの電子供給が円滑に進み，かつ細胞内安定性の高いレドックスパートナ
ーを探したところ，*Acinetobacter*由来のAciB，AciC遺伝子とVdhの組み合わせが良いことが判
明した。特に，フェレドキシン（AciB）の細胞内安定性が良く，ThcCと比較してより安定に電
子を供給できることが判明した。AciCがNADH依存的にAciBへ電子を受け渡すことから，NADH
再生系として*Bacillus*由来グルコース脱水素酵素（GDH）を選択し，組換えタンパク質として調
製した[13]。

*R. erythropolis*を宿主として，Vdh，AciBそしてAciCを共発現する細胞を構築し，緩衝液に懸
濁した細胞にNADH再生系を添加して，ナイシン処理によるVD_3水酸化体生産性を検討した。そ
の結果，ナイシン処理細胞は，同未処理細胞に比べて数倍高い水酸化効率が得られることが確認
された。さらに，ナイシン処理細胞を用いて64時間のVD_3水酸化反応を行った。実際の反応は，
16時間ごとに細胞を回収して新しい反応液に再懸濁するというサイクルを繰り返し行った。1サ
イクル目の反応のみナイシンを含む反応液を用い，ナイシン孔形成と水酸化反応を同時進行させ，
2サイクル目以降の反応は，ナイシンを含まない反応液を用いた。その結果，VD_3の水酸化率を
最大90％近くまで向上させることに成功した（ナイシン未処理細胞では50％未満）。また64時間後
のVD_3水酸化体総収量は，ナイシン未処理細胞に対し約6倍高くなることを見出した[13]。以上の
ことから，ナイシン孔を形成した細胞は，VD_3水酸化反応効率化に有効であることが判明した。
さらに，ナイシン処理細胞は，緩衝液に懸濁して反応を行うので，培養液内での反応とは異なり
反応系に含まれる夾雑物を少なくできる他，細胞を回収し再利用できるので，溶解度の低い基質

121

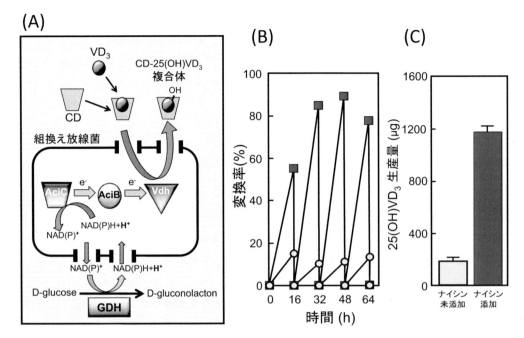

図3 ナイシン処理した細胞によるVD₃水酸化体生産
(A)ナイシン処理したR. erythropolisによるVD₃水酸化生産の概念図。(B)ナイシン添加（■），未添加（○）細胞によるVD₃水酸化効率。16時間の反応を4回繰り返し測定。(C)繰り返し反応実験によるVD₃水酸化体の総量比較。

を低濃度で用いながら反応数を増やし生産性を上げる場合などにおいて有効な手法であると考えられる（図3）。

6 おわりに

最近，タンパク質発現プラットフォームとしてロドコッカス属放線菌を使用する例が増加しており，汎用型宿主では発現困難であったタンパク質の生産に有効であると認知されつつある。同時に，発現可能となった機能タンパク質を利用した微生物変換，さらには有機溶媒をはじめとする大腸菌の増殖を阻害するような環境下での変換反応についてもその事例が増えつつある。今回，紹介した遺伝子の多コピーゲノム挿入系やナイシン孔を利用した変換技術は，ロドコッカス属細菌を多目的に使用するための基盤技術である。特に，ナイシン孔を使用した物質変換系は，CDをキャリアとして用いることが可能な難水溶性の物質や他の物質の変換系において広く適応が可能である。一般的に，脂溶性物質は水に溶けにくく高効率な変換が難しいため，そのような物質の変換系に対して利用価値があると考えられる。ロドコッカス属細菌の利用価値を高めるための技術開発を今後も継続していきたい。

第6章　放線菌を多目的用途に利用可能な発現プラットフォームとする技術の開発

謝辞

　本研究の一部は，メルシャン㈱　医薬化学品事業部（現・日本マイクロバイオファーマ㈱）との共同研究
であり，またNEDOからの研究資金のサポートを受けて行われた。ここに謝意を表したい。

文　　献

1)　Y. Mitani *et al.*, *J. Bacteriol.*, **187**, 2582（2005）

2)　N. Nakashima and T. Tamura, *Appl. Environ. Microbiol.*, **70**, 5557（2004）

3)　Y. Kagawa *et al.*, *J. Biosci. Bioeng.*, in press（2012）

4)　K. I. Sallam *et al.*, *Gene*, **386**, 173（2007）

5)　K. I. Sallam *et al.*, *Appl. Environ. Microbiol.*, **76**, 2531（2010）

6)　G. Jones *et al.*, *Physiol. Rev.*, **78**, 1193（1998）

7)　G. D. Zhu and W. H. Okamura, *Chem. Rev.*, **95**, 1877（1995）

8)　J. Sasaki *et al.*, *Appl. Microbiol. Biotechnol.*, **38**, 152（1992）

9)　K. Takeda *et al.*, *J. Ferment. Bioeng.*, **78**, 380（1994）

10)　Y. Fujii *et al.*, *Biochem. Biophys. Res. Commun.*, **385**, 170（2009）

11)　W. Liu and J. N. Hansen, *Appl. Environ. Microbiol.*, **56**, 2551（1990）

12)　H. E. Hasper *et al.*, *Biochemistry*, **43**, 11567（2004）

13)　N. Imoto *et al.*, *Biochem. Biophys. Res. Commun.*, **405**, 393（2011）

第7章　転写因子デザインによる有機溶媒耐性酵母の分子育種と耐性機構の解析

黒田浩一[*]

1　はじめに

　環境に優しい技術として，微生物などを生体触媒として用いた物質生産に対する期待が高まりつつあり，従来の化学工業と比べて穏やかな条件下で反応を行うことができるだけでなく，副産物や異性体を減らすことができ，エネルギーコストも低い。しかし微生物を用いたモノづくりは，工業的レベルで生産されてきたもののほとんどが親水性物質であった。疎水性の基質・生成物は培地にほとんど溶けず，水／有機溶媒二相系など有機溶媒存在下で生体触媒反応を行うことが多いので，疎水性物質の生産においては，有機溶媒や疎水性物質自体が微生物に対して毒性を示すといった問題が生じる。また，近年の合成生物学の隆起により，代謝系を改変した様々な生体触媒が創製されつつあるが，生産物がアルコールなどの有機溶媒である場合，自身の生産物によって生育阻害を受け，生産効率低下の一因となってしまう。そこで効率的な物質生産に向け，有機溶媒存在下での生体触媒反応を促進するため，生体触媒として用いる微生物に有機溶媒耐性を付与することが重要な技術戦略として考えられる。本稿では，以前に単離した有機溶媒耐性酵母の耐性原因因子の同定と，その結果に基づいた転写因子デザインによる有機溶媒耐性酵母の分子育種，さらに耐性獲得メカニズムの解析結果について紹介する。

2　有機溶媒耐性酵母の解析による耐性原因因子の単離

　市販のドライイーストDY-1株を固定化し，イソオクタン存在下での長期連続培養を行う中で，真核生物の中では最初の例である有機溶媒耐性酵母*Saccharomyces cerevisiae* KK-211株を単離した[1]。KK-211株は野生型DY-1株では生育できないイソオクタン，ノナン，オクタン，ジフェニルエーテルなどの有機溶媒存在下においても生育可能である。また，興味深い特徴としてKK-211株とDY-1株ではイソオクタン滴に対する親和性が大きく異なり，DY-1株では高い吸着性を示すのに対し，KK-211株ではほとんど吸着性を示さない（写真1）[2]。そのため，KK-211株ではDY-1株と比較して細胞表層環境をより親水性に変化させていることが考えられた。さらに，KK-211株よりリン脂質を抽出し，その脂肪酸組成を調べたところ，飽和脂肪酸含量が増大していることが分かり，膜の流動性を低くすることによって有機溶媒の膜への侵入を防いでいる可能性が考え

　＊　Kouichi Kuroda　京都大学　大学院農学研究科　応用生命科学専攻　准教授

第7章　転写因子デザインによる有機溶媒耐性酵母の分子育種と耐性機構の解析

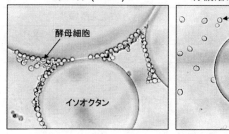

写真1　イソオクタン滴に対する細胞親和性の違い

られた[1]。

上記のようなKK-211株の有機溶媒耐性機構を分子レベルで明らかにするため，トランスクリプトーム解析を行い，耐性に関わる因子の検出・同定を試みた[3]。通常の培地で生育させたKK-211株とDY-1株とで全遺伝子の転写レベルを比較した結果，KK-211株においてABCトランスポーターや各種細胞表層タンパク質をコードする遺伝子の転写レベルの上昇が見られた（表1）。また，KK-211株を使いイソオクタン存在下，非存在下での比較を行ったところ，転写レベルの変化はほとんど見られなかったため，有機溶媒に対する応答という点で転写パターンが変わるというよりも，通常条件下において既にKK-211株に特有の遺伝子転写パターンを示していることが分かった。転写レベルの上昇した遺伝子群に共通の特徴を調べたところ，プロモーター領域中にPleiotropic Drug Response Element（PDRE）[4]という転写因子Pdr1pの認識配列が存在していることから，KK-211株で転写レベルの上昇した遺伝子群はPdr1pによる共通の転写制御（通常条件

表1　有機溶媒耐性株（KK-211）で転写レベルが上昇した遺伝子群

ORFコード	遺伝子名	転写量比	PDRE*	機能など
YLR099C	ICT1	8.09	+	Lysophosphatidic acid acyltransferase
YGR281W	YOR1	3.52	+	Transporter
YDR406W	PDR15	3.04	+	Transporter
YOL151W	GRE2	2.41	+	Associated with osmotic pressure stress
YDR011W	SNQ2	2.29	+	Transporter
YOR328W	PDR10	1.46	+	Transporter
YJL078C	PRY3	1.81	−	Homology with plant PR-1 class. Suspected localization on cell wall.
YOL105C	WSC3	1.77	−	Regulates cell-wall structure. Stress response.
YKL164C	PIR1	1.35	−	Cell-wall protein with covalent bonding
YBR067C	TIP1	1.26	−	High- and low-temperature stress response. Localized on cell wall.
YJL158C	CIS3	1.21	−	Cell-wall protein with covalent bonding
YNL190W	−	1.07	−	Unknown

*PDRE：pleiotropic drug response element

合成生物工学の隆起

表2　有機溶媒耐性株（KK-211）のPdr1pに見られたアミノ酸変異

酵母株	Pdr1pのアミノ酸残基			
	18	94	820	821
Database（SGD*）	T	T	T	R
DY-1	T or R	T or A	T	R
KK-211	R	A	T	S

*Saccharomyces Genome Database（http://www.yeastgenome.org/）

下では抑制）を受けていることが考えられた。Pdr1pはXenobiotic Binding Domain（XBD）を介して様々な薬剤と相互作用し，その制御下にある薬剤排出ポンプ遺伝子など様々な薬剤耐性関連遺伝子の転写を活性化させる転写因子である[5]。Pdr1pの特定のアミノ酸に変異を導入すると下流の遺伝子の転写活性化をもたらし，薬剤耐性の向上を示すことが報告されており[6,7]，さらにKK-211株と類似した転写パターンであった。したがって，PDR1遺伝子に着目し，実際にKK-211株のPDR1遺伝子配列を調べたところ，野生株DY-1と比較して18，94，820，821番目のアミノ酸残基において変異の存在を発見した（表2）[8]。

3　転写因子への変異導入による有機溶媒耐性付与

　KK-211株において発見したPdr1pの4ヵ所のアミノ酸変異が，実際に有機溶媒耐性の原因因子であるかを調べるため，実験室1倍体酵母にPDR1遺伝子変異を導入した[8~10]。薬剤耐性を示すpdr1変異株の中で，MS35株はPdr1pの821番目のアミノ酸残基に変異をもつことが報告されているため[7]，4ヵ所のアミノ酸変異のうち，821番目のアミノ酸残基の変異（PDR1-R821S）に着目した。この変異をゲノムへの相同組換えによって実験室酵母MT8-1株に導入してPDR1-R821S変異株を構築し，その有機溶媒耐性を調べたところ，イソオクタンやノナンといった有機溶媒存在下において，野生株では生育できなかったのに対し，良好に生育することが可能であった（図1）。また，PDR1-R821S変異がこれまで調べてきた疎水性有機溶媒に対する耐性だけでなく，親水性有機溶媒に対する耐性にも関与しているかを明らかにするため，ジメチルスルホキシド（DMSO）のような親水性有機溶媒存在下での生育を調べた。その結果，通常の培地では生育がやや遅いのにもかかわらず，野生株では生育できないDMSO存在下でも生育することができた（図2）。したがって，転写因子Pdr1pの1ヵ所（821番目）のアミノ酸変異により，酵母に疎水性・親水性両方の有機溶媒耐性をもたらしていることが判明した。逆にこのようなアミノ酸変異を導入することにより，任意の酵母株に有機溶媒耐性を与えることが可能である。

　またPDR1-R821S変異株を用い，水／有機溶媒二相系中で3-オキソブタン酸ブチルの還元反応を行ったところ，野生株では有機溶媒の影響により生体触媒活性が失われたが，PDR1-R821S変異株では基質の還元が完全に進行し，有機溶媒存在下であっても生体触媒活性を保持していた[8~10]。

第7章　転写因子デザインによる有機溶媒耐性酵母の分子育種と耐性機構の解析

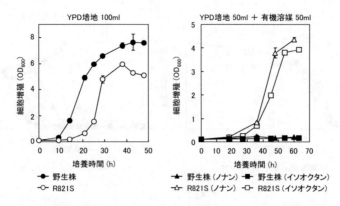

図1　実験室株への*PDR1*-R821S変異導入による有機溶媒耐性

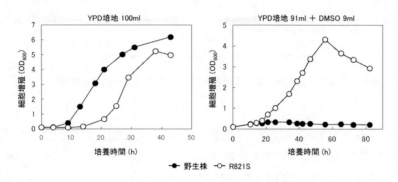

図2　*PDR1*-R821S変異株のDMSO耐性

そのため，有機溶媒存在下での物質変換反応を効率良く進行させる上で，このような転写因子デザインによる有機溶媒耐性付与が非常に有効な手法であるといえる。

4　有機溶媒耐性に直接関与するABCトランスポーターの分類

PDR1-R821S変異を導入することにより，野生型酵母に有機溶媒耐性を付与することができたが，R821S変異をもったPdr1pの制御下で有機溶媒耐性に直接関与するタンパク質については明らかでない。そこで次に，*PDR1*の変異により転写レベルの上昇した遺伝子群の中から実際に耐性に関わるものを同定するとともに，耐性を示す有機溶媒の種類を調べることによって，有機溶媒耐性機構の解明を試みた。原核生物においてもABCトランスポーターが有機溶媒耐性に関与していることが報告されていたため，転写レベルの上昇した遺伝子群の中でもABCトランスポーター群（*YOR1, PDR15, PDR10, SNQ2*）に着目し，C末端にEGFPを融合した形で各トランスポーターの過剰発現を行った[11]。EGFPの蛍光観察により目的トランスポーターの発現と細胞膜へ

合成生物工学の隆起

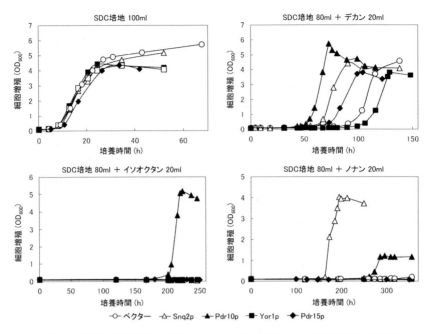

図3 疎水性有機溶媒存在下でのABCトランスポーター過剰発現株の生育

の局在を確認した後，デカン，ノナン，イソオクタンといった有機溶媒存在下での生育を調べた（図3）。デカン存在下においてはPDR10, SNQ2, PDR15過剰発現株は野生株と比べてラグ期が短くなり，デカン耐性の向上が見られた。またノナン存在下においてはSNQ2, PDR10過剰発現株のみが生育でき，イソオクタン存在下においてはPDR10過剰発現株のみが生育を示した。これらの結果から，Pdr1pによって転写制御されるABCトランスポーター群の中でSNQ2, PDR10, PDR15が疎水性有機溶媒に対する耐性に関与していることが分かった。

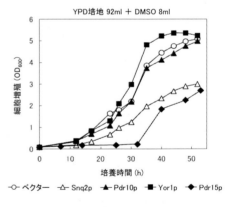

図4 DMSO存在下でのABCトランスポーター過剰発現株の生育

さらに，親水性有機溶媒であるDMSO存在下においても生育を調べたところ，疎水性有機溶媒に対しては耐性への関与が見られなかったYOR1過剰発現株のみが野生株よりも良好な生育を示した（図4）[11]。したがって，ABCトランスポーター群を疎水性有機溶媒と親水性有機溶媒のそれぞれに対する耐性への関与によって分類することができた。一方で哺乳類のABCトランスポーターはABCAからABCGといった7種類に分類されており，各ABCトランスポーターのアミノ酸配列を基にした配列相同性によって分類分けをしてみると，YorlpはABCCグループに，Snq2p,

第7章　転写因子デザインによる有機溶媒耐性酵母の分子育種と耐性機構の解析

Pdr10p, Pdr15pはABCGグループに属し[12]，興味深いことに耐性への関与による分類と同じであった。ABCCグループのトランスポーターの場合，細胞内に入ってきた薬剤にOH基を付加し，さらにグルタチオンが付加されてトランスポーターに認識され，異物排出に至るといわれている[13]。また，ABCGグループのトランスポーターはコレステロール，ステロイド，リン脂質のような疎水性物質を排出することが報告されているため[14,15]，このような薬剤排出の時と同じような機構によって有機溶媒排出が行われている可能性も考えられた。

5　おわりに

　真核生物の最初の例として単離した有機溶媒耐性酵母を解析した結果，耐性の原因となる転写因子Pdr1pの1アミノ酸変異を同定することができた。しかも実際に同定した1アミノ酸変異を酵母に導入するだけで，任意の株を有機溶媒耐性化することが可能であった。また，Pdr1pによって発現制御される下流のABCトランスポーター群の過剰発現によって，これらが有機溶媒耐性に関与することを示し，さらに各ABCトランスポーターにより耐性に有効な基質の種類（親水性有機溶媒，疎水性有機溶媒）が異なることも分かった。このような各ABCトランスポーターが関与する有機溶媒の種類についての知見を基に，今後目的とする有機溶媒に応じて細胞の耐性強化育種を行っていくことも可能である。また，細胞の改変育種を行う上で，個々の遺伝子の過剰発現や破壊よりも，転写因子を改変することで下流の複数遺伝子の発現レベルを同時に変化させることができるので，有機溶媒耐性のように様々な因子の関与が必要な表現型を付与する際にはこのような方法が有用となるであろう。実際に1つずつのトランスポーターを過剰発現した株は有機溶媒耐性を示したものの，*PDR1*-R821S変異株と比べるとその耐性は弱く，複数の因子が同時に転写誘導されて相乗的に働くことが重要なのではないかと考えられた。今後，合成生物学によって様々な生体触媒の創製がなされていく中で，有用な代謝系の構築とともに母体となる細胞自体の耐性強化が必要である。本稿で紹介した有機溶媒耐性酵母は，特に疎水性物質の合成などで貢献が期待でき，さらに，物質変換に関わるタンパク質の有機溶媒耐性化も今後重要となるが，酵母で確立されている分子ディスプレイ法を用いたタンパク質スクリーニングの宿主細胞としても有用であり，有機溶媒耐性酵母と分子ディスプレイ法による有機溶媒耐性タンパク質の創出も大いに期待される。

文　　　献

1)　T. Kawamoto *et al.*, *Appl. Microbiol. Biotechnol.*, **55**, 476（2001）
2)　S. Miura *et al.*, *Appl. Environ. Microbiol.*, **66**, 4883（2000）

3) K. Matsui *et al., Appl. Microbiol. Biotechnol.,* **71**, 75 (2006)

4) D. J. Katzmann *et al., J. Biol. Chem.,* **271**, 23049 (1996)

5) J. K. Thakur *et al., Nature,* **452**, 604 (2008)

6) J. B. DeRisi *et al., FEBS Lett.,* **470**, 156 (2000)

7) M. S. Tuttle *et al., J. Biol. Chem.,* **278**, 1273 (2003)

8) K. Matsui *et al., Appl. Environ. Microbiol.,* **74**, 4222 (2008)

9) 松井健，黒田浩一，微生物によるものづくり―化学法に代わるホワイトバイオテクノロジ
   ーの全て―，p.275，シーエムシー出版（2008）

10) 黒田浩一，植田充美，バイオサイエンスとバイオインダストリー，**67**，433（2009）

11) N. Nishida *et al., Appl. Microbiol. Biotechnol.,* in press

12) C. M. Paumi *et al., Mol. Biol. Rev.,* **73**, 577 (2009)

13) L. Homolya *et al., Biofactors,* **17**, 103 (2003)

14) G. Schmitz *et al., J. Lipid Res.,* **42**, 1513 (2001)

15) S. Velamakanni *et al., J. Bioenerg. Biomembr.,* **39**, 465 (2007)

第8章　有機溶媒耐性大腸菌の溶媒耐性機構と応用

道久則之[*]

　トルエンによる殺菌やエタノールによる消毒などから分かるように，多くの有機溶媒は微生物に対して毒性を示す。炭化水素化合物を資化する微生物がこれまで数多く分離されているが，これらの微生物を培養する際には，炭素源として供給する有機溶媒による生育阻害を回避するために，有機溶媒を蒸気または極めて低濃度で供給する方法が用いられてきた。これらの研究から，トルエンやキシレンなどの有機溶媒は微生物にとって猛毒であると考えられてきた。ところが，1989年に，井上と掘越により，培地と等量のトルエンが存在する環境でも良好な生育を示す*Pseudomonas putida* IH-2000株が報告された[1)]。この発見以降，トルエン耐性菌などの有機溶媒耐性菌が多数分離されている。有機溶媒耐性菌は，有機溶媒を液体培地に多量に重層することにより，有機溶媒相と水相（培養液相）が二相を形成する条件でも生育することができる。このため，有機溶媒耐性菌を用いた有機溶媒—水の二相反応系における有用物質生産が期待されており，ステロイド合成や光学活性なエポキシド生産などの様々な応用研究がなされている。また，石油分解や石油中の有機硫黄の分解，環境汚染物質の除去などバイオレメディエーションへの応用も期待されている。

　大腸菌は*Pseudomonas*属細菌に準じて有機溶媒耐性度が高く，また，遺伝学や生化学の知見が豊富であるため，細菌の有機溶媒耐性機構を調べるためのモデルとして用いられている[2)]。また，有機溶媒—培養液の二相系における物質生産に有機溶媒耐性度の高い大腸菌変異株を用いる試みもなされている。

1　有機溶媒の微生物に対する毒性

　疎水性有機溶媒はほとんど水に溶解しないため，抗生物質などの薬剤の毒性評価に用いられる薬剤最小生育阻止濃度のような概念は適用できない。そこで，有機溶媒を重層した寒天培地や液体培地における微生物の生育能が，有機溶媒の毒性評価に用いられている。有機溶媒が培地と二相を形成するまで大量に重層されている系において，微生物の生育能は，有機溶媒の$\log P_{ow}$と負に相関することが示されている[1)]。$\log P_{ow}$とは，水と*n*-オクタノールとの二相間における任意の物質の分配係数P_{ow}の常用対数であり，物質の極性を示すパラメーターの一つである。ある物質を等量のオクタノール／水の二相系に溶かした場合，溶質はオクタノール相と水相に分配する。

　***　Noriyuki Doukyu　東洋大学　生命科学部　教授

合成生物工学の隆起

表1　微生物の有機溶媒耐性度

	有機溶媒								
	Dod (7.0)	Non (5.5)	Oct (4.9)	CO (4.5)	Hex (3.9)	CH (3.4)	Xyl (3.1)	Tol (2.6)	Ben (2.1)
Pseudomonas putida IH-2000	+	+	+	+	+	+	+	+	−
Pseudomonas putida IFO3738	+	+	+	+	+	+	+	−	−
Pseudomonas fluorescens IFO3057	+	+	+	+	+	+	−	−	−
Escherichia coli IFO3806	+	+	+	+	+	−	−	−	−
Achromobacter delicatulus LAM1433	+	+	+	+	−	−	−	−	−
Alcaligenes faecalis JCM1474	+	+	+	+	−	−	−	−	−
Agrobacterium tumefaciens IFO3058	+	+	+	−	−	−	−	−	−
Bacillus subtilis AHU1219	+	+	+	−	−	−	−	−	−
Corynebacterium glutamicum JCM1318	+	−	−	−	−	−	−	−	−
Saccharomyces uvarum ATCC26602	+	−	−	−	−	−	−	−	−

各有機溶媒を重層したLBGMg寒天培地上で生育した場合を＋，生育しなかった場合を−で示した。（　）内の数値は$\log P_{ow}$値を示す。Dod，ドデカン；Non，ノナン；Oct，オクタン；CO，シクロオクタン；Hex，ヘキサン；CH，シクロヘキサン；Xyl，*p*-キシレン；Tol，トルエン；Ben，ベンゼン

この場合の分配比がP_{ow}であり，$P_{ow}＝Co$（オクタノール相における濃度）／Cw（水相における濃度）として算出される。$\log P_{ow}$は分配係数P_{ow}の常用対数である。極性が高い有機溶媒，つまり，疎水性が低い有機溶媒ほど，$\log P_{ow}$は小さい値となる。$\log P_{ow}$の値が小さい有機溶媒すなわち極性の大きい有機溶媒ほど微生物の生育を強く阻害する。一般的に，$\log P_{ow}$値が2から4の有機溶媒が特に多くの微生物に対して毒性が強い。微生物の有機溶媒耐性度について表1にまとめた[3]。微生物の有機溶媒耐性は，微生物の種類によって大きく異なる。先に述べた*P. putida* IH-2000株は，$\log P_{ow}$が2.6のトルエン存在下でも生育できる。個々の微生物は，ある値以上の$\log P_{ow}$を示す有機溶媒存在下においてコロニー形成が可能である。この生育阻害—$\log P_{ow}$の相関則は経験則であり，例外も存在する。

　塚越と青野は，$\log P_{ow}$値の異なる様々な種類の有機溶媒を添加した二相系における大腸菌細胞内への有機溶媒蓄積量を調べた[4]。この結果，$\log P_{ow}$値の小さい有機溶媒ほど細胞内蓄積量は高く，生育阻害効果も高いことが明らかとなっている。また，有機溶媒に曝露された大腸菌の透過型電子顕微鏡観察の結果から，広範囲にわたって内膜が外膜から遊離した構造が認められている[2]。有機溶媒が内膜に多量に蓄積すると膜構造の破壊により，菌体内成分の漏出やプロトン濃度勾配の減少が起こり，細胞は生命活動を維持できなくなることが考えられる。

1.1　大腸菌の有機溶媒耐性度

　大腸菌においても，有機溶媒による致死効果と生育阻害の効果の強さは，有機溶媒の$\log P_{ow}$値と負に相関する。大腸菌の有機溶媒耐性度は，Ca^{2+}，Sr^{2+}，Ba^{2+}などのアルカリ土類金属イオン

第8章　有機溶媒耐性大腸菌の溶媒耐性機構と応用

表2　大腸菌の有機溶媒耐性度

	有機溶媒						
	Dec (6.0)	Non (5.5)	Oct (4.9)	Hep (4.4)	Hex (3.9)	CH (3.4)	Xyl (3.1)
JA300△tolC	+	−	−	−	−	−	−
JA300△acrAB	+	−	−	−	−	−	−
JA300	+	+	+	+	+	−	−
OST3408	+	+	+	+	+	+	−
OST3121	+	+	+	+	+	+	+

各有機溶媒を重層したLBGMg寒天培地上で生育した場合を＋，生育しなかった場合を−で示した。（　）内の数値は$\log P_{ow}$値を示す。Dec, デカン；Non, ノナン；Oct, オクタン；Hep, ヘプタン；Hex, ヘキサン；CH, シクロヘキサン；Xyl, p-キシレン

やMg^{2+}を5〜10 mM添加することによって顕著に向上する。一方，EDTAなどのキレート剤を添加すると有機溶媒耐性度が著しく低下する。上記の金属イオンは，膜表層の陰性分子（リポ多糖，リン脂質など）間の電気的反発を消去して表層構造を安定化することによって溶媒耐性度を向上させると考えられている。Mg^{2+}を含むLBGMg培地（トリプトン1％，酵母エキス0.5％，塩化ナトリウム1％，グルコース0.1％，硫酸マグネシウム10 mM）を用いて，大腸菌K-12株由来のJA300株の有機溶媒耐性が青野らによって調べられている（表2）[2]。JA300株は，溶媒無添加の場合と比べて，生育頻度は低下するもののn-ヘキサン（$\log P_{ow}$ 3.9）を重層したLBGMg寒天培地上で生育可能である。また，シクロオクタン，オクタン，ノナン，デカンなどの$\log P_{ow}$値が3.9以上の溶媒を重層した寒天培地上では，生育頻度の低下は認められない。一方，シクロヘキサン（$\log P_{ow}$ 3.4）を重層した寒天培地上では，生育頻度は著しく低下し，約10^{-6}〜10^{-5}の低頻度の生育を示す。さらに，p-キシレンやトルエン重層下では，生育できない。また，JA300株と同様にK-12株由来の大腸菌であるMG1665株は，JA300株よりも有機溶媒耐性度が高く，n-ヘキサン：シクロヘキサン（1:1，v/v）の混合溶媒存在下においても10^{-6}程度であるが生育を示す。

　JA300株が親株として用いられ，有機溶媒耐性化した大腸菌変異株が取得されている（表2）。自然突然変異により，シクロヘキサン存在下でも高い頻度で生育できるOST3408株などの変異株が取得されている。また，変異剤処理により，p-キシレン存在下でも生育可能なOST3121株も取得されている。これらの変異株を用いた解析により，大腸菌の有機溶媒耐性は遺伝学的支配を受けていることが示された。

1.2　大腸菌の有機溶媒耐性機構

　これまでに様々な有機溶媒耐性化した大腸菌変異株が取得され，有機溶媒耐性に関与する様々な遺伝子が同定されている。これらの有機溶媒耐性に関与する遺伝子について，表3にまとめた[3]。また，これらのうち特に薬剤排出ポンプについて以下に述べた。

表3 大腸菌の有機溶媒耐性に関与する遺伝子

遺伝子	機能	遺伝子の欠損または発現量変化による有機溶媒耐性への影響	文献
acrAB	トランスポータータンパク AcrB と膜結合型タンパク AcrA をコードする。これらのタンパク質は RND ファミリーに属する AcrAB-TolC 薬剤排出ポンプを構成する。AcrAB-TolC は marA, robA, soxS の高発現化により高生産される。	JA300株はn-ヘキサン ($\log P_{ow}$ 3.9) に耐性を示すが、JA300ΔacrAB株は$\log P_{ow}$値が$\log P_{ow}$ 5.5 よりも低い有機溶媒に感受性となった。しかし、デカン ($\log P_{ow}$ 6.0) には耐性を示した。	4)
tolC	tolC は外膜タンパクをコードする。TolC は AcrAB-TolC 排出ポンプの構成因子である。	JA300ΔtolC は $\log P_{ow}$ 値が5.5よりも低い有機溶媒に感受性であったが、デカン ($\log P_{ow}$ 6.0) に耐性を示した。	4)
marA	marA は AraC サブファミリーに属する転写活性化因子をコードする。MarA は多種薬剤耐性に関与する。	marA 遺伝子を含むプラスミドを導入した JA300株は、$\log P_{ow}$ 値が3.4 (シクロヘキサン) より高い有機溶媒に耐性を示した。	5)
robA	robA は AraC サブファミリーに属する転写活性化因子をコードする。	robA 遺伝子を含むプラスミドを導入した JA300株は、$\log P_{ow}$ 値が3.4よりも高い有機溶媒に耐性を示した。	6)
soxS	soxS は AraC サブファミリーに属する転写活性化因子をコードする。SoxS はスーパーオキシド応答遺伝子群のレギュレーターである。	soxS 遺伝子を含むプラスミドを導入した JA300株は、$\log P_{ow}$ 値が3.4よりも高い有機溶媒に耐性を示した。	7)
acrEF	acrEF はトランスポータータンパク AcrF と膜結合タンパク AcrE をコードする。AcrE と AcrF はそれぞれ AcrA と AcrB に高い相同性を示す。	acrB 欠損株 OST5500株は、$\log P_{ow}$ 値が4.9よりも低い有機溶媒に感受性であった。acrEF を含むプラスミドを導入した OST5500株は $\log P_{ow}$ 値が3.4より高い有機溶媒に耐性を示した。	8)
emrAB	emrAB は MFS トランスポーターである EmrB と膜結合タンパクである EmrA をコードする。EmrAB-TolC システムは多種薬剤排出に関与する。	JA300ΔacrAB は $\log P_{ow}$ 値が5.5よりも低い有機溶媒に感受性であった。emrAB を含むプラスミドを導入した JA300ΔacrAB 株はノナン ($\log P_{ow}$ 5.5) とオクタン ($\log P_{ow}$ 4.9) に耐性を示したが、ヘプタン ($\log P_{ow}$ 4.4) には感受性を示した。	4)
yhiUV	yhiUV は推定トランスポーター YhiV と膜タンパク YhiU をコードする。YhiU と YhiV は AcrA と AcrB に顕著な相同性を示す。	yhiUV を含むプラスミドを導入した JA300ΔacrAB はノナン ($\log P_{ow}$ 5.5) に耐性を示したが、オクタン ($\log P_{ow}$ 4.9) には感受性を示した。	4)
ostA	ostA/imp は細胞表層へのリポ多糖の輸送に関わるタンパクをコードする。	n-ヘキサン感受性の OST4251株は ostA 遺伝子を含むプラスミドを導入すると n-ヘキサン耐性を示した。	9)
pspA	pspA はストレス条件下で誘導される phage-shock タンパクをコードする。	psp オペロンを含むプラスミドを JA300株に導入することにより n-ヘキサン存在下における生育頻度が向上した。	10)
glpC	glpC は GlpABC (anaerobic glycerol-3-phosphate dehydrogenase) のサブユニットをコードする。	glpC を含むプラスミドを JA300株に導入することにより n-ヘキサン重層下の寒天培地上における JA300株のコロニー形成頻度は100倍向上した。	11)

第8章　有機溶媒耐性大腸菌の溶媒耐性機構と応用

遺伝子	機能	内容	文献
fruA	fruAはフルクトース特異的トランスポートタンパクをコードする。	fruAを含むプラスミドをJA300株に導入することによりn-ヘキサン重層下の寒天培地上におけるコロニー形成頻度は100倍向上した。	11)
purR	purRは転写抑制因子をコードする。purRレギュロンの大部分はヌクレオチド代謝酵素として機能する。	purRを含むプラスミドをJA300株に導入することによりn-ヘキサン重層下の寒天培地上におけるコロニー形成頻度は10倍向上した。	12)
manXYZ	manXYZオペロンはphosphotransferaseシステムの糖トランスポーターをコードする。	manXYZを含むプラスミドを導入することによりn-ヘキサン重層下の寒天培地上におけるコロニー形成頻度は100倍向上した。	13)
crp	crpはDNA結合転写調節因子として機能するcyclic AMPレセプターをコードする。	BW25113株のcrp遺伝子を欠損させるとn-ヘキサン：シクロヘキサン（1:1）重層下の寒天培地上におけるコロニー形成頻度は1000倍向上した。	14)
cyaA	cyaAはcAMP生合成過程に関わるadenylate cyclaseをコードする。	BW25113株のcyaA遺伝子を欠損させるとn-ヘキサン：シクロヘキサン（1:1）重層下の寒天培地上におけるコロニー形成頻度は1000倍向上した。	14)
gadB	gadBはglutamate decarboxylase Bサブユニットをコードする。	gadB遺伝子欠損により、BW25113株の有機溶媒耐性が低下した。	14)
nuoG	nuoGはNADH：ubiquinone oxidoreductaseのサブユニットをコードする。	nuoG遺伝子欠損により、BW25113株の有機溶媒耐性が低下した。	14)
ahpCF	ahpCFはalkyl hydroperoxide reductaseをコードする。	テトラサイクリン耐性変異株はシクロヘキサン、プロピルベンゼン、1,2-ジヒドロナフタレンに耐性を示した。野生株は、これらの有機溶媒に感受性であった。したがって、ahpCF遺伝子がこれらの有機溶媒耐性に関与することが示された。	15)

1.3 薬剤排出ポンプ

上記のシクロヘキサン耐性変異株OST3408株の耐性付与遺伝子は，ミスセンス変異した*marR*遺伝子であった[2]。*marR*遺伝子に変異が生じたことにより，*marRAB*発現が脱抑制され，MarAタンパクが高発現される。MarAは*mar-sox*レギュロンと呼ばれる一連の遺伝子群の転写を活性化する。この遺伝子群のなかで*acrAB*, *tolC*が高発現化することにより，薬剤排出ポンプとして知られるAcrAB-TolCが高生産され，有機溶媒耐性化することが知られている。また，*mar-sox*レギュロン発現はMarAだけでなくSoxS，Robによっても活性化される。したがって，*marA*, *soxS*, *robA*遺伝子をそれぞれ高発現させると*acrAB*, *tolC*の発現が活性化され，大腸菌はシクロヘキサン耐性を獲得する。細菌の薬剤排出システムはその構造および共役するエネルギーの違いから大きく5つのファミリー（ABC型，RND型，MF型，SMR型，MATE型）に分類されるが，AcrAB-TolCはRND（resistance-nodulation-cell division）ファミリーに属し，内膜コンポーネント，外膜コンポーネントおよびそれらをつないでいるアダプタータンパク質からなる（図1）。AcrBは内膜に存在するトランスポーターであり，TolCは外膜に存在しチャネルを形成する。AcrAは，AcrBとTolCとの複合体の周辺部にあって，内膜と外膜を引きつけることで複合体形成を補強する役割をしていると考えられている。これら3者複合体は膜貫通型の薬剤排出ポンプを形成し，プロトン駆動力をエネルギー源として薬剤を菌体外へ排出する。AcrAB-TolC排出ポンプは抗生物質，色素，界面活性剤などの多様な物質を排出し，これらに対する耐性を付与するが，シクロヘキサン，*n*-ヘキサン，ヘプタンなどの疎水性有機溶媒を排出することによって有機溶媒耐性にも寄与する。一方，*acrAB*あるいは*tolC*が欠損すると大腸菌の有機溶媒耐性は著しく低下し，*n*-ヘキサン（$\log P_{ow}$ 3.9），オクタン（$\log P_{ow}$ 4.9），ノナン（$\log P_{ow}$ 5.5）などに感受性となる（表2）[4]。したがって，AcrAB-TolC排出ポンプは，大腸菌の疎水性有機溶媒耐性に寄与する主要な機構であると考えられる。

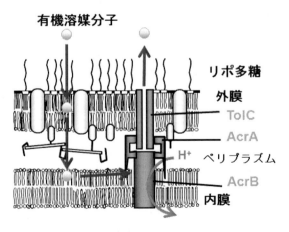

図1　AcrAB-TolCによる有機溶媒分子の排出

第8章　有機溶媒耐性大腸菌の溶媒耐性機構と応用

　また，*acrB*欠損により溶媒に感受性となった変異株を親株として用いて，有機溶媒耐性が向上した変異株が取得された。この菌株が高発現するタンパク質が解析された結果，AcrEFの高発現化が認められた。これらの結果から，AcrAB-TolCポンプ以外に，AcrEF-TolCポンプによっても溶媒耐性化することが示された[8]。*acrEF*オペロンのプロモーターは低活性のため，通常AcrEFの発現量は著しく低いが，この変異株では*acrEF*オペロンの上流に挿入配列IS2が挿入され，*acrEF*オペロンの発現が増加していた。また，AcrABと相同性を示すYhiUVをコードする遺伝子をJA300株由来であるノナン（$\log P_{ow}$ 5.5）感受性の*acrAB*欠損株に導入し，発現させたところ，ノナンに耐性を示した[4]。しかし，本菌株は，オクタン（$\log P_{ow}$ 4.9）には感受性であり，著しい耐性の向上は認められなかった。MFファミリーに属するEmrAB-TolC排出ポンプも様々な薬剤を排出することが知られている。*emrAB*遺伝子を*acrAB*欠損株で高発現化させたところ，オクタン耐性となったが，ヘプタン（$\log P_{ow}$ 4.2）には，感受性であった[4]。

1.4　その他

　有機溶媒耐性大腸菌変異株において，OmpFポーリンタンパク質の減少が認められた[16]。OmpFは，疎水性のβ-ラクタム系抗生物質の透過に関与するため，OmpFが有機溶媒分子の透過にも関与することが考えられた。しかし，*ompF*欠損株を用いた実験結果などから，OmpFは有機溶媒耐性に関与しないことが示されている。

　*Pseudomonas*属細菌を用いた研究では，有機溶媒に細菌を曝した場合に，脂肪酸やリン脂質の組成が変化することが報告されている[17]。有機溶媒に曝された菌株は，トランス型の不飽和脂肪酸の割合がシス型よりも増加することから，膜の流動性が低くなることが考えられる。また，有機溶媒存在下において，リン脂質のカルジオリピン（CL）やホスファチジルグリセロール（PG）の割合が，ホスファチジルエタノールアミン（PE）よりも増加することが報告されている。CLの相転移温度はPEよりも高いことから，この変化により，膜の流動性が低下し，膜が安定化したことが考えられている。

2　有機溶媒耐性大腸菌の応用

　化学製品の製造プロセスに生体触媒を導入すると，多数の反応工程を必要とする製造プロセスが簡略化されるため，省資源・省エネルギー化が図れる。疎水性の化学製品原料を用いる場合には，原料を有機溶媒に溶解して反応系に添加する方法が考えられる。微生物を生体触媒として使用して，このような疎水性物質の変換反応を実施する場合には，有機溶媒—培養液の二相反応系が用いられる。しかし，用いる有機溶媒の種類によっては微生物の生育を著しく阻害する。このため，補酵素の再生を必要とするような生菌体を用いた生体触媒反応を，有機溶媒存在下で実施すると，有機溶媒の毒性により補酵素が再生されなくなることから，反応効率は著しく低下する。有機溶媒存在下で効率よく変換反応を行うためには，有機溶媒存在下でも生育可能な有機溶媒耐

性の微生物が必要となる。遺伝子工学的手法が進んでいる大腸菌は，目的とする変換酵素遺伝子を発現させるための宿主として簡便に用いることができる。このため，有機溶媒耐性大腸菌に目的の変換酵素遺伝子を導入した組換え体を，二相反応系における生体触媒として用いれば，有機溶媒存在下における効率的な有用物質生産が可能となる。有機溶媒耐性大腸菌を二相反応系における有用物質生産に応用する報告例は未だ多くないが，筆者らの応用例について以下に述べる。

2.1 有機溶媒耐性大腸菌変異株を用いたインジゴの生産

微生物によるインドールからインジゴへの変換反応は，オキシゲナーゼが関与しており，補酵素の供給，再生を必要とする。インドールを培地中に数mM加えると，微生物の生育が阻害される。このため，高濃度にインドールを溶解した水溶液中で，微生物変換反応を行うと，反応効率は低下する。有機溶媒一水の二相系に疎水性有機化合物を添加した場合，基質の多くは有機溶媒相に分配するので，水相中の基質濃度を低濃度に保つことができる。したがって，二相反応系を用いることにより，微生物の生育や酵素活性を阻害する疎水性の有機化合物を多量に培養液に添加することができる。筆者らは，*Acinetobacter*属細菌由来のフェノールモノオキシゲナーゼ（*mop*オペロン）遺伝子（インドールからインジゴを生成する酵素をコードする遺伝子）を導入した有機溶媒耐性大腸菌OST3410株（JA300株由来）を用いて，有機溶媒存在下におけるインドールからインジゴの生産性を検討した（図2）[18]。また，この形質転換体に補酵素（NADH）再生のための*Mycobacterium vaccae*由来のギ酸デヒドロゲナーゼ遺伝子（*fdh*）も同時に導入して，補酵素再生の効果についても調べた。この結果，OST3410株を用いた場合には，JA300株を用いた場

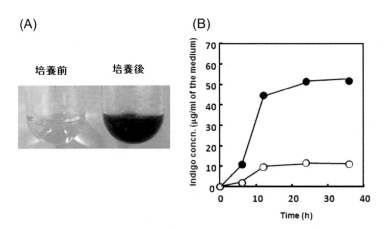

図2 有機溶媒耐性大腸菌による有機溶媒存在下におけるインジゴ生産

(A) LBGMg培地2mlに2mgインドールを含む有機溶媒（ジフェニルメタン）0.2mlを添加して，OST3410（pUCMOP＋pHSGFDH）株を培養した。培養後，顕著なインジゴ生産が認められた。

(B) (A)と同様な条件で，有機溶媒耐性度の高いOST3410（pUCMOP＋pHSGFDH）株（●）とOST3410株より有機溶媒耐性度の低いJA300（pUCMOP＋pHSGFDH）株（○）を培養し，インジゴ生産経過を調べた。

第8章　有機溶媒耐性大腸菌の溶媒耐性機構と応用

合に比べて，約5倍インジゴ生産量が増加した。

3　まとめ

　大腸菌の有機溶媒耐性に関与する様々な遺伝子が報告されている。これらの遺伝子のうちRNDファミリーに属する薬剤排出ポンプが，大腸菌の有機溶媒耐性に重要な役割を果たしている。大腸菌の薬剤排出ポンプをコードする遺伝子である*acrAB*や*tolC*を欠損させた菌株は，有機溶媒に著しく感受性となる。このような薬剤排出ポンプは，細胞膜に蓄積した有機溶媒を排出するものと考えられる。また，*Pseudomonas*属細菌においても有機溶媒耐性に関与する同様な薬剤排出ポンプが知られており，このような有機溶媒耐性に関与する排出ポンプ系が，グラム陰性細菌に広く存在するものと思われる。また，薬剤排出ポンプ以外にも，有機溶媒耐性に関与する遺伝子が数多く存在する。しかし，薬剤排出ポンプ以外の要因による有機溶媒耐性化には未だ不明な点が多く，今後，これらの機構の解明が課題となる。

　有機溶媒—培養液の二相反応系に有用な微生物を得るためには，主に2つの方法が考えられる。①目的の触媒活性を有する有機溶媒耐性菌を自然界から探索する方法と②目的の触媒活性をコードする遺伝子を有機溶媒耐性菌に導入した組換え体を作製する方法である。大腸菌は遺伝学的知見が豊富であり，遺伝子工学的手法が進んでいるので，高度な有機溶媒耐性を有する大腸菌は②の方法に有用である。

文　　　献

1)　A. Inoue, H. Horikoshi, *Nature*, **338**, 264（1989）

2)　R. Aono, *Extremophiles*, **2**, 239（1998）

3)　N. Doukyu, Extremophiles Handbook, K. Horikoshi, G. Antranikian, K. O. Stetter（Eds.），8. 4, 991, Springer（2010）

4)　N. Tsukagoshi, R. Aono, *J. Bacteriol.*, **182**, 4803（2000）

5)　H. Asako, H. Nakajima, K. Kobayashi, M. Kobayashi, R. Aono, *Appl. Environ. Microbiol.*, **63**, 1428（1997）

6)　H. Nakajima, K. Kobayashi, M. Kobayashi, H. Asako, R. Aono, *Appl. Environ. Microbiol.*, **61**, 2302（1995）

7)　H. Nakajima, M. Kobayashi, T. Negishi, R. Aono, *Biosci. Biotechnol. Biochem.*, **59**, 1323（1995）

8)　K. Kobayashi, N. Tsukagoshi, R. Aono, *J. Bacteriol.*, **183**, 2646（2003）

9)　I. Ohtsu, N. Kakuda, N. Tsukagoshi, N. Doukyu, H. Takagi, M. Wachi, R. Aono, *Biosci.*

Biotechnol. Biochem., **68**, 458（2004）

10) H. Kobayashi, M. Yamamoto, R. Aono, *Microbiology*, **144**, 353（1998）

11) K. Shimizu, S. Hayashi, T. Kako, M. Suzuki, N. Tsukagoshi, N. Doukyu, T. Kobayashi, H. Honda, *Appl. Environ. Microbiol.*, **71**, 1093（2005）

12) K. Shimizu, S. Hayashi, N. Doukyu, T. Kobayashi, H. Honda, *J. Biosci. Bioeng.*, **99**, 72（2005）

13) M. Okochi, M. Kurimoto, K. Shimizu, H. Honda, *Appl. Microbiol. Biotechnol.*, **73**, 1394（2007）

14) M. Okochi, M. Kurimoto, K. Shimizu, H. Honda, *J. Biosci. Bioeng.*, **105**, 389（2008）

15) A. Ferrante, J. Augliera, K. Lewis, A. Klibanov, *Proc. Natl. Acad. Sci. USA.*, **92**, 7617（1995）

16) H. Asako, K. Kobayashi, R. Aono, *Appl. Environ. Microbiol.*, **65**, 294（1999）

17) J. Ramos, E. Duque, M. Gallegos, P. Godoy, M. Ramos-Gonzalez, A. Rojas, W. Teran, A. Segura, *Annu. Rev. Microbiol.*, **56**, 743（2002）

18) N. Doukyu, K. Toyoda, R. Aono, *Appl. Microbiol. Biotechnol.*, **60**, 720（2003）

第9章 合成代謝工学―発酵生産のための新たなパラダイム構築への挑戦―

本田孝祐[*1]，岡野憲司[*2]，大竹久夫[*3]

1 はじめに

　発酵生産に用いられる菌株の育種では，所望の物質についてある程度の生産能力を有した微生物を探索し，これをベースに必要（不要）な遺伝子を増強（削除）するといった手法が汎用される。このように微生物ゲノムを発酵生産のために最適化する方法論は，「代謝工学」という一つの研究分野として今や広く認知され，遺伝子組換え技術の発展とも相まり，その応用範囲はさらに広まり続けている。

　しかし実際には，代謝工学的手法により設計・導入した改変が，期待どおりの生産性向上に結び付かないというケースも少なくない。改めて考えてみればにべもないことだが，微生物にとって最も重要なタスクは，エタノール生産でもなければアミノ酸発酵でもなく，自身が置かれた環境下でいかに生存・増殖を維持するかにある。したがって，我々が特定の代謝産物の生産性増大を目論んで微生物ゲノムに人為的改変を加えようとも，その改変が彼らにとって不利に働くものであった場合，生存・増殖のためのセーフティーネットワークが発動し，改変の効果が打ち消されることがある。いわゆる「生命のロバスト性」と呼ばれるこれら一連のネットワークをいかに理解し制御するかが，代謝工学が目指す一つの方向性であるといえる。

　一方，筆者らのグループでは，従来の代謝工学的手法とは全く逆のアプローチを用いることで，この問題を克服することを試みている。すなわち，生きた細胞の代謝経路を改変するのではなく，あらかじめモジュール化した代謝酵素を任意に組み合わせることで物質生産に特化した経路を*in vitro*で再構築してしまおうというものである。再構築された代謝経路では，生きた細胞を使用しないため，これらの生理活性に依存しない生産プロセスが構築可能である。したがって，温度・pHの単純な操作パラメーターの制御のみで変換反応が実施可能となり，反応条件のフレキシビリティーも格段に向上する。上述した生命のロバスト性に起因する問題も含め，従来の発酵生産に付きまとってきた「生き物を取り扱う」がゆえの諸問題を回避し，生体触媒をあたかも化学触媒と同等にハンドリングできるユーザーフレンドリーな生産プロセスが構築可能となる。

＊1　Kohsuke Honda　大阪大学　大学院工学研究科　生命先端工学専攻　准教授
＊2　Kenji Okano　大阪大学　大学院工学研究科　生命先端工学専攻　助教
＊3　Hisao Ohtake　大阪大学　大学院工学研究科　生命先端工学専攻　教授

2 合成代謝工学

　後述するように単離酵素を組み合わせた *in vitro* での代謝経路構築とこれを用いた物質生産の例はこれまでにも多くの報告がなされている。しかし，ここで問題となるのは複数の代謝酵素を副反応を伴わないレベルにまで精製する作業の煩雑さにある。筆者らはこの煩雑さを回避するため，(超) 好熱菌に由来する耐熱性酵素遺伝子に着目した。まず，耐熱性酵素遺伝子を大腸菌などの中温性宿主微生物内で過剰発現させる。得られた組換え菌を70℃程度の熱処理に供した後，触媒としてそのまま利用する。この結果，宿主由来酵素の大部分が熱変性により不可逆的に失活し，精製酵素と同レベルの高い選択性を有した生体触媒が容易に得られる。また多くの中温性微生物の細胞外膜構造は熱処理により脆弱化されるため，微生物変換反応でしばしば問題となる基質・生成物の膜透過律速が解消される。本法は異種宿主内での機能的発現さえ可能であれば，あらゆる耐熱性酵素に対して適用可能である。したがって代謝経路を構築する一連の酵素をモジュール化しておくことにより，これらを任意に組み合わせることによって化学品生産のための人工代謝経路が容易に構築可能となる。

　ところで，本書のタイトルともなっている「合成生物学」であるが，比較的新しい研究分野であり，また幅広い応用可能性を感じさせるものであるがゆえに，その言葉の定義するところにはやや漠然とした感がある。あえて一般化するなら，「個別要素からの生命機能の再構築とその利用」とでも要約することができるだろうか。例えば，生物版「ロボコン」として認知度を高めつつあるiGEMでは，BioBrickと呼ばれる各種の遺伝子部品を参加者である学生に提供する。彼らはBioBrickを任意に組み合わることでこれまでにない機能を有した細胞を構築し，その独創性を競う。着案の経緯こそ異なるものの，生体モジュールの自在な組み合わせにより所望の機能を作り出すという点において，我々が目指す *in vitro* での代謝経路構築とBioBrickに象徴される合成生物学は，そのコンセプトを同じにする部分も多い。そこで，筆者らは本アプローチを「合成代謝工学」と称し，その開発研究をスタートさせた。

3 耐熱性酵素モジュールの技術的優位性

　合成代謝工学による物質生産への挑戦に先立ち，筆者らはまず合成経路の構成因子となる耐熱性酵素モジュール（好熱菌由来酵素遺伝子を発現後，加熱処理した中温性宿主微生物）が有する技術的優位性，すなわち①加熱による膜透過律速の解消，②宿主由来酵素の不活化と副反応の除去，③生細胞を利用しないことによる培養・反応制御の簡略化の3点についての実証試験を行った。上述のとおり，本法の魅力の一つは，中温性微生物内で発現可能な耐熱性酵素であれば何でも利用できる点にあり，実証試験に用いるモデル反応にも特段の束縛はない。しかし，将来的に合成代謝経路構築へと応用展開していくことを念頭に置くと，そこでのキー反応を担うであろう酵素のフィージビリティースタディーを兼ねた研究を実施することが得策と考えられた。筆者ら

第9章　合成代謝工学 — 発酵生産のための新たなパラダイム構築への挑戦 —

は，代謝経路中でエネルギーや酸化還元力の伝達を担う補酵素群であるATPやNAD(P)Hの再生反応が合成経路構築の上での重要なツールとなると考え，ATP再生系としての利用が期待できる耐熱性ポリリン酸キナーゼ（PPK）を利用した物質生産反応をモデルとして取り上げた。研究開始当時，耐熱性PPKを用いたATP再生系として，*Thermosynechococcus elongates, Thermus thermophilus* HB27由来の酵素を用いた例が知られており，それぞれD–アラニル–D–アラニン[1]，フルクトース1,6–ビスリン酸（FBP）[2]生産への応用例が報告されていた。我々はこのうち，より耐熱性が高いとされる *Thermus thermophilus* HB27由来のPPK（TtPPK）を取り上げた。本酵素によるATP再生能は，超好熱性アーキアである *Thermococcus kodakarensis* KOD1由来のATP依存型耐熱性グリセロールキナーゼ（TkGK）とのカップリングによるグリセロールからのグリセロール3–リン酸（G3P）生産により評価した[3]。

　TtPPKおよびTkGKを発現させた組換え大腸菌の湿菌体を触媒とした場合，ならびに各大腸菌を破砕して得た粗酵素抽出液を触媒とした場合とで反応速度を比較したところ，両者に大きな差は見られなかった。一方，大腸菌由来の中温性PPK（EcPPK）およびグリセロールキナーゼ（EcGK）の過剰発現株を用いて同様の実験を行うと，触媒として菌体を用いた場合にはほとんど反応が進行せず，粗酵素抽出液利用時にのみ有意なG3P生産が確認された。反応はそれぞれの酵素ペアについて最適化された条件下で行われており，TtPPK/TkGKは70℃，EcPPK/EcGKの反応は37℃で実施された。すなわち，これらの結果は，高温での反応により期待どおり大腸菌の膜透過律速が解消されていることを示すものである。またTtPPK/TkGK，EcPPK/EcGKの各カップリング反応をそれぞれの粗酵素液を用いて実施し，生産物であるG3Pに加え，残存するグリセロール量を追跡した。この結果，EcPPK/EcGKではG3P生成量を上回るグリセロール残存量の減少が認められたが，TtPPK/TkGKでは両者は一致し，副産物が生じていないことが示された。

　次に，より高濃度のG3P生産を目指し，基質濃度が反応に及ぼす影響について検討を行った。初期グリセロール濃度が25 mMまでの場合，G3Pの対グリセロール収率はいずれも80%（mol/mol）前後となったが，この濃度を超えると最終的なG3P濃度は30 mM程度で頭打ちとなり，対基質収率が低下した。これはリン酸基ドナーであるポリリン酸の枯渇によるものであることが明らかとなったが，本実験には平均鎖長が約60のポリリン酸を初発濃度1 mMで使用しており，理論的には60 mM程度までのG3Pが生産できるはずである。しかし，TtPPKはより鎖長の長いポリリン酸を好んで利用することが知られており，短鎖長ポリリン酸の「食い残し」が生じているものと思われる。一方で1 mMを超える濃度のポリリン酸はTtPPK，TkGKの両者を顕著に阻害した。このため高濃度G3Pの生産のためにポリリン酸の初期濃度を高めるという方策を取ることはできず，ポリリン酸の分割添加によるG3P生産を実施した。この結果，終濃度1 mMに相当するポリリン酸を5回に分割して添加することで100 mMのグリセロールから約80 mMのG3Pを生産することができた。我々の調べた限り，ポリリン酸をリン酸基ドナーとするATP再生系を用いて，これだけの濃度の生産物が得られた報告はこれまでになされていない。

　最後に，反応スケールが変換効率に及ぼす影響を調査するため，100 μlおよび100 mlの反応液

143

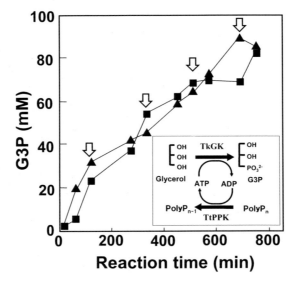

図1 反応スケールがG3P生産反応に及ぼす影響
TtPPK/TkGKによるG3P生産を100 μl（▲）および100 ml（■）の反応液中で実施した。矢印は終濃度1 mM相当のポリリン酸の追加を示す。枠内はTtPPK/TkGKによるG3P生産の反応スキーム。

中でのG3P生産を実施した。この結果，反応速度・最終生産物濃度のいずれにおいてもスケールの差異による有意な違いは見られなかった（図1）。物質生産への応用例が知られるATP再生系としては，PPKのような単離酵素を用いたものの他，異化代謝活性を維持した生菌体を用いる方法がよく知られる。この場合，ATP再生能は菌体の代謝活性に強く依存することから反応の制御には種々の制限が設けられる。これに対し，今回の実験では温度制御を除き一切の反応制御を行っていないにもかかわらず，異なるスケール間で再現性の高い生産効率が得られた。すなわち，酵素精製，培養・反応制御といった「厄介な」操作を必要としないという合成代謝工学的手法の根幹的アドバンテージを裏付ける結果が得られたといえる。

4 合成代謝経路による化学品生産

次なる課題として，こうして得られた酵素モジュールを複数組み合わせた合成代謝経路により，有用化学品の生産が実際に可能であることを示すことが重要となる。その実証試験として，筆者らはDNA生合成における「マイナー経路」であるデオキシリボースアルドラーゼ（DERA）反応を介した2'-デオキシリボース5-リン酸（DR5P）生産をモデル生産系として取り上げた[4]。

DNAの生合成はグルコースを出発物質とした場合，リボース骨格の合成とその還元を含む20種類以上の酵素反応が関与する複雑な合成経路を経る。一方，通常の生細胞内ではマイナー経路と

第9章 合成代謝工学— 発酵生産のための新たなパラダイム構築への挑戦—

してしか利用されていないものの，これとは全く異なる経路としてDERAによるグリセロアルデヒド3-リン酸(GAP)とアセトアルデヒドのアルドール縮合によるデオキシ骨格の形成を経る合成経路が知られており，本経路はリボースを経る「メジャー経路」に比べて少数の酵素群（11種類）によって構成されている。すでに，中温性DERAを過剰発現させた大腸菌とGAP供給源として酵母の解糖系をカップリングすることにより，この「マイナー経路」を積極的に利用したDR5P生産についての報告がなされていたが[5]，我々もこれにならい同経路を構築する必要最小限の酵素からなる合成代謝経路を構築しDR5P生産実験を行った。上でも紹介したTtPPKによるATP再生系を利用したフルクトースからのFBP生産経路を利用し，ここにFBPアルドラーゼ（FBA），トリオースイソメラーゼ（TIM），およびDERAをカップリングさせ，合計6種の酵素群によるフルクトースからのDR5P生産経路を構築した（図2）。なお，DERAは*Thermococcus kodakarensis*由来のもの，その他の酵素は*Thermus thermophilus*由来のものを使用している。FBP生産の例にならい70℃での反応を実施したところ，反応開始から30分間程度で10 mMのフルクトースから1.2 mM程度のDR5Pの生産が確認された。しかし，これらは時間の経過とともに減少し，反応開始から2時間ほどで検出限界を下回った。これは代謝経路の中間体であるGAPおよびその異性体であるジヒドロキシアセトンリン酸（DHAP）が熱に対して不安定であることに起因する。DERAにより触媒される反応は可逆的に進行するため，GAPの熱分解に伴い，反応平衡がアルドール分解反応側にシフトし，代謝フローの逆流が生じてしまう。このためDR5P生産反応はTtPPKと2種類のキナーゼ反応によるFBPの生産までを70℃で行った後，残りの酵素モジュールを添加し，30℃にて引き続き反応を実施するという2段階に分けて実施した。この結果，10 mMのフルクトースから5.5 mMのDR5Pを生産することが可能となった。理論的にはフルクトース1分子から2

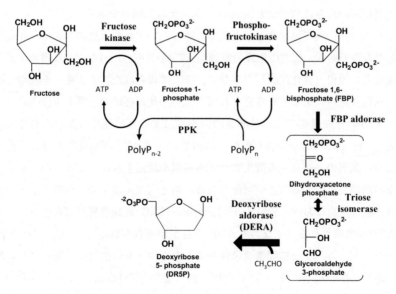

図2　DR5P生産のための合成代謝経路デザイン

分子のDR5Pが生産されることになるが，2段階目の反応仕込み時に反応液の体積が2倍に膨れるため，本変換反応のモル収率は55％となる。生成物濃度としてはまだまだ満足する値には程遠いものの，対基質収率に関しては中温性酵素を利用した既報の数値（約20％）を有意に上回る結果が得られた点には着目すべきだろう。G3P生産実験で高濃度基質の変換に有効であったポリリン酸の分割添加などを実施することでさらなる生産物濃度の向上が可能であると考えられる。

5　合成代謝工学によるキメラ型解糖系の構築

　上でも述べたが，単離酵素を用いた*in vitro*での代謝経路の再構築とこれを用いた物質生産の試みは，これまでにも数多くの報告がなされている。古くは1985年にWelchとScopesによって報じられた酵母由来の解糖系酵素群およびATPaseを用いたグルコースからのエタノール生産の例が挙げられる。本報告によれば，1M（18％）のグルコースから8時間の反応で，理論収率である2M（9％）に迫るエタノールを生産することに成功しており[6]，反応速度と対基質収率のみで比較すれば，通常の発酵法を凌駕する生産性が得られている。酵素精製の煩雑さを考えると産業プロセスとしての現実味はないが，代謝経路の*in vitro*構築が実際に可能であること，必要最小限の代謝酵素を利用することにより，発酵法では成し得ない速度と収率が達成されることを実証した点には大いに注目すべきである。また近年では，岩田と奥により耐熱性酵素を用いたエタノール生産が報告されている[7]。好熱菌を遺伝子ソースとすることで，酵素の安定性が格段に増したことに加え，精製ステップを大幅に簡略化させることが可能となっており，このアイデアは我々の技術を立案する上でも欠かせないものであった。本系は余剰ATPの再生反応を含まないため，高濃度基質の利用には適さないが，5mMのグルコースから9mM程度のエタノール生産が可能であり，対基質収率の高さはWelchとScopesのシステムと同等である。

　ただし，これらの報告例で再構築された代謝経路は，いずれも天然のエタノール発酵経路をそのまま模倣したものである。代謝の生理的意義がATPやNAD(P)Hなどの補酵素を通貨としたエネルギーや還元力の獲得（異化代謝）ならびに，ここで得られたエネルギーを利用した細胞構成物質の合成（同化代謝）にある点を考慮すれば，天然の代謝経路の一部を無作為に「コピー＆ペースト」しただけの合成経路では，補酵素の過不足による反応停止は避けられない。WelchとScopesによるATPaseの利用や筆者らが行ったPPKによるATP再生反応の導入なども一つの解決策といえるが，拡充の一途を辿る微生物ゲノム情報を活用すれば，これらの方法に頼らなくとも補酵素収支の問題を克服することが可能となる。例えばグルコースからのエタノール生産経路の場合，真核・原核生物におけるEmbden-Meyerhof（EM）経路を経ればグルコース1分子あたり2分子のATPが生産される（すなわちADP 2分子が消費される）。一方，アーキアにはADP依存型キナーゼなどユニークな補酵素要求性を有した真核・原核生物には見られない酵素からなる変形EM経路の存在が知られている[8]。原核・真核生物型EM経路においてGAPから3-ホスホグリセリン酸（3-PG）への変換は，GAPデヒドロゲナーゼ（GAPDH）によるリン酸依存型の脱

第9章 合成代謝工学―発酵生産のための新たなパラダイム構築への挑戦―

水素反応とホスホグリセリン酸キナーゼ（PGK）による脱リン酸化反応の2段階から成り立っており，この一連の反応でGAP 1分子あたり1分子のATPが産生される．これに対し，一部のアーキアは，リン酸非依存的にGAPを脱水素するGAPフェレドキシン酸化還元酵素（GAPOR）やnon phosphorylating GAPDH（GAPN）によりGAPから1段階の反応で直接3-PGへの変換を行う．GAPNが触媒する反応ではATP生産は伴わないため，原核・真核生物型EM経路中のGAPDHおよびPGKをアーキア由来のGAPNに置換することでATP収支の合致したキメラ型EM経路を構築することが可能となる（図3）．

ここで重要となるのは，このようなキメラ型経路は合成代謝工学的手法を用いなければ構築できない点にある．いうまでもなく，EM経路は，最もよく研究された，そして生物にとって最も重要な代謝経路の一つであり，基質（グルコース）が有する自由生成エネルギーをATPの形で取り出すことを生理的役割としている．すなわち，ATP収支の合致した（ATPを生産しない）EM経路は，もはやその生理的役割を失っており，このようなキメラ型経路を生きた微生物内で再構築するということは，取りも直さず当該微生物のEM経路の機能を無効化することに他ならないからである．

筆者らは，*Thermococcus kodakarensis*由来のGAPN[9]ならびに*Thermus thermophilus*由来の原核生物型EM経路酵素群を組み合わせたキメラ型EM経路を*in vitro*で構築し，これを用いたグ

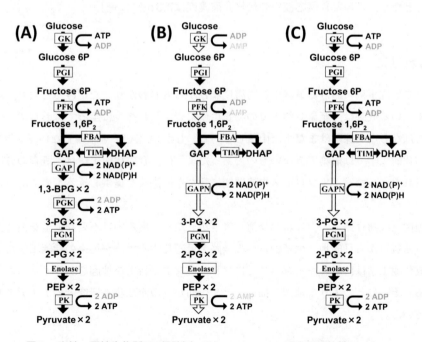

図3 真核・原核生物型EM経路(A)，Thermococcales目の超好熱性アーキアに見られる変形EM経路(B)，および筆者らが構築したキメラ型EM経路(C)
変形EM経路にユニークな反応を白抜き矢印で示している．

147

ルコースからの乳酸生産に取り組んだ。なお，本経路の最終ステップとなるピルビン酸から乳酸へのNADH依存的還元反応は通常，乳酸デヒドロゲナーゼ（LDH）によって触媒されるが，*Thermus thermophilus*由来LDHは，比較的低濃度（0.5mM以上）のNAD$^+$存在下で強く阻害を受け，同経路内ではほとんど機能しないことが明らかとなった。そこで我々は，同細菌の遺伝子発現プラスミドライブラリー[10]から，LDHと同様の反応を触媒可能な別の酵素を探索し，リンゴ酸／乳酸デヒドロゲナーゼ（MLDH）を選抜した。アミノ酸配列の相同性に基づくアノテーションがなされているものの，*Thermus thermophilus*由来MLDHの基質特異性や生理的意義は明らかになっていない。したがって，生体内において本酵素はピルビン酸以外の基質に対して，より優先的に作用することも大いに考えられるが，合成経路構築に際しては，目的反応の触媒作用さえ有していれば，各酵素の生理的役割はいっさい問われない。また，変換反応は，基質であるグルコースを一定速度で添加しながら実施した。これは，反応開始時のグルコース濃度が高すぎる場合，初発反応を担うグルコキナーゼが反応液中のATPを食い尽くしてしまい，後に続くホスホフルクトキナーゼが利用可能なATPが枯渇してしまうためである。最終的に，グルコース添加速度0.6 μmol ml^{-1}h^{-1}で変換反応を実施し，理論収率どおりの乳酸生産を約3時間継続させることができた（最終乳酸濃度3.6mM）。その後，収率ならびに反応速度はゆるやかに減少していくが，これは酵素の失活によるものではなく，補酵素であるNAD(H)の分解が原因と考えられた。事実，反応開始から4時間後にNADHを補うことで化学量論的な変換反応を8時間まで継続させることが可能となり，このとき反応液中の最終乳酸濃度は7.3mMに達した。

6　おわりに

　それぞれの研究事例における最終生産物濃度などからもおわかりいただけるとおり，現時点で筆者らが得ている成果は，産業レベルでの物質生産に資するレベルに至ってはおらず，今後取り組まなければならない課題はまだまだ山積している。しかし，ATPを生産しないキメラ型EM経路が従来の代謝工学では構築できないものであったように，合成代謝工学は，既存の方法論では乗り越えられなかったバイオプロセスの諸問題に新たな解決策を提供しうるものであると筆者らは考えている。

　既存の地図（代謝経路）の上に新たな道を書き足したり，あるいは不要な横道を消し去ることで出発地（基質）から目的地（生産物）への経路を最短化する手法が従来の代謝工学だとするならば，合成代謝工学は白紙のキャンバス上にフリーハンドで新たな地図をデザインしようというものである。そこにどのような地図を描き，どこへ向かうのかは我々研究者のアイデアと努力に委ねられている。

第 9 章 合成代謝工学 ― 発酵生産のための新たなパラダイム構築への挑戦 ―

文　　献

1) M. Sato *et al.*, *J. Biosci. Bioeng.*, **103**, 179 (2007)
2) S. Iwamoto *et al.*, *Appl. Environ. Microbiol.*, **73**, 5676 (2007)
3) E. Restiawaty *et al.*, *Process Biochem.*, **46**, 1747 (2011)
4) K. Honda *et al.*, *J. Biotechnol.*, **148**, 204 (2010)
5) N. Horinouchi *et al.*, *Appl. Environ. Microbiol.*, **69**, 3791 (2003)
6) P. Welch *et al.*, *J. Biotechnol.*, **2**, 257 (1985)
7) 奥崇ほか，セルロース系バイオエタノール製造技術，p.291，エヌ・ティー・エス (2010)
8) 大島敏久ほか，蛋白質 核酸 酵素，**54**，134 (2009)
9) K. Matsubara *et al.*, *Mol. Microbiol.*, **81**, 1300 (2011)
10) S. Yokoyama *et al.*, *Nat. Struct. Biol.*, **7**, 943 (2000)

第10章　合成生物工学によるバイオ燃料生産のための微生物細胞工場の創製

蓮沼誠久[*1]，近藤昭彦[*2]

1　はじめに

　低炭素社会を構築するために，再生可能資源で食糧と競合しないリグノセルロース系バイオマス資源から，バイオ燃料やバイオベース化学品を生産する「バイオリファイナリー」の確立が求められている。バイオマスを糖化して利用する糖プラットフォームを用いるバイオエタノール生産を例にとると，そのプロセスは，①結晶化したバイオマスを膨潤化する前処理工程，②バイオマスを加水分解する酵素処理工程，③微生物（主としてサッカロマイセス属酵母）による発酵工程，④生産物の分離・回収工程から成り立っており（図1），省エネルギーかつ低コストなプロセス開発の成否が実用化の鍵を握っている[1]。この中で，酵素処理工程と微生物発酵工程を構成するバイオプロセスは，生化学反応を利用する点で反応機構の特異性が高く，高い反応収率が期待でき，高温処理や化学触媒を用いる非生物的プロセスと比較して環境への負荷が低いために有用であるが，従来の石油化学プロセスを置換するためには，酵素生産工程も含めて，より効率的なバイオプロセスの開発が求められている。

　前処理を受けたリグノセルロース系バイオマスは，糸状菌や木材腐朽菌などが生産する酵素群

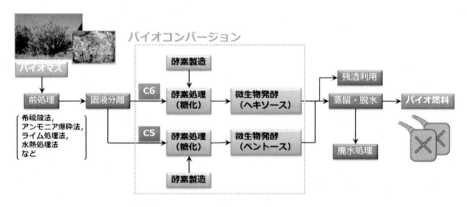

図1　糖プラットフォームによるバイオ燃料生産フロー

---

*1　Tomohisa Hasunuma　神戸大学　自然科学系先端融合研究環　重点研究部　講師
*2　Akihiko Kondo　神戸大学大学院　工学研究科　応用化学専攻　教授

（セルラーゼ，ヘミセルラーゼなど）により加水分解され，微生物により資化されて代謝反応により目的のプロダクトに変換される。このバイオプロセスを効率化するためには，酵素生産，加水分解，発酵の性能（収量，反応速度，基質に対する収率）をそれぞれ向上させることにより実現されうるが，一方で，一連のバイオプロセスを統合しコンパクトにすることができれば，設備コストの圧縮やバイオプロセス全体の省エネ化が可能になる[2]。いずれにしてもバイオプロセスに関与する微生物の高機能化は，バイオ燃料生産を実用化する上で重要な位置を占めており，本章では高機能型微生物を合成・開発するためのキーテクノロジーを解説する。

2　細胞表層工学技術による微生物の高機能化

リグノセルロースは高等植物の細胞壁を構成し，D-グルコースが β-1→4グルコシド結合で直鎖状に結合したセルロース微繊維（バイオマス全体の35～50%）を，D-キシロースが β-1→4結合したキシラン主鎖にアラビノースやグルクロン酸からなる側鎖が連結したヘミセルロース（25～30%）などのマトリクス高分子が取り囲み，そこに芳香族系化合物の重合体であるリグニン（15～30%）が沈着した構造を形成している[3]。この中でバイオコンバージョンのターゲット基質となるのは，現状ではセルロースとヘミセルロースである。そこで，例えばバイオエタノール生産では，この強固で複雑な高次構造を発酵工程において微生物が利用可能な糖質に変換する前処理および酵素処理（糖化）工程が必要になる。糖化工程では，セルラーゼやヘミセルラーゼなどの糖加水分解酵素を利用するが，バイオマスを単糖レベルまで分解するには多量の酵素が必要であり，この酵素剤にかかるコストを削減することが重要な課題となっている。

前処理後のセルロースは結晶部分と非結晶部分とから構成されており，単一の酵素による分解は不可能であり，複数の分解活性の異なる酵素の相乗効果により分解されている。例えば，結晶性セルロースの末端からセロオリゴ糖を遊離するエキソ型のセロビオハイドロラーゼ（CBH），非結晶性セルロースをランダムに切断するエンド型のエンドグルカナーゼ（EG），セロオリゴ糖の末端からグルコースを遊離する β-グルコシダーゼ（BGL）が協奏的に作用し，最終的にはグルコースを生成する[4]。天然に存在するセルロース分解菌としては糸状菌 *Trichoderma reesei*，黒カビ *Aspergillus niger*，麹菌 *Aspergillus oryzae*，木材腐朽菌 *Phanerochaete crysosporium*，高熱嫌気性細菌 *Clostridium thermocellum* などがよく知られているが，中でも *T. reesei* は力価の高い酵素群を大量に生産することができるため，酵素製剤の生産菌としてはよく用いられている。そこで最近は，*T. reesei* の網羅的セルラーゼ・プロテオミクス解析や，タンパク質工学的な手法によるセルラーゼ比活性の強化，異種セルラーゼ遺伝子発現などが盛んに研究され，培養方法の最適化など酵素生産にかかわるプロセスの改良も含めて，強力かつ大量のセルラーゼを生産可能な株が開発されている。

一方で，遺伝子工学的手法を用いることによりバイオマス分解能力とプロダクト生産能力を併せ持つ微生物の開発が進められ，酵素生産，糖化，発酵のバイオプロセスを単一の組換え微生物

に委ねることが可能になってきた[2,5,6]。筆者らは，エタノール発酵能力が高い出芽酵母 *Saccharomyces cerevisiae* にセルロース・ヘミセルロース加水分解能力を付与することでバイオエタノール生産のための統合プロセス化（Consolidated bioprocessing, CBP）を実現した。その有効な手段となったのが「細胞表層工学技術」であり，酵母の細胞表層にバイオマス分解酵素を集積させる技術である（図2）[7]。酵母の細胞表層には，細胞同士の接合に関与するタンパク質，α-アグルチニンが局在しており，α-アグルチニンはC末端側にあるグリコシルフォスファチジルイノシトール（GPI）アンカーにより細胞表層外殻につなぎとめられている。そこで，分泌シグナル配列を付加したセルラーゼ遺伝子の3'末端側をα-アグルチニン遺伝子の3'領域部分配列と連結することにより細胞表層にセルラーゼを提示することに成功した。筆者らは *T. reesei* 由来EG2およびCBH2，*A. aculeatus* 由来BGL1の遺伝子をα-アグルチニン遺伝子の3'末端領域と連結した3種のプラスミドを構築し，そのすべてを同一の酵母に形質転換した遺伝子組換え酵母を創製し，セルロース（リン酸膨潤セルロース，β-グルカン）を単一炭素源とする発酵試験に供し，エタノールを生産することに成功した[8,9]。この結果は，細胞表層上でのセルロースの分解により生じたグルコースが細胞内に取り込まれ，細胞内で資化されたグルコースからエタノールが生産されたことを示唆しており，酵素剤の添加なしでセルロースをダイレクトにエタノールに変換することが可能になった（図2）。近年筆者らは，上述のセルラーゼ細胞表層提示酵母をさらに改良したり，ヘミセルラーゼ表層提示酵母を作出することにより，水熱処理した稲わらセルロース画分やヘミセルロース画分から，低濃度の酵素存在下あるいは酵素非存在下で効率的にエタノールを生産することに成功してきた[10~12]。

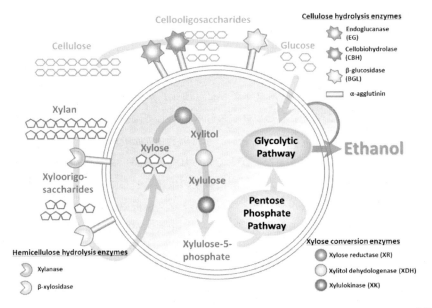

図2　細胞表層工学技術を用いたセルロース・ヘミセルロースからのエタノールへの変換

第10章　合成生物工学によるバイオ燃料生産のための微生物細胞工場の創製

　細胞表層におけるセルラーゼ群の集積提示は，①連続する反応を触媒する複数の酵素を集積することにより逐次的反応が速やかに進行し，酵素反応の生成物阻害を緩和できる，②生成したグルコースを即座に微生物細胞内へ取り込むことによりリアクター内のグルコース濃度を常に低濃度に維持し，バクテリアなどのコンタミ防止につながる，③酵母が炭素源を効率よく利用することができる，など多くのメリットをもたらした。このように，細胞表層工学技術は，プロセスをシンプルにすることで糖化工程および発酵工程の設備投資を低減することが可能であり，さらに，高価なセルラーゼ系酵素の生産に必要となる材料の供給や分離工程を省略するだけでなく，酵母を再利用することで酵素の再利用も可能となるため，極めて有用な技術である[2]。

　一般に，酵母は遺伝的解析の進んだ真核細胞であり，安全性が高く，堅牢な細胞壁構造を持つなど利点が多いため，酵母を使った表層提示系は工学的改変の容易な生体触媒として有効であるが，その高いエタノール生産能力はエタノール以外のプロダクトを生産する場合には，目的物質の純度低下を引き起こす。筆者らの研究室では，すでに麹菌 *A. oryzae*，乳酸菌 *Lactococcus lactis*，大腸菌 *Escherichia coli*，コリネ菌 *Corynebacterium glutamicum* などの細胞表層提示技術も確立しており，生産物質のターゲットに対応した微生物の選択が可能である[13~16]。

3　システムバイオロジー解析技術による代謝機能の高効率化

　ここまではリグノセルロース系バイオマスを微生物が利用可能な糖質へと変換するプロセスの効率化について述べた。微生物に取り込まれた糖質は細胞内の物質代謝経路を経て目的産物へと変換される（図3）。この発酵プロセスを効率化させるためには，糖質をできるだけロスすることなく高収率で目的産物へと変換することが期待される。そのためには，代謝経路における代謝物の流れ（代謝フラックス）を目的物質の生合成が最大となるように最適化する必要があると考えられる[17]。

　微生物の細胞内代謝は複雑なネットワーク構造を形成し，遺伝子発現レベル，タンパク質活性レベル，代謝物質レベルで厳密に制御されているだけではなく，酸化還元反応を伴いながら異化・同化代謝を行うため，細胞の代謝フラックスを最適化するための戦略を得ることは容易ではない。そのため，細胞内の代謝制御メカニズムは未だにブラックボックスが多い。そこで最近は，微生物代謝をシステムとして把握することから，全体のボトルネックを探索するアプローチが取られ，システムバイオロジーという概念が定着しつつある。そのための有力な手段として，マルチオミクス解析，代謝フラックス解析，代謝シミュレーションがある[18~20]。システムバイオロジーという用語は，元来，細胞の代謝状態を数学的手法でモデリングすること[21]を目指して生み出されたが，近年はその意味が拡大され，多数の生体分子間の相互作用を総体的に調べ，生物をシステムとして理解するための研究領域として捉えられるようになってきた。つまり，遺伝子発現やタンパク質・代謝物の蓄積など，大量の生物情報を統合することがシステムバイオロジーの概念となりつつある。生物のシステムを理解するためには，ゲノム情報の実行の過程を知り，生体分子の

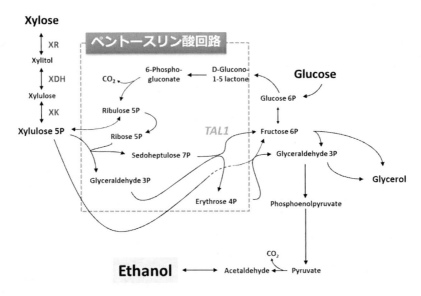

図3 糖質（グルコース，キシロース）からエタノールへの代謝経路

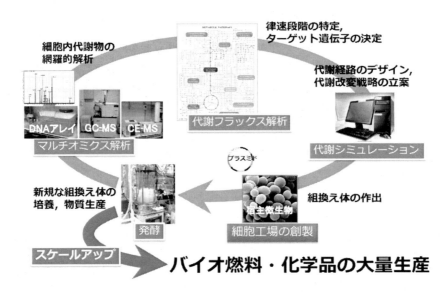

図4 システムバイオロジー解析に立脚した代謝機能の高効率化戦略

機能を解析するために生体物質のバリエーションや蓄積量を知り，経時的な代謝の変動すなわち動的情報を取得することが重要となってくる。

　行き当たりばったりの形質転換体作出スキームから脱却し，合理的に微生物の代謝能力を向上させるためには，代謝システムの情報に基づいて代謝改変の戦略を立案し，代謝経路のデザイン

第10章　合成生物工学によるバイオ燃料生産のための微生物細胞工場の創製

を行った上で遺伝子工学的手法により代謝改変を施す（図4）。作出された微生物の物質生産能や特性を評価し，さらなるボトルネックが発見されれば，その律速を解除するための第二次代謝改変戦略を策定する。そしてこのサイクルを繰り返すことにより，微生物の代謝機能はファインチューニングされていくはずである。筆者らはバイオエタノール生産酵母を材料に，メタボロミクスやトランスクリプトミクスを中心としたマルチオミクス解析に基づいて，キシロース代謝を向上するための代謝改変戦略を立案し，その発酵性能を向上させてきた[22,23]。特にメタボロミクスは，代謝ネットワーク上の中間代謝物質をプロファイリングする技術であり，代謝変動の最終フェノタイプを観測することができるため，物質生産能力を左右する鍵要素の抽出をする上で有効な手段であることが示された。

4　システムバイオロジー解析技術に基づくストレス耐性能の強化

リグノセルロースの構成成分を発酵してエタノールを生産する場合，前処理工程で生成する糖質やリグニンの過分解物質（酢酸，ギ酸，レブリン酸，フルフラール，5-ヒドロキシメチルフルフラール，シリングアルデヒドなど）が酵母の生育や発酵を阻害するため，発酵阻害物存在下でも効率的にエタノールを生産することが可能な酵母の開発が強く求められている。特に，酢酸やギ酸は生成量が多く，毒性が高い[24]。これらの弱酸類は，非解離状態で細胞膜を通過し，細胞内で解離してプロトンを放出することで細胞内pHを低下させることが示唆されている。しかしながら，弱酸の添加が細胞内のエタノール生合成に及ぼす影響はよく分かっていないため，遺伝子組換え技術による弱酸耐性の付与は困難であった。そこで筆者らは，細胞内の代謝プロファイルを網羅的に観測することが可能なメタボロミクス技術を用いて，弱酸が酵母の代謝に与える影響を調べた。

まず，弱酸により資化速度が大きく阻害されるキシロースを単一炭素源とする培地で微好気発酵を行い，30あるいは60 mMの酢酸添加の影響を調べたところ，酢酸濃度依存的にキシロース資化速度とエタノール生産速度の低下が見られた。そこで，発酵中の菌体から細胞内代謝物質を抽出してメタボロミクス解析に供した結果，酢酸を添加すると非酸化的ペントースリン酸回路（図3）の代謝中間体が細胞内に蓄積することが明らかとなった[22]。このことは，非酸化的ペントースリン酸回路の代謝フラックスが酢酸添加により減速している可能性を示している。そこで非酸化的ペントースリン酸回路の律速酵素と考えられているトランスアルドラーゼの遺伝子*TAL1*を過剰発現するキシロース資化性酵母を作出した。その結果，形質転換酵母は酢酸存在下のエタノール生産能を向上させ，30 mM酢酸存在下で83%の対糖エタノール収率を達成した（図5）。

また，ギ酸による発酵阻害の影響を調べるために，異なる濃度のギ酸存在下でキシロース発酵させた酵母からRNAを抽出し，DNAマイクロアレイを用いて遺伝子発現プロファイルを解析した。その結果，ギ酸濃度依存的にギ酸デヒドロゲナーゼ遺伝子*FDH1*の発現量が増加していることが明らかとなり，酵母がギ酸ストレスに応答して*FDH1*を過剰発現させている可能性が示唆さ

れた[23]。そこで，*FDH1*を細胞内で過剰発現するキシロース資化性酵母を作出し，ギ酸存在下でのキシロース発酵を行った。その結果，20 mMのギ酸が存在していても，*FDH1*を発現させることによりギ酸非存在下と同程度のエタノールを生産させることに成功した[24]。

次に，筆者らは，*TAL1*と*FDH1*を同時に発現するキシロース資化性酵母を創製し，酢酸・ギ酸共存在下でのキシロース資化能を向上させることに成功した。さらに，多倍体の産業酵母が高温や低pHなどの各種ストレスに強いことに着目し，既に得られた形質転換株と接合型の異なる*TAL1*/*FDH1*共発現株を作出して接合させ，二倍体（*MATa/α*）の*TAL1*/*FDH1*共発現型キシロース資化性酵母を作出した。そこで，27 mM酢酸，20 mMギ酸を含む稲わら糖化液からの発酵を行ったところ*TAL1*/*FDH1*共発現型二倍体キシロース資化性酵母は，一倍体キシロース資化性酵母よりも12倍速いエタノール生産速度を示した。さらに，この酵母を用いて，稲わらヘミセルロース系糖化液からの繰り返し発酵を行った（図6）。発酵後に菌体を回収し，新たな稲わら糖

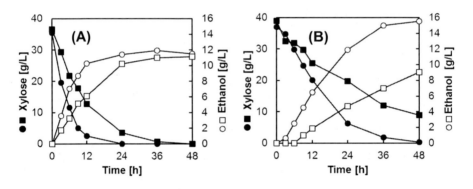

図5　*TAL1*過剰発現株（○，●）とコントロール株（□，■）を用いた，酢酸非存在下(A)および30 mM酢酸存在下(B)におけるキシロース発酵
●，■：キシロース，○，□：エタノール

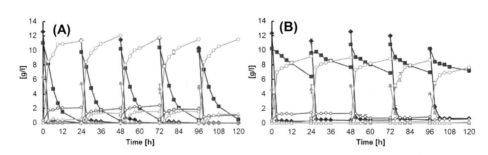

図6　稲わら糖化液からの繰り返しバッチ発酵
*TAL1*および*FDH1*を共発現するキシロース資化性二倍体酵母(A)とキシロース資化性一倍体酵母(B)を用いて30℃での繰り返し発酵を行った。◆，グルコース；■，キシロース；▲，フルクトース；○，エタノール；◇，キシリトール；△，グリセロール

第10章　合成生物工学によるバイオ燃料生産のための微生物細胞工場の創製

化液と混合して5回発酵を繰り返した。一倍体のキシロース資化性酵母では，発酵の繰り返し回数を経るとキシロース消費とエタノール生産を低下させているのに対し，*TAL1/FDH1*共発現型二倍体キシロース資化性酵母は，5回の繰り返し発酵を行ってもバイオマスからの発酵能を維持していることが分かった[25]。菌体の繰り返し利用は，酵母の増殖に必要なプロセスの省略を可能にするうえで極めて有効であり，本研究は酵母の耐性を代謝工学的に強化することにより，阻害物濃度が高いヘミセルロース系フラクションでの繰り返し発酵に世界で初めて成功した。以上のように，メタボロミクスやトランスクリプトミクスなどのマルチオミクス技術は，発酵阻害物耐性という目的形質を付与するための鍵因子を特定するための極めて有効な手段であることが実証された。

5　おわりに

　ポストゲノム時代の今日においては，ゲノム解読技術ならびに合成技術が飛躍的に進歩するとともに，新規遺伝子の導入や不要な遺伝子の除去は比較的容易に行うことができ，あらたな代謝機能を持つ微生物の「合成」が可能である。時には大規模な代謝ネットワークの改変が可能であり，合成生物学という概念がトレンドになっている。一方で，ある代謝経路を導入（あるいは除去）したときに生じる影響を予測することは発酵プロセスの効率化の成否を決定するため，ネットワーク化した代謝を改変してモノづくりをすることを考えると，代謝改変後の設計図が極めて重要である。今後はシステムバイオロジー解析に基づく代謝改変戦略の立案が，バイオリファイナリーに最適な微生物を創製するために，ますます重要な役割を担うことは疑いの余地がない。

文　　献

1)　O. J. Sánchez *et al.*, *Bioresour. Technol.*, **99**, 5270（2008）
2)　T. Hasunuma *et al.*, *Biotechnol. Adv.*, in press
3)　Y. H. P. Zhang *et al.*, *Biotechnol. Adv.*, **24**, 452（2006）
4)　E. Gnausounou, Handbook of plant-based biofuels, p.57, CRC Press（2008）
5)　L. R. Lynd *et al.*, *Curr. Opin. Biotechnol.*, **16**, 577（2005）
6)　Q. Xu *et al.*, *Curr. Opin. Biotechnol.*, **20**, 364（2009）
7)　A. Kondo *et al.*, *Appl. Microbiol. Biotechnol.*, **64**, 28（2004）
8)　Y. Fujita *et al.*, *Appl. Environ. Microbiol.*, **70**, 1207（2004）
9)　R. Yamada *et al.*, *Microb. Cell Fact.*, **9**, 32（2010）
10)　R. Yamada *et al.*, *Biotechnol. Biofuels*, **4**, 8（2011）
11)　Y. Matano *et al.*, *Bioresour. Technol.*, in press

12) T. Sakamoto *et al.*, *J. Biotechnol.*, in press
13) K. Okano *et al.*, *Appl. Environ. Microbiol.*, **74**, 1117（2008）
14) J. Narita *et al.*, *Appl. Microbiol. Biotechnol.*, **70**, 564（2006）
15) T. Tateno *et al.*, *Appl. Microbiol. Biotechnol.*, **84**, 733（2009）
16) S. Tabuchi *et al.*, *Appl. Microbiol. Biotechnol.*, **87**, 1783（2010）
17) G. Stephanopoulos *et al.*, Metabolic Engineering: Principles and Methodologies, Academic Press（1998）
18) 清水和幸，細胞の代謝システム―システム生命科学による統合的代謝制御解析―，コロナ社（2007）
19) F. Matsuda *et al.*, *Microb. Cell Fact.*, **10**, 70（2011）
20) H. Kato *et al.*, *J. Biosci. Bioeng.*, in press
21) A. Hirano *et al.*, *Energy*, **22**, 137（1997）
22) T. Hasunuma *et al.*, *Microb. Cell Fact.*, **10**, 2（2011）
23) T. Hasunuma *et al.*, *Appl. Microbiol. Biotechnol.*, **90**, 997（2011）
24) J. R. M. Almeida *et al.*, *J. Chem. Technol. Biotechnol.*, **82**, 340（2007）
25) T. Sanda *et al.*, *Bioresour. Technol.*, **102**, 7917（2011）

〔実用編〕

第11章　コリネ型細菌の潜在能力を活用した バイオ燃料・化学品生産技術の開発

乾　将行[*1]，湯川英明[*2]

1　はじめに

　現在，バイオマスからの燃料や化学品生産が大きな関心を集めている。この背景には，温室効果ガスの排出削減，一部の産油国に依存した原油供給体制への懸念（エネルギー安全保障問題），地域経済の活性化などが主な要因と考えられる。その結果，世界のバイオ燃料生産量はここ十数年の間に急速に増大してきた。しかしながら，米国におけるバイオエタノールの増産に呼応するように，原料穀物や他の農産物の価格が高騰すると，農産物価格の上昇とバイオエタノール増産の因果関係が指摘されるようになった。また，EU諸国で広く利用されているバイオディーゼルでは，原料となるパームヤシなどの栽培拡大に伴う熱帯雨林の伐採が懸念されるなど，バイオ燃料の負の側面が注目されるようになった。

　これに対し，非可食性のセルロース系バイオマスを原料としたバイオ燃料・化学品の生産は，現在のバイオ燃料が抱える問題に対する有効な解決策として大きな期待が寄せられている。特に米国では，バイオ燃料などのクリーンエネルギー産業を推進役に景気回復を目指す，いわゆるグリーンニューディール政策を掲げ，バイオリファイナリー産業の育成を国家戦略として取り組んでいる。本章では，このような状況の下，我々RITEが取り組む非可食バイオマスからのバイオ燃料・化学品生産技術の開発について紹介する。

2　RITEバイオプロセス

　従来の醗酵法では主に糖類を原料とし，生産菌を培養しながら目的物質の生産を行う様式であった。したがって，醗酵法は原料糖類を微生物バイオマスと目的物質に変換させるプロセスと考えることができるが，“微生物の増殖”は，原料原単位の低下のみならず，生産速度の低下や副生物の生成，それに伴う目的物質の精製コストの上昇など，経済性を圧迫する主要因となっている。

　仮に，微生物を高密度に反応槽に充填して，原料糖類を供給し，連続的に物質生成を行うことができれば，まさに理想的なバイオプロセスと考えられる。このバイオプロセスでは，微生物細

＊1　Masayuki Inui　（公財)地球環境産業技術研究機構　バイオ研究グループ　副主席研究員
＊2　Hideaki Yukawa　（公財)地球環境産業技術研究機構　バイオ研究グループ
　　　　　　　　　　理事，グループリーダー

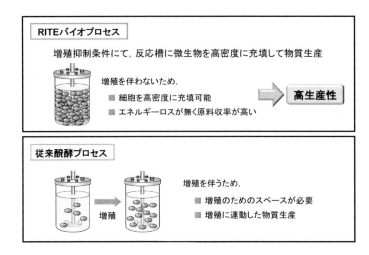

図1　RITEバイオプロセスと従来醗酵法との比較

胞はあたかも化学プロセスにおける触媒のように機能し，しかも，化学反応では困難な多段階反応でありながら選択的な物質生産が可能となる。ところがこのようなプロセスはこれまでまったくの夢物語とされてきた。

これに対し我々は，アミノ酸の工業生産に用いられてきたコリネ型細菌が，還元条件下におくと増殖は停止するものの，主要な代謝系は機能する性質を見出した。この性質を利用した新規バイオプロセスが「RITEバイオプロセス」であり，前記醗酵法の課題を根本的に解決できる突破口を見出したのである（図1）。RITEバイオプロセスでは，まず微生物細胞を大量に培養し，続いて得られた細胞を反応槽に高密度に充填し，原料糖類を投入して物質を生産する。このように，あたかも「化学触媒」の如く微生物細胞を利用することによって，従来の醗酵法を大幅に上回る高STY（Space Time Yield）を実現したのである[1~3]。

3　コリネ型細菌利用のための基盤技術の開発

前記のようにRITEバイオプロセスに用いるコリネ型細菌は，優れた潜在能力を有しているが，当該手法を非可食バイオマス変換反応に用い，バイオ燃料や化学品などの各種の有用物質生産を実施するには，コリネ型細菌の基礎的な代謝機能を理解するとともに，これを改変することで目的生産物に最適な代謝特性を付与する遺伝子工学技術の開発が必要になる。そこで本節では，RITEバイオ研究グループが行ってきたコリネ型細菌の遺伝子工学ツールと代謝解析技術の開発について概説する。

3.1　ベクターの開発

工業的物質生産に用いる遺伝子組換え株の作製には安定的に遺伝子が保持される染色体導入技

第11章　コリネ型細菌の潜在能力を活用したバイオ燃料・化学品生産技術の開発

術を採用しており，各種染色体工学技術を開発済みであるが[1,4,5]，研究開発段階で迅速に遺伝子組換え効果を評価するには，ベクターは必要不可欠なツールである。これまでコリネ型細菌用のベクターは，コリネ型細菌および近縁種が元来保持していたプラスミドを基にして開発されており，これらのプラスミドは，複製メカニズム（rolling circle modeおよびtheta replication mode）と複製開始タンパク質の相同性から4つに分類されている[6]。我々はこれまでに，pBL1由来のプラスミドから，クロラムフェニコール，カナマイシン，スペクチノマイシン，またはゲンタマイシンを選択マーカーとする一連のpCRBプラスミドを構築している[7]。また近年，theta replication機構により複製するプラスミド，pCASE1を<i>Corynebacterium casei</i> JCM 12072より単離し，新規なシャトルベクターpCRD304を開発した[8]。当該プラスミドは，rolling circle機構により複製するプラスミドと比較して，安定的に宿主細胞に維持される特徴を持っている。pCRD304は，選択圧のない条件下において100世代にわたって安定的に維持されるという工業利用に適した性質を持っている。現在では7種の選択マーカー，共存可能な6種の複製起点，計42種のコリネ型細菌用のベクターを完備し，迅速な遺伝子組換え株の作製が可能となっている。

3.2　トランスクリプトーム解析

　我々は，独自に解読した<i>C. glutamicum</i> Rのゲノム配列[9]を基にDNAマイクロアレイを作製し，網羅的に遺伝子発現を解析するトランスクリプトーム解析法を確立済みである。RITEバイオプロセスは，好気条件において培養した菌体を還元条件下で利用し，原料糖類から目的物質へ変換するプロセスである。DNAマイクロアレイを用い，好気（増殖）条件下と還元（非増殖）条件下における代謝遺伝子の転写レベルでの網羅的発現解析を行った[10]。その結果，RITEバイオプロセスにおける還元条件下では，複数の解糖系酵素遺伝子（<i>gapA, tpi, pgk</i>），および糖代謝関連遺伝子（<i>ldhA, ppc, mdh, malE</i>）の転写量が好気条件と比較して増大し，これらの酵素活性も上昇していた。逆にTCAサイクルの大部分の遺伝子発現は抑制されていた（図2）。この結果は，還元条件下では増殖は停止しているが，細胞あたりの糖消費速度は好気増殖条件と比較して増加する現象をうまく説明することができる。このように，コリネ型細菌は周りの酸化還元状態に応答して代謝シフトが生じ，還元条件では糖代謝活性が向上するメカニズムを初めて明らかにした。

　現在，該DNAマイクロアレイ解析を様々な遺伝子組換え<i>C. glutamicum</i>の代謝研究に応用している。また，還元条件にて高発現，もしくは発現抑制される遺伝子の上流に存在する多数のプロモーター領域を単離・利用することで，好気条件または還元条件で最適な遺伝子発現制御が可能となっている。

3.3　メタボローム解析

　近年の質量分析計の発展に伴い，細胞内の代謝産物を網羅的に解析する技術，メタボローム解析に注目が集まっている。当該技術は，代謝の基礎研究だけでなく，物質生産菌株の開発においても大きな力を発揮する技術である。微生物のメタボローム解析では，代謝を迅速に停止するク

合成生物工学の隆起

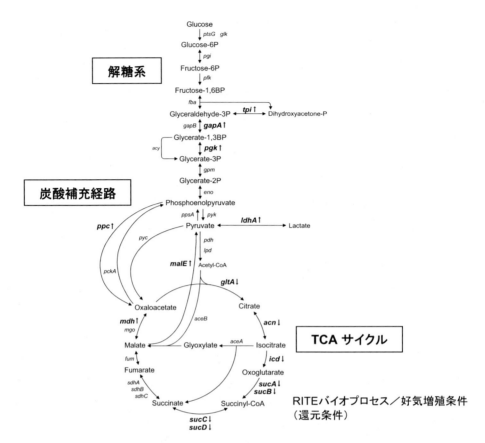

図2　コリネ型細菌の好気条件下と還元条件下における遺伝子発現変化
図中の矢印は，還元条件（RITEバイオプロセス条件）において発現誘導
（↑）および発現抑制（↓）される遺伝子を示す。

エンチングと効率的且つ再現性のある代謝物抽出法の開発が重要となる。微生物のクエンチング法としては，冷メタノールによる手法が広く用いられている。しかし，コリネ型細菌はコールドショックに弱いため，細胞の内容物がクエンチングの段階で菌体外に漏出することが報告されており[11]，当該手法を用いることはできない。我々は，コリネ型細菌に適したクエンチング法および抽出法を見出し，解糖系，ペントースリン酸経路のほぼ全ての中間代謝物，およびエネルギー物質（ATP, ADP）や補酵素（NADH, NADPH）を精度よく分析する技術を確立している。現在，生産菌株の開発やコリネ型細菌の代謝解析に利用している[12]。

4　ソフトバイオマス利用技術の開発

非可食バイオマスの中でもソフトバイオマスとは，ハードバイオマス（木質系）と比較し，リ

第11章　コリネ型細菌の潜在能力を活用したバイオ燃料・化学品生産技術の開発

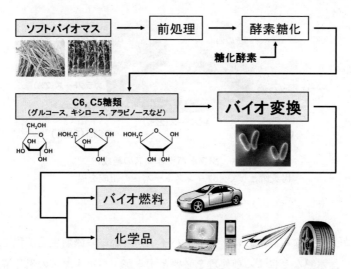

図3　ソフトバイオマスからのバイオ燃料・化学品生産の概念図

グニン含量が6～13％程度と低い草本類の総称として用いられており，セルロースおよびヘミセルロースの糖質をバイオ燃料や化学品の原料として利用する。稲わら，麦わら，コーンストーバーなどの農産廃棄物に加え，エネルギー作物として，ミスカンサス，スイッチグラス，エネルギーケーンなどの多収量作物の検討も行われている。ソフトバイオマス利用の場合に生産可能なバイオエタノールは，原料作物の土地面積当りの収穫量が格段に高く，現行のトウモロコシ原料法と比べて1桁高い生産量となり得る。またソフトバイオマスは，商品作物に比べて気候や栽培地の土質などによるハードルが低く，栽培可能地域がはるかに広い。その結果，食糧生産との"栽培地の競合"も回避可能である。そのためソフトバイオマスの利用は，貧困地域（国）の農業振興，新規雇用の発生といった地政学上のプラスの効果も期待される。

ソフトバイオマスからのバイオ燃料・化学品生産は，2つの要素技術から構成される（図3）。すなわち，ソフトバイオマスからの糖類生成工程，および生成糖類からバイオ燃料・化学品へのバイオ変換工程である。前者は使用する酵素（セルラーゼ）のコストが鍵であり，酵素メーカーによる技術改良，大規模生産による大幅なコストダウンが見込まれている。したがって，後者のバイオ変換工程の技術確立が，現在の最大の課題と考えられている。

4.1　バイオ変換工程に必要な技術特性

ソフトバイオマスからのバイオ燃料・化学品生産におけるバイオ変換工程には，3つの技術特性が要求される。すなわち，C6, C5糖類の同時利用，リグノセルロース由来「醗酵阻害物質」に対する耐性，高生産性である[13]。デンプン系バイオマスの構成糖は，グルコースなどのC6糖類（炭素数6）であるが，ソフトバイオマスにはキシロースやアラビノースなどのC5糖類（炭素数5）も著量存在する（図4）。そのため，バイオ変換工程に用いる微生物は，C6, C5糖類を同時

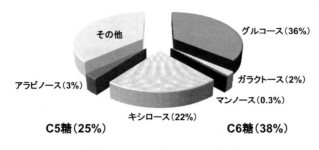

図4 ソフトバイオマスの組成
代表例として,コーンストーバーの組成を提示。

利用できることが必要となる。さらに,ソフトバイオマスからの糖類生成工程では,酵素糖化を容易にするために,水熱などによる前処理を必要とするが,バイオマスの過分解によって芳香族化合物,フラン類,有機酸類などが副生する。これらの副生物は,"醗酵阻害物質"と呼ばれ,エタノール生産性を低下させる原因物質として大きな問題となっている。物理的・化学的除去方法の開発も進められているが,新たな工程の追加はコスト高になるため,醗酵阻害物質に影響を受けないプロセスが求められる。

4.2 C6,C5糖類の同時利用

図4に示したようにソフトバイオマスは,グルコースに加えて著量のC5糖類(キシロース,アラビノースなど)を含有している。アメリカエネルギー省の試算によれば[14],原料コストは,エタノール製造価格の約35%を占めており,原料バイオマスに含まれる糖類を効率的に利用することは,経済性の観点から非常に重要となる。

最も研究が進展しているバイオエタノールを例にとり説明する。従来,バイオエタノール製造に用いられてきた酵母(*Saccharomyces cerevisiae*)や*Zymomonas mobilis*は,C5糖類を醗酵炭素源として利用できない。遺伝子工学的手法により,キシロース資化性を付与した組換え酵母や*Z. mobilis*が多数開発されているが,現在のところグルコースと比較してC5糖類の消費速度が非常に遅く,さらなる研究開発が進められている。

野生型の*C. glutamicum*も酵母と同様に,C5糖類を利用できないため,C5糖類を利用できるコリネ型細菌の開発を行った。はじめに大腸菌由来のキシロース代謝遺伝子(*xylA*:xylose isomeraseおよび*xylB*:xylulose kinase)を導入した組換え株を構築した[15]。該組換え株は,キシロースを単一炭素源として生育可能であった。次にグルコース,キシロースを炭素源とし,該組換え株を好気的に培養したところ,生育においてdiauxic効果は観察されなかったが,糖の消費ではグルコースを優先的に消費し,その後キシロースを消費した。これに対しRITEバイオプロセスでは,非常に興味深いことにグルコース存在下においてもキシロースを消費した。グルコースとキシロースが同時に利用されたことは,微生物変換反応に要する時間が短縮され,工業利用の

第11章　コリネ型細菌の潜在能力を活用したバイオ燃料・化学品生産技術の開発

観点から好ましい。我々は既に，キシロースに加えてアラビノースおよびセルロースの部分分解物であるセロビオースを利用できるコリネ型細菌を開発している[16〜18]。さらにコリネ型細菌の近縁種より，新規ペントーストランスポーターを見出し[19]，該トランスポーターを上述の混合糖利用コリネ型細菌に導入することで，グルコース，キシロース，アラビノースおよびセロビオースをより効率的に同時に利用する菌株の構築に成功している[20]（図5）。当該混合糖利用株は，グルコース，キシロース，アラビノースをほぼ同じ速度

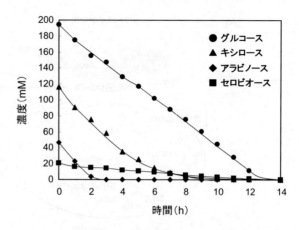

図5　混合糖同時利用遺伝子組換えコリネ型細菌によるグルコース，キシロース，アラビノースおよびセロビオースの利用

で利用するという特徴を持ち，これにより混合糖原料による連続生産の扉が開かれたと考えている。以上のように，混合糖利用における技術課題は，RITEバイオプロセスにおいては概ね解決されたと考えている。

4.3　醗酵阻害物質耐性

ソフトバイオマスに限らず，リグノセルロースから糖類を遊離させる糖化工程の効率化を目的とし，水熱処理や酸・アルカリ処理がバイオマスに施される。この前処理工程において，微生物の醗酵を阻害する種々の物質が生成する（図6）。こうした物質がバイオマス糖化液に存在すると，エタノール生産性および収率の低下を招くことが知られている。そのため，醗酵阻害物質を取り除く手法や，醗酵阻害物質に耐性を有するエタノール生産菌が開発されている。こうした背景の下，我々はRITEバイオプロセスによるエタノール生産へ与える醗酵阻害物質の影響について検討した[21]。その結果，RITEバイオプロセスにおいては，芳香族化合物，フラン類，有機酸類などの醗酵阻害物質により，エタノール生産性が低下しないことを確認した（図6）。また，実糖化液に含まれる複数の醗酵阻害物質を混合しても生産性の低下は観察されなかった。これは，醗酵阻害物質の作用機構が増殖阻害であり，本プロセスにおいて微生物細胞は非分裂増殖状態にあることから，エタノール生産が低下しないのである。

4.4　高生産株の創製

RITEバイオプロセスは，前記2節に記載したように，*C. glutamicum*の還元状態では細胞増殖は抑制されるが，糖類代謝活性は維持される性質を利用し，目的物質を生産するバイオプロセスである。当該条件における糖類からの主要な代謝産物は，乳酸，コハク酸，および微量の酢酸で

合成生物工学の隆起

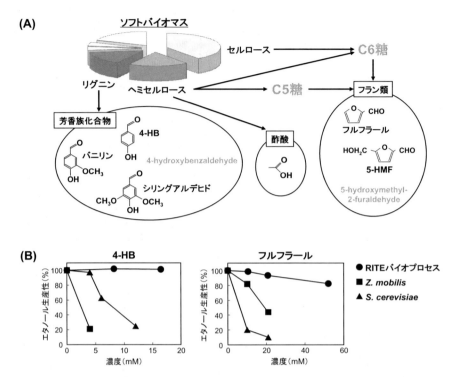

図6 ソフトバイオマス由来の主要醗酵阻害物質(A)とエタノール生産性に対する醗酵阻害物質の影響比較(B)
醗酵阻害物質を添加していないときのエタノール生産性を100%とした。

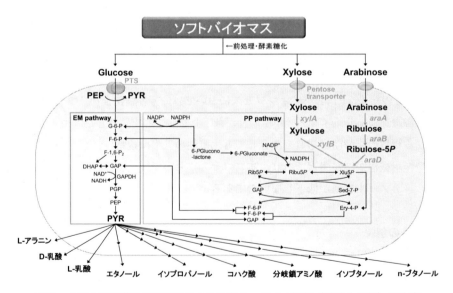

図7 コリネ型細菌の代謝設計による化学品・バイオ燃料（鎖状化合物）の生産

ある[2]。乳酸とコハク酸の生成量比は，添加した炭酸の量により変化させることができ，添加量に比例してコハク酸の生成量が増加する[3]。これは，*C. glutamicum*が，RITEバイオプロセスにおいて炭酸固定反応を介した還元的TCA経路によりコハク酸を生成しているためである。当該性質を利用することにより，バイオプロセスにおいてCO_2を副原料とし得ることを初めて示した。こうしたコリネ型細菌の代謝特性を基盤とし，解読したコリネ型細菌のゲノム情報に基づいた代謝設計，ゲノム工学技術とトランスクリプトーム解析，メタボローム解析などのシステムバイオロジーを駆使した代謝改変により，各種有用物質の極めて高い生産性を達成している。エタノール生産RITE菌の開発では，lactate dehydrogenase遺伝子を破壊した細胞を宿主とし，これに*Z. mobilis*由来のピルビン酸脱炭酸酵素，およびアルコールデヒドロゲナーゼを高発現することにより構築できる[1]。当該遺伝子組換え菌株のエタノール生産性は，充填した細胞濃度に依存して上昇し，fed-batch反応において約30 g/L/hという高い生産性を示した。この他，従来のバイオプロセスの生産性を上回る極めて効率的なD-乳酸[22]，コハク酸[23]，アラニン[24]，バリン[25]などの生産プロセスを構築している（図7）。

5 おわりに

　2011年12月に開催された国連気候変動枠組み条約第17回締約国会議（COP17）は，京都議定書の延長とそれに代わる新枠組みの開始を決定した。日本政府は延長には不参加だが独自にCO_2排出削減努力を進めて行くことを表明しており，CO_2排出削減に資するバイオリファイナリー技術開発の重要性が今後も益々高まると予想される。一方，エネルギー需要は新興国の経済成長を背景にこれからも増大するが，エネルギー源としては石油や石炭からCO_2排出量の少ない天然ガスにシフトしていく見通しであり，その結果，天然ガスから合成しにくい炭素骨格C4〜C6化合物の価格上昇や供給不足が中長期的に予想される。したがって，エネルギー源転換の観点からも非可食バイオマスを原料としたバイオプロセスによる低コストC4〜C6化合物製造技術開発への期待が今後さらに高まると考えられる。これらの化合物は，我が国の重要産業である電子機器類，自動車などの先端産業の基礎材料であり，これらのグリーン化による競争力の強化は我が国にとって必須の課題である。また，バイオ燃料分野では，次世代バイオ燃料としてバイオブタノール製造研究が盛んに行われ，工業化も遠い話ではない。

　地球環境対策に関する技術開発競争は，今後も世界レベルで激化・拡大し続けると予想される。我々RITEは独自技術である「RITEバイオプロセス」を基盤とし，内外企業との共同研究開発により，バイオリファイナリー産業の早期工業化を目指して鋭意取り組んでいる。

文　　　献

1) M. Inui *et al.*, *J. Mol. Microbiol. Biotechnol.*, **8**, 243 （2004）
2) M. Inui *et al.*, *J. Mol. Microbiol. Biotechnol.*, **7**, 182 （2004）
3) S. Okino *et al.*, *Appl. Microbiol. Biotechnol.*, **68**, 475 （2005）
4) N. Suzuki *et al.*, *Appl. Microbiol. Biotechnol.*, **77**, 871 （2007）
5) 鈴木伸昭ほか，微生物機能を活用した革新的生産技術の最前線―ミニマムゲノムファクトリーとシステムバイオロジー―，p.88，シーエムシー出版 （2007）
6) A. Tauch *et al.*, *J. Biotechnol.*, **104**, 27 （2003）
7) K. Nakata *et al.*, ACS Symposium Series 862 Fermentation Biotechnology, p.175, American Chemical Society （2003）
8) Y. Tsuchida *et al.*, *Appl. Microbiol. Biotechnol.*, **81**, 1107 （2009）
9) H. Yukawa *et al.*, *Microbiology*, **153**, 1042 （2007）
10) M. Inui *et al.*, *Microbiology*, **153**, 2491 （2007）
11) C. Wittmann *et al.*, *Anal. Biochem.*, **327**, 135 （2004）
12) S. Ehira *et al.*, *Appl. Environ. Microbiol.*, **74**, 5146 （2008）
13) B. S. Dien *et al.*, *Appl. Microbiol. Biotechnol.*, **63**, 258 （2003）
14) http://www1.eere.energy.gov/biomass/pdfs/mypp_nov_2011_appendix_c.pdf （2011）
15) H. Kawaguchi *et al.*, *Appl. Environ. Microbiol.*, **72**, 3418 （2006）
16) H. Kawaguchi *et al.*, *Appl. Microbiol. Biotechnol.*, **77**, 1053 （2008）
17) P. Kotrba *et al.*, *Microbiology*, **149**, 1569 （2003）
18) M. Sasaki *et al.*, *Appl. Microbiol. Biotechnol.*, **81**, 691 （2008）
19) H. Kawaguchi *et al.*, *Appl. Environ. Microbiol.*, **75**, 3419 （2009）
20) M. Sasaki *et al.*, *Appl. Microbiol. Biotechnol.*, **85**, 105 （2009）
21) S. Sakai *et al.*, *Appl. Environ. Microbiol.*, **73**, 2349 （2007）
22) S. Okino *et al.*, *Appl. Microbiol. Biotechnol.*, **78**, 449 （2008）
23) S. Okino *et al.*, *Appl. Microbiol. Biotechnol.*, **81**, 459 （2008）
24) T. Jojima *et al.*, *Appl. Microbiol. Biotechnol.*, **87**, 159 （2010）
25) S. Hasegawa *et al.*, *Appl. Environ. Microbiol.*, **78**, 865 （2012）

第12章　有用化学工業原料中間体 2-deoxy-scyllo-inosose(DOI)の発酵高生産とその利用

高久洋暁[*1]，宮﨑達雄[*2]，脇坂直樹[*3]，
山崎晴丈[*4]，鯵坂勝美[*5]，髙木正道[*6]

1　はじめに

人類が20世紀に入り，科学技術産業は世界的にも大きな発展を遂げた。中でも高度に展開させてきた化石資源を利用した技術革新の発展は目覚ましく，石油化学産業は，私たちの生活に大きな恩恵をもたらしてきた。特に，ナフサを原料として生産されている石油化学製品は，あらゆる産業の生産資材として供給され，最終的に日常生活の身近な製品となって豊かな生活づくりに役立っている。一方で，石油化学産業のマイナス面も急伸して，酸性雨，オゾン層の破壊，温室効果ガスの増加による地球温暖化，生物種の減少など，いわゆる環境破壊にとどまらず，人類の生存をも脅かす種々の地球的規模の問題を引き起こしている。このような状況の中，地球温暖化対策について世界全体の政治的取り決めを行う協議（国連気候変動枠組み条約第17回締約国会議（COP17））が，2011年末に南アフリカのダーバンで開催され，京都議定書の延長と2020年には京都議定書で削減義務を負っていない2大排出国のアメリカと中国を含む全ての国が参加する「新たな法的枠組み」を発効させることが決まった。地球温暖化対策に関する政治的取り決めが進行する中，地球温暖化問題の大きな原因である二酸化炭素排出の削減方策の1つである石油からの脱却をかなえる科学技術の加速化が求められ，バイオマス資源からのバイオ燃料や化成品原料などの生産であるバイオリファイナリー分野もその責任の一端を担っている。

バイオリファイナリー分野の中でも，ガソリンの代替燃料のバイオエタノールは，予想を上まわる勢いで市場を拡大している。しかし，バイオエタノール原料となるトウモロコシやサトウキビは，食用原料となる割合が大きく競合すること，価格が穀物価格や砂糖価格などの国際的な先

＊1　Hiroaki Takaku　新潟薬科大学　応用生命科学部　応用生命科学科　准教授

＊2　Tatsuo Miyazaki　新潟薬科大学　応用生命科学部　食品科学科　助教

＊3　Naoki Wakisaka　新潟薬科大学　応用生命科学部　応用微生物・遺伝子工学研究室　研究員

＊4　Harutake Yamazaki　新潟薬科大学　応用生命科学部　応用微生物・遺伝子工学研究室　研究員

＊5　Katsumi Ajisaka　新潟薬科大学　応用生命科学部　食品科学科　教授

＊6　Masamichi Takagi　新潟薬科大学　学長

物取引相場に多大な影響を受けることなどの大きな問題を抱えている。そこで，セルロース，ヘミセルロースが主体である食料生産後の農廃棄物や木本バイオマスへの原料転換が必要となり，その転換に対応するための原料の前処理，糖化などの新しい技術開発が必要となっている。前処理としては，蒸煮爆砕法，希硫酸前処理，加圧熱水，アルカリ処理などの開発，糖化については，酸糖化と酵素糖化の開発が勢力的に進められている。

　また，バイオエタノールは，バイオ燃料としてだけでなく，バイオエタノールの脱水反応によりエチレンに変換，さらにエチレンの2量化反応により2-ブテンに変換，エチレンとブテンのメタセシス反応によりプロピレンに変換する変換ルートが考案・実施されており，非常に魅力的な化学工業原料中間体でもある。このようにバイオマスからの低級オレフィンへの製造工程は，バイオエタノールを化学工業原料中間体とすることにより，大きく進歩しているが，バイオマスからの芳香族類製造については，バイオエタノール誘導品ほど開発が進んでおらず，これからの課題である。その中でも組換え微生物を利用し，実用化に向けて比較的大きく開発が進んでいる以下のような2つの例がある。

　①　シキミ酸高発酵生産組換え大腸菌を利用した芳香族化合物生産システム

　Frostらは，大腸菌の芳香族アミノ酸を生合成しているシキミ酸経路と呼ばれる代謝経路を遺伝子工学的に改変して，シキミ酸を発酵高生産させている[1]。このシキミ酸は，世界で年間700万トン以上も生産されているフェノールや2価フェノールのヒドロキノン，カテコールなどに化学変換可能である。ヒドロキノンは染料や顔料の原料，モノマーの重合抑制剤，ゴムの酸化防止剤，化粧品などに利用されている重要な原料の1つであり，日本国内だけでも年間1万トン以上生産されている。カテコールはバニラアイスクリームの香りのもとであるバニリン，重合防止剤，抗酸化剤，医薬品，農薬の合成原料である。

　②　2-deoxy-*scyllo*-inosose（DOI）発酵高生産組換え大腸菌を利用した芳香族化合物生産システム

　筆者らの研究室では，炭素六員環骨格を持つキラルな化合物であり，医薬品，農薬，健康食品などの原材料として利用可能なDOIについて研究を行っている。このDOIは，詳細は後述するが，簡単に2価フェノールのカテコール，ヒドロキノンなどへ化学変換することができ[2,3]，さらにカルバ糖へ導くことも可能な有用化学物質である。東京工業大学の柿沼らが見出した*Bacillus circulans*のアミノグリコシド系抗生物質生合成過程の初発の糖質を炭素環化する酵素であるDOI合成酵素は，グルコース-6-リン酸をDOIに変換する反応を触媒する[4]。この酵素遺伝子を大腸菌に導入し，グルコースからDOIの生産を試みたが，その生産効率は50 g/Lのグルコースからわずか0.5 g/LのDOI生産であり，実用化へのハードルは非常に高かった。本稿では，実用化に向けたDOIの発酵生産技術およびその精製方法，さらにはDOIをファインケミカル材料とした高付加価値化合物への変換技術について概説する。

第12章　有用化学工業原料中間体 2-deoxy-*scyllo*-inosose(DOI)の発酵高生産とその利用

2　DOI発酵高生産大腸菌の構築とそのDOI発酵生産

大腸菌を利用し，DOIを高発酵生産させるため，①DOI合成酵素を培養初期から後期まで継続的に過剰に細胞内に発現させること，②DOI合成酵素の基質のグルコース-6-リン酸を細胞内で優先的にDOI合成酵素に利用させることに注目し，DOI発酵高生産大腸菌の開発を行った。

IPTGのような高価な誘導物質を必要とせず，継続的に発現するシステムの構築を試みたところ，培養初期の対数増殖期には発現が抑制され，培養後期の定常期に発現するプロモーターである *gadA*（glutamic acid decarboxylase A）プロモーターの制御部分を欠失させ，転写が脱抑制された約80塩基の改変プロモーターを利用することにより培養初期から継続的にDOI合成酵素遺伝子（*btrC*）が高発現するシステムの構築に成功した。また，このプロモーターは様々な植物バイオ

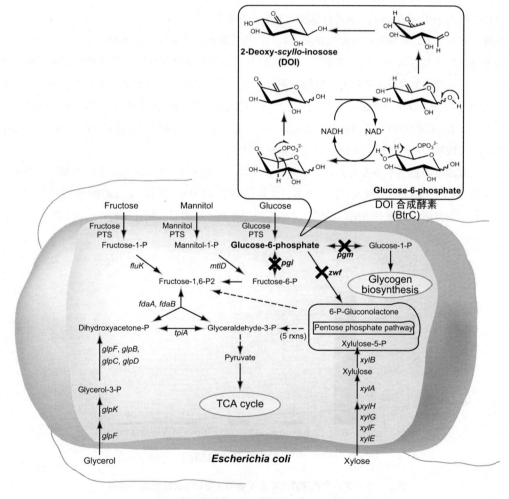

図1　DOI発酵高生産大腸菌の糖代謝システム

マス由来の培地成分に依存することなく，構成的に発現することが可能なプロモーターであった[5,6]。

DOI合成酵素の基質のグルコース-6-リン酸は，解糖系のホスホグルコースイソメラーゼ，ペントースリン酸経路のグルコース-6-リン酸デヒドロゲナーゼ，グリコーゲン生合成経路に向かうホスホグルコムターゼの基質でもあることから，これらをコードする遺伝子（pgi, zwf, pgm）を全て破壊し，グルコース-6-リン酸を高蓄積する三重破壊株ΔpgiΔzwfΔpgmを構築した（図1）。ΔpgiΔzwfΔpgmは，グルコースを生育炭素源として利用できないため，他の炭素源を利用してエネルギーを得て，生育しなければならない。大腸菌K12株由来のDH5α，GI724，大腸菌B株由来のBL21，大腸菌W株由来のMACH1のΔpgiΔzwfΔpgmをそれぞれ作製し，フルクトース，マンニトール，グリセロール，キシロースのいずれかの生育炭素源とグルコースの共存で生育を調べた。DH5αはグリセロール，フルクトースを，BL21はグリセロールを生育炭素源として利用することができなかった。どの炭素源も効率よく生育炭素源として利用し，生育が良好であったGI724由来ΔpgiΔzwfΔpgmを宿主として利用した。

次にこのΔpgiΔzwfΔpgmにDOI合成酵素遺伝子を導入して，DOI生産について検討した結果，野生株よりも飛躍的にDOIの生産性が向上した。培養開始72時間後で培地中のグルコースの90%以上がDOIに変換されていた（図1）。また，DOIは高温および塩基性条件下では不安定な化合物であり，大腸菌生育至適条件でも分解が進行した。そこでジャーファメンターを利用して，大腸菌の生育とDOIの安定性を考慮して温度とpH（30℃，pH 6.0）を制御し，DOIの発酵生産を行ったところ，約42時間で47.4 g/Lのグルコースを43.1 g/L（変換効率ほぼ100%）のDOIに変換することに成功した（生育炭素源：グリセロール）[5,6]。

さらに高濃度のDOIを得るために，培地のグルコース濃度を7%，10%と上げたが，大腸菌の生育を阻害し，グルコース濃度5%のとき（変換効率ほぼ100%）と比べ，DOIの生産性が減少した。これらの原因は，糖浸透圧の影響によるものであると推測し，回分培養から流加培養にかえ

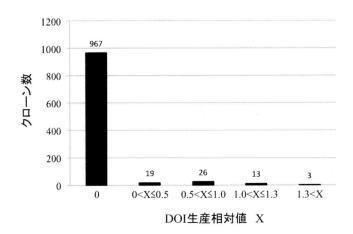

図2　ランダム突然変異法による高活性型DOI合成酵素の取得
＊野生型DOI合成酵素を用いたDOI生産量を相対値1とした。

第12章　有用化学工業原料中間体 2-deoxy-*scyllo*-inosose（DOI）の発酵高生産とその利用

たところ，約70g/LのDOI生産性，さらに培養温度の可変制御などを試みた結果，約40時間でDOI生産性を100g/Lまで上昇させることに成功した[7]。

　また，DOI発酵生産時間の短縮のために，我々は高活性型DOI合成酵素の取得を試みている。DOI合成酵素遺伝子ランダム変異ライブラリーを作製し，グルコース-6-リン酸蓄積大腸菌変異株*Δpgi*に導入後，これまでに約1000クローンのDOI生産量を測定し，DOI高生産を誘導すると考えられる高活性型DOI合成酵素遺伝子の探索を行っている。その結果，単位時間あたりのDOI生産量が最大1.3倍以上になるクローンを3つ取得できた（図2）。取得されたクローンを解析したところ，野生型よりも *in vitro* DOI合成酵素活性が約2倍の高活性型DOI合成酵素遺伝子を取得することに成功した[7]。現在，DOI合成酵素の高活性の原因となっている変異部分を組み合わせたさらなる高活性型DOI合成酵素の取得を行っており，これらの酵素を利用したDOI発酵生産時間の短縮，DOI生産性の向上の検討を進めている。

3　DOI生産大腸菌より得られる培養液からのDOI精製法の開発

　本節では，前述の組換え大腸菌によるDOI高生産システムにより驚異的な効率で生産されるDOIを培養液から分離・精製する手法について述べる。これまでに報告されているDOI精製法は唯一，*myo*-イノシトール，もしくは (-)-*vibo*-クエルシトールを原料とした微生物変換によるDOI製造からの精製法のみであった[8]。その操作は，培養液を強酸性陽イオン交換樹脂カラムクロマトグラフィー（Duolite C-20，H^+型，住友化学社製），活性炭カラムクロマトグラフィー，弱塩基性イオン交換樹脂カラムクロマトグラフィー（Duolite A368S，OH^-型，住友化学社製）に通過させ，得られたDOI溶出画分を減圧下濃縮乾固する方法である。しかしながら，同手法では我々の生産プロセスより得られる培養液からDOIを効率良く精製することが困難であった。そこで，我々が開発したDOI生産組換え大腸菌より得られる培養液に特化したDOIの簡便な精製法の開発に着手した。DOIはその化学構造から塩基性条件下では異性化反応などが起こり分解することが予想された。そのため，DOIを精製する際のpHを常に弱酸性に維持するために，対イオンを酢酸型にした陰イオン交換樹脂カラムクロマトグラフィーを使用することとした。さらに，将来的に有用化学原料としてバルクにて利用することを念頭に置き，操作が簡便であり，且つスケールアップの容易な晶析による精製法を検討した。従来法に上記2つの改善点を加え，最終的に培養に用いたD-グルコース（473g）を基準として収率67%にて目的物質であるDOIを単離することに成功した[9]。D-グルコースを原料として，数工程の化学変換によりDOI類似体を化学合成することが可能である[10]。けれども，化学合成法のみを用いて数百グラムのDOI類似体を供給することは，煩雑な操作と多大な労力を必要とするので現実的ではなかった。しかしながら，組換え大腸菌によるDOI高生産システムと晶析法による効率的なDOI精製法が構築されたことをブレイクスルーとして，初めてDOIを大量製造する技術が確立したのである。

4 DOIを原料とした有用化学物質への変換技術

DOIはその化学構造から脱水反応，芳香族化が起こり易いと推定される。実際に短工程にて芳香族化合物への変換ルートが報告されている（図3）。最初の例として，柿沼らはヨウ化水素酸を用いる1工程の還元的脱離反応によりDOIを有用工業資源であるカテコールへ導くことに成功している[2]。またFrostらは酸触媒による脱水反応によりDOIをヒドロキシヒドロキノン（1,2,4-トリヒドロキシベンゼン）へ変換し，続いてロジウム触媒によるフェノール性水酸基のデオキシ化反応によりヒドロキノンに導いている[3]。これらの非常に有用な変換反応とDOIの大量製造技術とを組み合わせることで，最終的にバイオマスより有用工業化学原料であるフェノール類を大量生産することが期待される。

また，DOIはβ-D-グルコースと同じ立体配置の水酸基を4つ有するシクロヘキサノン誘導体であるため，糖の環酸素原子をメチレン基に置き換えたカルバ糖の合成原料としても最適である（図3）。近年，小川らのグループはmyo-イノシトールを原料に微生物より得られる粗製DOIをスピロエポキシテトロールへ導き，これを鍵原料としてバリオールアミンの合成を達成している[11]。またカルバ糖合成の有用な前駆体であるメチレンシクロヘキサンテトロール誘導体への化学変換法が2例報告されており，その鍵中間体よりβ-DL-カルバグルコース-6-リン酸の合成が達成されている[12]。

一方，我々も合成原料としてバルクでの利用が可能となったDOIからのカルバ糖合成を展開しており，柿沼らの合成ルートを参考にメチレンシクロヘキサンテトロール誘導体からのヒドロホウ素化反応の条件，およびその生成物の精製法に改良を加え，カルバ-β-D-グルコース（8工程，39%）とカルバ-α-L-イドース（8工程，42%）を合成することに成功している[13]。特にカルバ-β-D-

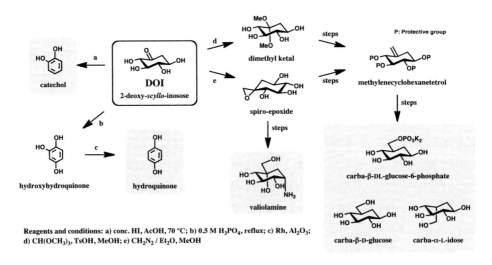

図3　DOIを原料とした有用化学物質への変換反応

第12章　有用化学工業原料中間体 2-deoxy-*scyllo*-inosose(DOI)の発酵高生産とその利用

グルコースの合成は，ほとんどの合成中間体が再結晶により単離できるため，シリカゲルカラムによる精製操作は2回しか必要とせず，大量合成に適している。

5　DOIを原料としたカルバ糖の系統的合成戦略

前節にて，DOIの有する4つの水酸基の立体配置を利用することにより，相当するD糖とL糖

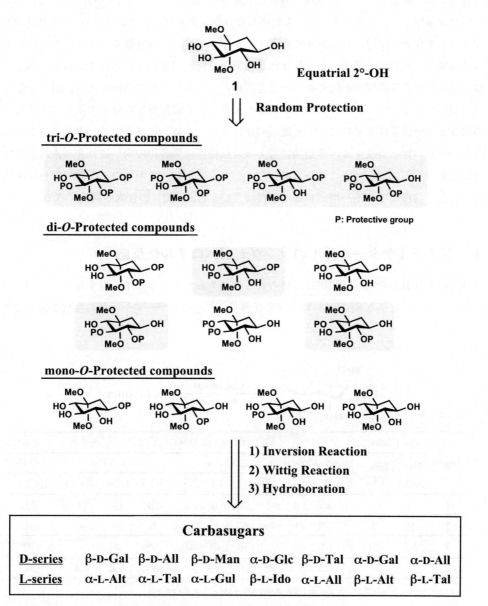

図4　DOIを原料としたカルバ糖の系統的合成戦略

のカルバ糖が高効率的に合成できることを述べた。このカルバ-β-D-グルコースとカルバ-α-L-イドースの合成ルートをDOIの水酸基を反転させて得られるジアステレオマーに対して適用すれば，その水酸基の立体配置に応じた多種類のカルバ糖の合成研究が展開可能である。そこで，我々はDOIを基点としたカルバ糖の系統的合成戦略を立てた（図4）。

一般に水酸基の反転反応を行うには，DOIの水酸基を位置選択的に保護する必要がある。しかしながら，DOIの有する水酸基は全て2級のエクアトリアル配位であるため反応性に差がなく，部分保護反応を確立することが困難であると予想された。そこで，1工程の反応でできる限り多くの部分保護体を一挙に合成することを計画した（ランダムプロテクション）。つまり，DOIのカルボニル基を保護して得られるジメチルケタール体1に対して保護基の導入反応を行い，モノ保護体4種類，ジ保護体6種類，トリ保護体4種類の計14種類を同時に合成する戦略である。本手法は，個々の保護体の収率が低くなると推定される。しかしながら原料であるDOIが安価であり大量に使用できるので，反応スケールを大きくすることで収量を確保可能である。そうして得られる様々な部分保護体を原料に，①水酸基の反転反応，②Wittig反応，③ヒドロホウ素化反応を順次行いカルバ糖を合成する。理論的に考えうる14種類の保護体の内，隣り合う水酸基を持つ保護体は反転反応が進行し難いことを考慮したとしても，グレーで示した7種類の部分保護体より図4に示した14種類のカルバ糖（D糖：7種類，L糖：7種類）の合成が期待できる。

6 ジメチルケタール体1のランダムピバロイル化反応

本節では，DOIから78％の収率にて得られるジメチルケタール体1に対するランダムピバロイル化反応について述べる（図5）。導入する保護基としては，パーアシル体の生成を抑えることを

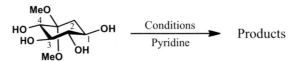

Entry	Conditions		Conversion Yield (%)									
	PivCl (eq.)	Temp. (°C)	mono-O-Piv			di-O-Piv				tri-O-Piv			per-O-Piv
			1-	3-	4-	1,2-	1,3-	1,4-	2,3-	1,2,3-	1,2,4-	1,3,4-	1,2,3,4-
1	10	r.t.	n.d.	n.d.	n.d.	n.d.	20	n.d.	n.d.	30	11	11	4
2	10	0	-a)	-a)	-a)	7	60	5	1	8	10	4	n.d.
3	5.5	-20	-a)	-a)	-a)	-b)	76	-b)	-b)	-a)	-a)	-a)	-c)
4	1	-10	36	23	3	-a)	-a)	-a)	-a)	n.d.	n.d.	n.d.	n.d.

n.d. : not ditected, a) trace, b) The yield of di-O-Piv derivatives is 16 %, c) not determined

図5 ジメチルケタール体1のランダムピバロイル化反応

第12章　有用化学工業原料中間体 2-deoxy-*scyllo*-inosose（DOI）の発酵高生産とその利用

期待して嵩高いピバロイル基を選択した。ピバロイル化反応は，アセチル化やベンゾイル化に比べて比較的遅い反応速度を示すため，反応を制御し易い利点もある。はじめに10当量のピバロイルクロライドを用い，室温にて反応を試みたところ，トリピバロイル体を主に与えていた（Entry 1）。また反応温度を0℃に下げることで，一挙にジピバロイル体とトリピバロイル体を併せて7種類合成できることが判明した（Entry 2）。主生成物は1,3-*O*-ジピバロイル体であり，収率60%であった。種々検討した結果，ピバロイルクロライドを5.5当量とし，反応温度を−20℃にすれば，1,3-*O*-ジピバロイル体の収率は76%に向上し，同時に他の3種類のジピバロイル体も得られることがわかった（Entry 3）。また，ピバロイルクロライドを1当量，−10℃にて反応を行うと，3種類のモノピバロイル体が合成可能であった（Entry 4）。これらの結果は，ピバロイル化反応において，1位，3位，2位，4位の順番にピバロイル基が導入されていることを示唆していた。また本反応にて得られた計10種類の部分保護体は全て単離可能であった。

7　DOIを原料としたカルバ-*β*-D-ガラクトースとカルバ-*β*-D-マンノースの合成

ここでは，前節のランダムピバロイル化反応にて主生成物として得られた1,3-*O*-ジピバロイル体2を用いて，カルバ-*β*-D-ガラクトース12とカルバ-*β*-D-マンノース17を含む4種類のカルバ糖を合成した結果について述べる（図6）。まず1,3-*O*-ジピバロイル体2を60℃にて再度ピバロイル化反応を行い，1,2,3-*O*-トリピバロイル体3と1,3,4-*O*-トリピバロイル体4を合成した。予想通り2位水酸基の反応性が高く，収率はそれぞれ70%，11%であった。これら遊離の水酸基を1つのみ有する保護体3と4を用いて，トリフレート化，次いで酢酸セシウムによる反転反応を試みた。4位の反転反応は時間を要したが，ともに良好な収率にて立体反転を起こした化合物5と6を与えた。その後，アシル基を脱保護し，ベンジル化，さらにジメチルケタール基の脱保護を行い化合物7と8に変換した。次いで得られた化合物7をメチルトリフェニルホスホニウムブロマイド/*n*-ブチルリチウムにより系内で発生させたリンイリドと反応させることにより*exo*-オレフィン体9へと導いた。続いて，ボランテトラヒドロフラン錯体によりヒドロホウ素化／酸化反応を試み，アンチマルコフニコフ型生成物の混合物（*galacto*:*altro* = 1.75:1）を得た。これらの生成物は精製が困難であったため，アセチル化後に単離した。2工程の収率はそれぞれ35%，20%であった。最後に得られたガラクト型保護体10とアルトロ型保護体11のアセチル基とベンジル基を脱保護することにより，目的物であるカルバ-*β*-D-ガラクトース12とカルバ-*α*-L-アルトロース13の合成を達成した[13]。総収率は13工程にてそれぞれ8.8%と5.0%であった。一方，2位水酸基を反転して得られたシクロヘキサノン保護体8に関しても，同様の変換反応を試み，カルバ-*β*-D-マンノース17とカルバ-*α*-L-グロース18の合成に成功した[13]。総収率は13工程にてそれぞれ0.4%と2.3%であった。

このようにDOIを鍵原料とすることでいくつかのカルバ糖を系統的に合成することができた。今後は，ランダムピバロイル化反応より得ている様々な部分保護体を利活用して，新たなカルバ

合成生物工学の隆起

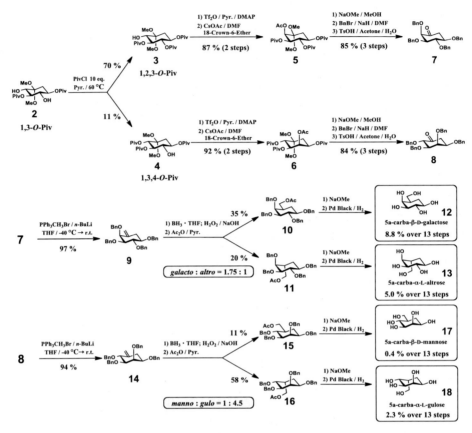

図6　DOIからのカルバ-β-D-ガラクトースとカルバ-β-D-マンノースの合成

糖の合成基盤を確立したいと考えている。

8　おわりに

　化石原料に依存しない持続可能な化学工業の発展のためには，バイオマスからバイオプロセスを利用して有用化学工業原料を製造する技術の確立が必須である。化学工業原料の中でも芳香族化合物などは，微生物に毒性を示すものが多いため，微生物の生育に影響を与えない芳香族化合物前駆体を微生物に発酵生産させる方法が有効になってくると思われる。また，微生物による生産物は，様々な化学工業原料に簡単に変換できる物質でなければならず，さらにバルク品だけでなく，ファインケミカル分野にも利用可能な付加価値の高い化学工業原料中間体でなければ，コストを考慮したときに工業化は難しいと思われる。今後，DOIが付加価値の高い化学工業原料中間体として利用されていくためには，2価フェノールのヒドロキノンやカテコールへの変換だけでなく，有用なファインケミカル製品に変換できる経路の開発も重要であると考えている。

第12章　有用化学工業原料中間体 2-deoxy-*scyllo*-inosose（DOI）の発酵高生産とその利用

謝辞

　本章で紹介した研究の一部は㈱新エネルギー・産業技術総合開発機構の「産業技術研究助成事業」の助成，科学研究費（若手研究（B）No.23750199）の助成，㈶加藤記念バイオサイエンス振興財団の助成，㈶内田エネルギー科学振興財団の助成，文部科学省「私立大学等戦略的研究基盤形成支援事業」の助成を受けて行われたものである。

文　　　献

1)　M. Krämer *et al.*, *Metab. Eng.*, **5**, 277（2003）
2)　K. Kakinuma *et al.*, *Tetrahedron Lett.*, **41**, 1935（2000）
3)　C. A. Hansen *et al.*, *J. Am. Chem. Soc.*, **124**, 5926（2002）
4)　F. Kudo *et al.*, *J. Antibiot.*, **52**, 559（1999）
5)　T. Kogure *et al.*, *J. Biotechnol.*, **129**, 502（2007）
6)　小暮高久，脇坂直樹，高久洋暁，高木正道，鯵坂勝美，宮﨑達雄，平山匡男，「遺伝子発現カセットおよび形質転換体，並びにこの形質転換体を用いた2-デオキシ-シロ-イノソースの製造方法および2-デオキシ-シロ-イノソースの精製方法」，日本特許：第4598826号
7)　H. Takaku *et al.*, in preparation
8)　友田明宏，神辺健司，北雄一，森哲也，高橋篤，公開特許公報「（-）-2-デオキシ-シロ-イノソースの製造方法」，特開2005-72
9)　高久洋暁，宮﨑達雄，脇坂直樹，鯵坂勝美，髙木正道，グリーンバイオケミストリーの最前線（瀬戸山亨・穴澤秀治監修），p.114，シーエムシー出版（2010）
10)　K.-S. Ko *et al.*, *J. Am. Chem. Soc.*, **126**, 13188（2004）
11)　S. Ogawa *et al.*, *Org. Biomol. Chem.*, **2**, 884（2004）
12)　(a)S. Ogawa *et al.*, *J. Carbohydr. Chem.*, **24**, 677（2005）；(b)E. Nango *et al.*, *J. Org. Chem.*, **69**, 593（2004）
13)　T. Miyazaki *et al.*, in preparation

第13章　耐熱性酵素を用いた無細胞エタノール生産系の構築

岩田英之*

1　はじめに

　耐熱性酵素とは温泉の源泉付近や海底の熱水噴出孔のような高温環境に生育する微生物／古細菌に由来する酵素の総称であり，その名の通り高い熱安定性を有するだけでなく，常温での保存性・凍結融解安定性・有機溶媒耐性にも優れるといった特徴を有することから，工業用酵素としての有用性が注目されている。当社では，この耐熱性酵素を用いた物質生産技術の確立を進めており，医療・化学・環境・美容など様々な分野での利用を目指している。本章では，これまでに当社が開発した物質生産技術の中から，連続酵素反応による無細胞エタノール生産系の構築を中心に，その概要ならびに応用例に関して紹介する。

2　無細胞エタノール生産系

　近年，石油資源の代替エネルギー源として植物バイオマスが注目されており，その実用化に向けて植物バイオマスからのバイオエタノール生産に関する研究が盛んに行われている。バイオエタノールの生産工程は，①植物バイオマスの糖化，②グルコースからのエタノール変換，といった2段階の反応に分けられる。②の反応は酵母を用いた発酵法によって行われるが，酵母発酵法ではエタノール以外の化成品を生産することは困難である。石油依存社会からの脱却という大きな目標を達成するには，石油資源から生産されている様々な化成品の原料を植物バイオマスへと転換する必要があり，そのためには酵母発酵法以外の触媒ツールの開発が必要となる。

　この新たな触媒ツールとして期待されるのが，無細胞エタノール生産系（cell-free ethanol production）である[1]。グルコースからエタノールへの変換には12種類の酵素が関与しており，酵母ではこれら酵素の連続反応によってエタノールを産生している（図1）。無細胞エタノール生産系とは，これら12種類の酵素を単離・精製し，*in vitro*にてエタノール生産系を再構築することを指す。この技術の特徴として，①高速かつ高収率なエタノール生産が可能，②酵素の組み合わせを変えることでエタノール以外の様々な化成品を生産できる，といった点が挙げられる。

　この無細胞エタノール生産系は新規な概念ではなく，古くは1897年にEduard Buchnerが酵母の無細胞抽出液を用いてグルコースからエタノールと二酸化炭素の生産に成功したことに始まる[2]。この時点でのエタノール生産効率は発酵法に比べて見劣りするものであったが，1980年代にScopes

---

　＊　Hideyuki Iwata　㈱耐熱性酵素研究所　技術開発部　研究員

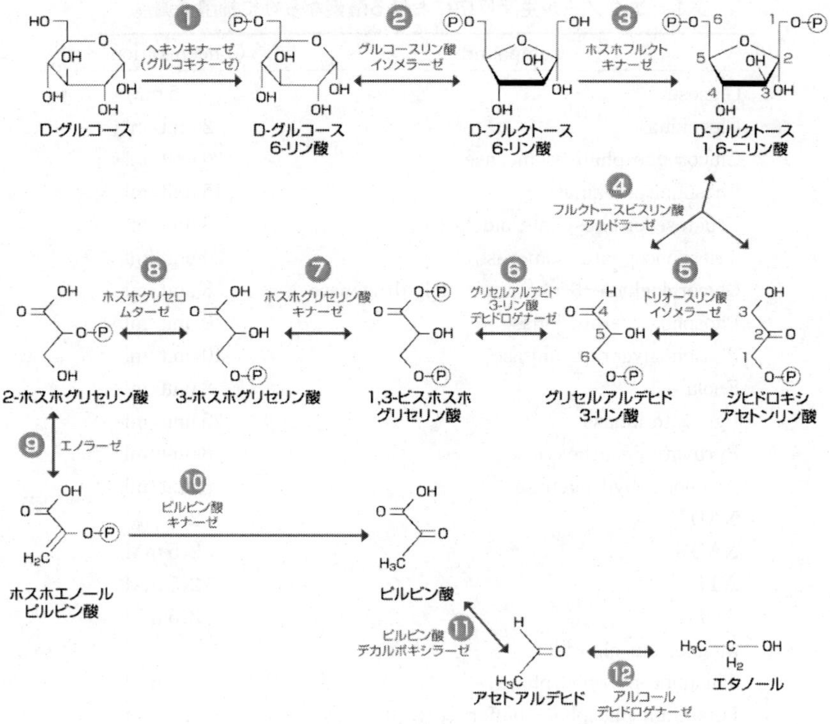

第13章　耐熱性酵素を用いた無細胞エタノール生産系の構築

図1　グルコースからエタノールへの変換経路

らの研究グループが*Zymomonas mobilis*の無細胞抽出液を用い，発酵法と同程度のエタノール生産効率を実現させている[3]。また，彼らは，酵母より精製した酵素12種類を組み合わせて，*in vitro*にてエタノール生産系を再構築することにも成功している[4]。この連続酵素反応によるグルコースからエタノールへの変換効率はほぼ100％であり，エタノールの生産速度は9 mM/minであった。酵母を用いた発酵法では，グルコースからエタノールへの変換効率が80～90％，生産速度が1.7 mM/minである[1]。Scopesらの無細胞エタノール生産系は，発酵法と比較して，変換効率が10～20％向上しており，生産速度も約5倍速いものであった。

3　耐熱性酵素を用いたグルコースからのエタノール生産

Scopesらの研究グループが，今から20年以上も前に，高速かつ高収率な無細胞エタノール生産系を構築させたにもかかわらず，現代に至るまで発酵法によるエタノール生産が主流となっている要因の一つはコストの問題だと思われる。Scopesらは酵母から全ての酵素を精製してきたが，それでは手間が掛かり過ぎ，触媒コストの面で発酵法に及ばなくなってしまう。当社では，簡便かつ大量に酵素を調製する方法として，大腸菌にて過剰発現させた好熱菌由来の酵素を用いる手

合成生物工学の隆起

表1　エタノール生産反応における酵素ならびに補酵素濃度

Compound	Concentration
Glucose	5 mM
Glucokinase	2 unit/ml
Glucosephosphate isomerase	20 unit/ml
Phosphofructokinase	15 unit/ml
Fructose-bisphosphate aldolase	8 unit/ml
Triosephosphate isomerase	30 unit/ml
Glyceraldehyde-3-phosphate dehydrogenase	8 unit/ml
Phosphoglycerate kinase	10 unit/ml
Phosphoglycerate mutase	10 unit/ml
Enolase	8 unit/ml
Pyruvate kinase	25 unit/ml
Pyruvate decarboxylase	8 unit/ml
Alcohol dehydrogenase	8 unit/ml
NAD^+	2.5 mM
NADH	2.5 mM
ATP	2.5 mM
ADP	2.5 mM
Magnesium chloride	1 mM
Thiamine pyrophosphate	0.1 mM
Potassium phosphate buffer（pH7.0）	20 mM

法を考えた。好熱菌由来の酵素は大腸菌にて過剰発現させても可溶性タンパク質として酵素活性を維持したまま回収できる場合が多い。また，発現後に大腸菌抽出液を加熱処理することで，大腸菌に由来する雑多なタンパク質を変性・沈殿させ，好熱菌由来の目的酵素のみを容易に粗精製できるといった利点を有する。さらに，耐熱性酵素を用いることで高温にて酵素反応を行うことが可能となるため，反応速度の向上，微生物汚染の防止，酵素反応と反応産物蒸留の同時進行が可能となるなど更なる利点も見込まれる。

　そこで，我々は様々な好熱性の微生物あるいは古細菌から図1に示す12種類の酵素遺伝子をクローニングし，大腸菌にて過剰発現させた。調製した全ての酵素は大腸菌にて可溶性として得られ，加熱処理により純度90％以上に粗精製することができた。こうして粗精製した酵素12種類と反応に必要な補酵素を表1に示す割合で混合し，50℃にて反応させた。尚，各酵素の添加量はエタノール生産速度に影響を与えない下限値を実験により求めることで決定した。各反応時間におけるエタノール生産量を求めた結果，エタノールの生産は60分までは時間依存的に増加し，その後緩やかな増加を見せ，150分後には10 mM付近で頭打ちとなった（図2）。1分子のグルコースから2分子のエタノールが生産されるため，グルコースからエタノールへの変換効率はほぼ100％であった。また，時間依存的に増加している間の生産速度は1.2 mM/minであり，この速度は発酵法の約70％，Scopesらの無細胞エタノール生産系の約15％であった。

182

第13章 耐熱性酵素を用いた無細胞エタノール生産系の構築

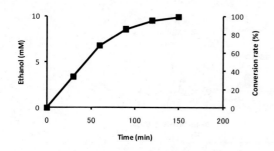

図2　エタノール生産の反応時間依存性

反応速度に関しては今後検討の余地があるが，加熱処理という簡便な精製方法で調製した酵素を用いて，Scopesらの無細胞系と同様に高い変換効率を誇る無細胞エタノール生産系を構築することに成功した。この優れた変換効率は無細胞系の特徴の一つである。グルコースからエタノールへの変換に関与する酵素の大部分は生物がエネルギーを獲得するのに必要な解糖系に属しているため，発酵法では添加したグルコースの一部がTCA回路へと流れてしまい，変換効率が低くなる。言い換えると，副反応が起こっているため反応産物の純度が低く，反応産物の精製に多大な労力が必要となってしまう。エタノールのような揮発性の物質を生産する場合は蒸留精製が行えるため問題とはならないが，不揮発性物質の場合には高効率かつ高純度で反応産物が得られる生産系が必要となる。このような場合に無細胞系は非常に有用であり，様々な化成品の生産に利用できると期待できる。

4　耐熱性酵素を用いたキシロースからのエタノール生産

植物バイオマスは主にセルロース，ヘミセルロース，リグニンから構成されており，その成分比はセルロースが45～50%，ヘミセルロースが25～30%，リグニンを含むその他が20～30%である。リグニンは分解しにくく，現状では直接燃焼，炭化，ガス化以外にバイオマス原料として利用するのは難しいと考えられているため，セルロースの主成分であるグルコース（6炭糖）ならびにヘミセルロースの主成分であるキシロース（5炭糖）が利用可能な糖質として注目されている。しかし，酵母発酵法ではグルコースからエタノールを生産することはできるが，キシロースからエタノールを生産することはできない。このため，酵母発酵法では植物バイオマスのうちの5割程度しかエタノールに変換することができない。現在，遺伝子組換え技術によりキシロース発酵性を酵母あるいは大腸菌など他の微生物に付与する分子育種が進められている。しかし，キシロースからのエタノール発酵は効率が低く，グルコース存在下では実質的にキシロースを発酵できないなどの理由から実用化には至っていない。また，遺伝子組換え菌を使用する場合には，アルコールに対する耐性の問題，自然界に存在しない菌を用いるため外部に菌の漏洩が起こらないよう発酵タンクの設備を厳重にする必要性がある他，使用後の滅菌が必要となるといった問題が生じてしまう。

前節で記したとおり，当社では，耐熱性酵素を用いた無細胞エタノール生産系を確立することに成功した。この反応系を応用することで，つまりキシロース発酵に関する酵素を組み合わせることで，キシロースからもエタノールが生産できると考えられる。図3に示すようにキシロース

合成生物工学の隆起

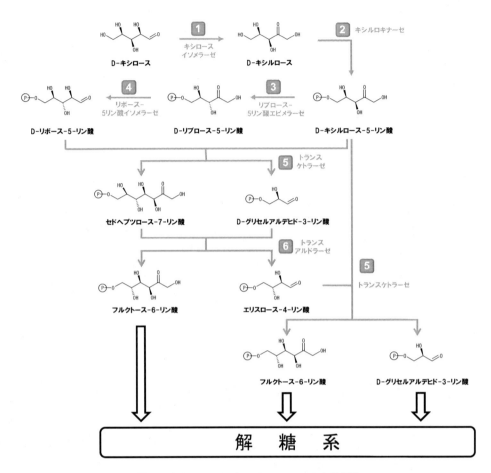

図3　キシロースからエタノールへの変換経路

の分解には6種の酵素が関与しており，キシロースは最終的にフルクトース-6-リン酸ならびにグリセルアルデヒド-3-リン酸へと変換される。こうして変換されたフルクトース-6-リン酸ならびにグリセルアルデヒド-3-リン酸は解糖系の一部であるため，図1に示した③〜⑫の酵素を利用すればエタノールへと変換することが可能となる。

　そこで，キシロースを原料とした無細胞エタノール生産系の確立を目指し，好熱性の微生物あるいは古細菌から，新たに，図3に示す6種類の酵素の調製を進めた。先の実験と同様に，これら酵素を大腸菌にて過剰発現させ，大腸菌抽出液を加熱処理することで粗精製標品を得た。図3に示す6種の酵素，図1に示す③〜⑫の酵素，表1に示す補酵素，ならびにキシロースを混合し50℃にて反応させた結果，キシロースからのエタノール生産を確認することができた。また，グルコース・キシロースの共存在下においてもエタノールが生産可能かを検討するために，図1・図3に示す全酵素18種類ならびに表1に示す補酵素を混合し，50℃にて1時間反応させた。その結果，グルコース単独基質（5 mM）では6.2 mMのエタノールを，キシロース単独基質（5 mM）

第13章 耐熱性酵素を用いた無細胞エタノール生産系の構築

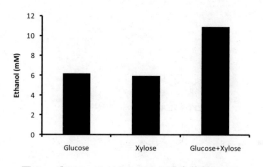

図4 グルコース／キシロース混合基質からのエタノール生産

では5.9mMのエタノールを，グルコースならびにキシロースの混合基質（各5mM）では11mMのエタノールを生産することができた（図4）。この結果から，当社が開発した無細胞エタノール生産系では，グルコースからのエタノール生産反応とキシロースからのエタノール生産反応が独立的に同時進行すると示された。発酵法では難しいとされるグルコース／キシロースからの同時反応が本技術では可能であると示されたことで，植物バイオマス由来の糖質を余すことなく効率的に利用できると期待できる。

5 耐熱性酵素を用いた無細胞物質変換技術の今後

　当社が開発した無細胞エタノール生産系を利用することで，様々な化成品が植物バイオマスから合成できると考えられる。当社では今後，本技術の実用化を目指し，①植物バイオマスの糖化反応と無細胞エタノール生産反応の一元化，②合成可能な化成品リストの充実，を中心に検討を進める予定である。

　酵素による植物バイオマスの糖化は，反応が固液反応であること，反応産物であるグルコースおよびキシロースの蓄積により反応が平衡状態となること，などの理由から，その効率の低さが問題となっている。当社が開発した無細胞エタノール生産系を利用することで，植物バイオマスの糖化反応とエタノール生産反応を同一の反応容器内で連続的に進行させることが可能となる。これにより，糖化の反応産物であるグルコース／キシロースの蓄積を回避することができ，糖化効率が向上するのではないかと期待される。当社では既に植物バイオマスの糖化酵素に関する研究開発を進めており，セルロースを分解するセルラーゼ（セロビオヒドロラーゼ・エンドグルカナーゼ・β-グルコシダーゼ）や，ヘミセルロースを分解するキシラナーゼやマンナナーゼといった耐熱性の糖化酵素群を所有している。今後，これら耐熱性の糖化酵素とエタノール生産に関する耐熱性酵素を同一容器内で反応させ，植物バイオマスからのエタノール生産効率などを検討していく予定である。

　また，本技術を用いて合成される化成品についても検討を進める。先に記したように，連続酵素反応による無細胞物質変換技術は，酵素の組み合わせを変えることで，目的とする代謝系を自在にデザインできるといった利点がある。これは発酵法にはない，本技術最大の特徴である。本技術を応用することで，エタノールよりも付加価値の高い化成品を植物バイオマス由来の糖などから生産することが理論上可能となる。例えば，医薬，農薬中間体としての利用が期待されるメチルグリオキサールやヒドロキシピルビン酸，リビトール，デヒドロキナ酸は，それぞれ，ジヒ

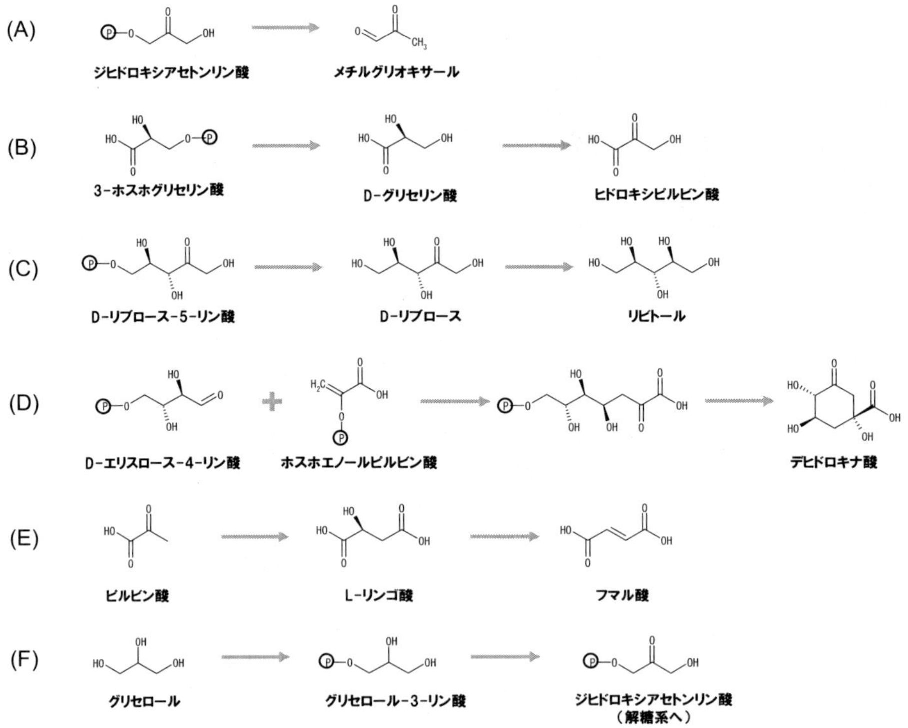

図5　反応中間体からの有用物質生産

ドロキシアセトンリン酸から1種類の酵素，3-ホスホグリセリン酸から2種類の酵素，リブロース-5-リン酸から2種類の酵素，エリスロース-4-リン酸から2種類の酵素を加えるだけで生産することができる（図5(A),(B),(C),(D)）。乳化剤・化粧品・洗浄剤などに用いられるリンゴ酸やフマル酸はピルビン酸から，それぞれ，1種類の酵素，2種類の酵素を加えることで合成することができる（図5(E)）。また，バイオディーゼルの生産の際に副産物として生じるグリセロールは2種類の酵素を加えることで解糖系へと導入することが可能となるため（図5(F)），バイオディーゼル廃液からの化成品合成も可能となる。当社では既に，これら反応のうちメチルグリオキサール・リンゴ酸の無細胞生産系ならびにグリセロールの無細胞変換系の確立に着手しており，それぞれに必要な酵素を用いて反応が進行することを確認している。今後，これら反応の最適化を進め，植物バイオマスあるいはバイオディーゼル廃液からの化成品合成を目指す。

6　おわりに

　植物バイオマスの有効利用を実現させるためには，その合成された物質における既存の競合物質（バイオエタノールであればガソリン）や既存の生産方法（化学法）に対してコスト面での優

第13章　耐熱性酵素を用いた無細胞エタノール生産系の構築

位性が得られることが必要不可欠である。そのためには，付加価値の高い物質を，簡便，高収率かつ高純度に合成する反応系が必要となる。このような反応系の構築を目指し，当社では，耐熱性酵素を用いた無細胞物質変換技術を開発することに成功した。本技術は①酵素の調製が容易，②副反応が存在しないため，変換効率ならびに反応産物の純度に優れる，③用いる酵素の組み合わせを変えることで，様々な原料から化成品を生産することが可能といった利点がある。今後，耐熱性酵素を用いた無細胞物質変換技術の習熟を図り，当技術を生かした植物バイオマスの有効利用を目指す。

文　　　献

1)　E. J. Allain, *J. Chem. Technol. Biotechnol.*, **82**, 117 (2007)
2)　E. Buchner, *Ber. Chem. Ges.*, **30**, 117 (1897)
3)　E. M. Algar *et al.*, *J. Biotechnol.*, **2**, 275 (1985)
4)　P. Welch *et al.*, *J. Biotechnol.*, **2**, 257 (1985)

第14章　組換え微生物による1-プロパノール生産

浦野信行[*1]，片岡道彦[*2]

1　はじめに

　合成生物学は簡潔に記すと，生体構成成分（遺伝子やタンパク質）を新規に設計したり組み合わせたりすることによって，「作ることで生命現象を理解しようとする」ことや「有用な生命システムを創出する」ことを目的とする学問領域であり，近年急速に発展してきている。特に後者の場合，生体構成成分を人為的に組み合わせて，自然界には存在しない機能を有する微生物，例えば本来生育できない環境下で生育できるような，あるいは本来生産しない物質を生産するような微生物を人工的に設計図通りに作り出すことを目的としている。

　ところで近年，石油価格の乱高下や環境中のCO_2濃度の増加に対する懸念などから，特にエネルギーやポリマー生産の分野において，化石資源に過度に依存しない環境に配慮した物質生産法の開発が求められている。そして，再生可能な資源である植物バイオマスを出発原料とし，環境負荷の小さい微生物を用いた発酵生産法が大きな注目を集めている。そして実際に燃料としてのエタノールをはじめとしてプラスチック原料モノマーとしてのコハク酸や乳酸，1,3-プロパンジオールの微生物を用いたバイオマス資源からの発酵生産については実用レベルにあり，今後もその種類は増加していくものと考えられる。一方で現在，石油化学により生産されている化成品はその種類，使用用途ともに非常に多岐にわたっており，そのすべてを発酵法によって製造するには，自然界からいずれかの物質を生産することができる微生物を探索するだけでは，その量，質ともに不十分であろう。そのため，石油資源に依存した産業を再生可能なバイオマス資源を利用する産業へ転換するためには，自然界に存在する微生物では生産することができない，あるいは生産量が非常に少ない物質を選択的にかつ効率的に生産することのできる微生物を取得・創出することが成功の鍵となる。こうした観点から，目的物質を生合成するための代謝経路を合成生物学的アプローチによって外部より導入した微生物を用いて有用物質を生産することが今後ますます重要になってくる。

　本章では，1-プロパノール生合成経路を導入した組換え微生物による，グルコースを出発基質とした，1-プロパノール発酵生産プロセス開発に関して，筆者らのグループの研究例を紹介する。

＊1　Nobuyuki Urano　大阪府立大学　大学院生命環境科学研究科　博士研究員

＊2　Michihiko Kataoka　大阪府立大学　大学院生命環境科学研究科　教授

第14章　組換え微生物による1-プロパノール生産

2　1-プロパノールとプロピレンについて

　1-プロパノールは現在，石油資源由来エチレンのヒドロホルミル化とそれに続く水素添加反応により製造されており，多目的な溶媒として，また食品添加物，香料として様々な分野で使用されているだけでなく，近年では燃料としての価値も認められている。さらに1-プロパノールは，既存の脱水反応技術で容易にプロピレンへと変換できる化合物でもあり，代表的汎用ポリマーであるポリプロピレンなどのバイオポリマー原料としても注目を集めている。バイオマスを原料とするプロピレンモノマー製造システムとしては，現在大きく分けて2つの方法が考えられる。1つ目は，すでに市場流通しているバイオエタノールを化学的にプロピレンへ変換する方法であり，2つ目がバイオマスから生産したプロパノール（1-プロパノールあるいはイソプロパノール），すなわちバイオプロパノールを化学的にプロピレンへと変換する方法である。後者のプロパノールからのプロピレンへの変換反応はほぼ化学量論的に進行することから，バイオプロパノールをバイオエタノール並みのコスト，効率で生産することができれば，バイオプロパノールからのプロピレン生産はバイオエタノールからのそれと比較して圧倒的に有利となる。これまでのバイオエタノールを中心とした燃料生産のためのバイオマス利用だけでなく，汎用ポリマー原料としてのバイオマス利用が可能になれば，より長期間のCO_2固定という面においても大きな効果が期待できる。加えてプロパノールから得られるポリプロピレンは現在多くの製品に利用されており，ポリ乳酸など他のバイオポリマーと比較して市場に溶け込みやすい利点も有している。

3　プロパノール生産経路の設計

　これまでバイオプロパノール生産に関する報告としては，アセトン・ブタノール・エタノール（ABE）発酵菌である *Clostridium* 属細菌を用いたイソプロパノール生産がよく知られている[1,2]。しかし，ABE発酵菌を用いた場合のイソプロパノールの生産性は決して高いものではなく，またブタノールやエタノールなどの他のアルコール類を副生するため実用レベルには遠く及ばなかった。この改良法としてABE発酵菌が持つイソプロパノール生合成に関わる酵素遺伝子を大腸菌 *Escherichia coli* に導入する合成生物学的アプローチによりイソプロパノール生産を行う試みも精力的に行われている[3,4]。一方で，現在までに1-プロパノールを著量蓄積する自然界由来微生物の報告はなく，微生物を用いた1-プロパノール生産を達成するにはその合成経路設計と宿主微生物への経路導入が必要であった。こうした人工的に設計した発酵経路を利用した1-プロパノール生産法として，イソロイシン生合成中間体である2-ケト酪酸の脱炭酸による1-プロパノール発酵生産法も報告されている[5,6]。いずれの方法を用いた際にも，発酵の初発炭素源としてグルコースを用いた場合，1.0モルのグルコースから得ることのできるプロパノールの最大理論収量は1.0モルと算出される。

　我々は対グルコース収率のさらに高いバイオプロパノール生産法の構築を目的として，プロパ

合成生物工学の隆起

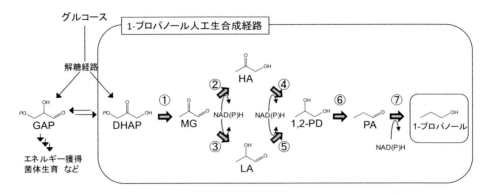

図1　新規1-プロパノール人工生合成経路
DHAP：ジヒドロキシアセトンリン酸，MG：メチルグリオキサール，HA：ヒドロキシアセトン，LA：ラクトアルデヒド，1,2-PD：1,2-プロパンジオール，PA：プロピオンアルデヒド，GAP：グリセルアルデヒド-3-リン酸

ノール生合成経路の設計を行った。その結果，新規1-プロパノール人工生合成経路として図1に示す経路，すなわち解糖経路の中間物質であるジヒドロキシアセトンリン酸（DHAP）を初発物質とし，1,2-プロパンジオール（1,2-PD）を中間物質とする経路を設計した。本経路ではグルコースから解糖経路によりDHAPとともに生じるグリセルアルデヒド-3-リン酸（GAP）をDHAPへと変換し利用することで，1.0モルのグルコースより最大2.0モルの1-プロパノールを得ることが可能である。実際には，菌体の生命維持活動や本生合成経路に含まれる3段階のNAD(P)H要求性の還元反応などに必要となるエネルギーなどはGAPの代謝によって得ることを想定しているが，その場合でも1-プロパノールの対グルコース最大収率は1.25モル／モルと試算され，前述の2つの経路によるプロパノール生産よりも高い収率が期待できる。

4　1,2-PD生産 *E. coli* の育種

　グルコースから1,2-PDに至る発酵生産経路を人工的に構築・導入した遺伝子組換え *E. coli* を利用した1,2-PD生産プロセスについてはすでにいくつかの報告がなされている[7,8]。この経路は図1にあるように，解糖経路でグルコースから生成するDHAPを初発物質とし，メチルグリオキサール（MG）へと変換した後にMGの2つのカルボニル基をそれぞれ還元することによって（アルデヒドとケトンのいずれを先に還元するかによってヒドロキシアセトン（HA）あるいはラクトアルデヒド（LA）を中間体として）1,2-PDへと至る3段階の反応ステップにより構成される。そこで我々はこれら反応ステップを触媒する酵素について，すでに報告のある酵素あるいは筆者らの研究グループで所有しているカルボニル還元酵素ライブラリー[9]を用いて探索・評価を行い，本経路に適用可能な酵素の選抜を行った。こうして得られた3種類の酵素（メチルグリオキサール合成酵素，グリセロール脱水素酵素，アルデヒド還元酵素）をコードする酵素遺伝子を導入し

第14章　組換え微生物による1-プロパノール生産

表1　組換え *E. coli* による1,2-PD生産（48時間培養）

宿主	導入反応ステップ[a]	通気条件	1,2-PD生産量（mM）
E. coli	なし	好気	検出されず
		嫌気	検出されず
	①〜⑤	好気	1.3
		嫌気	20.6

[a] 各反応ステップは図1を参照。

た形質転換 *E. coli* を，グルコースを含む培地にて嫌気的に培養したところ，培養上清中に1,2-PDの生成が認められた（表1）。一方で，同じ形質転換 *E. coli* を好気的条件で生育させたところ，1,2-PDの生成は認められたものの，その生成量は嫌気的条件で培養した時と比べ少量であり，これは解糖経路で生成するDHAPの
ほとんどがGAPに変換された後に好気的に代謝されてしまい，1,2-PDへの変換に利用されていないためであると推測される。また，これらの酵素遺伝子を導入していない *E. coli* は好気的条件・嫌気的条件のいずれにおいても1,2-PDの生産は確認できなかった。これらの結果から，上記3種の酵素を組み込んだ *E. coli* によりグルコースから1,2-PDの発酵生産が可能なことが示された。なお，1,2-PDには不斉炭素が存在するため(*R*)体と(*S*)体の1,2-PDが存在しているが，本経路を用いた場合には導入した酵素（グリセロール脱水素酵素）の立体特異性により(*R*)-1,2-PDが生成していると考えられる。

5　組換え *Escherichia blattae* を用いた1-プロパノール生産

　1,2-PDを1-プロパノールへ変換する反応，すなわち1,2-PDの脱水反応によるプロピオンアルデヒドへの変換反応とそれに続く1-プロパノールへの還元反応を触媒する酵素系は，*Klebsiella* 属細菌など数種の腸内細菌に存在することが知られており，その酵素遺伝子はdhaレギュロンあるいはpduオペロンと呼ばれる遺伝子領域に含まれている[10]。このうちdhaレギュロンに含まれる酵素系に関しては，本変換反応とは反応基質こそ異なってはいるが1,3-プロパンジオールの工業生産にも利用されている[11]。この1,2-PDを1-プロパノールへ変換する反応系と前節で構築した1,2-PD生合成系を組み合わせることで，グルコースからの1-プロパノール生産が可能になるかどうかを確認するために，dhaレギュロンを有している *Escherichia blattae*[12] を宿主とする1-プロパノール生産菌株の育種を試みた。すなわち，*E. blattae* 菌体内に前述のDHAPから1,2-PDに至る変換酵素系を導入することにより，*E. blattae* が有している内在性のグルコースからDHAPの生成経路（解糖経路）と1,2-PDから1-プロパノールへの変換経路（*dha* 遺伝子レギュロン）と合わせてグルコースから1-プロパノールへの人工生合成経路が完成できると期待された。

　E. blattae は，*E. coli* と同じ *Escherichia* 属細菌であり，*E. coli* 用に開発された遺伝子組換え／発現ツールの多くが使用可能であるとされている。DHAPを1,2-PDへ変換する3種の酵素遺伝子を導入した組換え *E. blattae* を，グルコースとグリセロールの両方を炭素源として嫌気的に培養したところ（dhaレギュロンの酵素群はグリセロール存在下で発現が誘導されることが報告されている[10]），培養上清中に1,2-PDとともに1-プロパノールの蓄積が確認できた（表2）。一方で，

合成生物工学の隆起

表2　組換え*E. blattae*による1-プロパノール生産（48時間培養）

宿主	導入反応ステップ[a]	炭素源	1,2-PD生産量(mM)	1-プロパノール生産量(mM)
E. blattae	なし	グルコース	検出されず	検出されず
		グリセロール	検出されず	0.2
		グルコース＋グリセロール	検出されず	検出されず
	①～⑤	グルコース	9.3	検出されず
		グリセロール	検出されず	0.3
		グルコース＋グリセロール	4.9	2.0

[a] 各反応ステップは図1を参照。

本組換え*E. blattae*をグルコースのみを含む培地で培養したところ，1,2-PDの生成のみが認められ，1-プロパノールの生成は見られなかった（表2）。これらの結果から，*E. blattae*に導入した酵素によって生成された1,2-PDは，グリセロール（あるいはその代謝産物）によって発現誘導される酵素群，すなわちdhaレギュロンの酵素群によって1-プロパノールへと変換されたと考えられ，これらの酵素の組み合わせでグルコースから1-プロパノールへ至る経路が構築できることが証明された。なお，グリセロールのみを含む培地で培養した際の培養上清にもごく少量の1-プロパノール生成が観察される。これはDHAPから1,2-PDの変換酵素系を導入していない株を培養した際にも観察されることから，グリセロールから1,2-PD（あるいは別の中間生成物）を経て1-プロパノールへと変換されていることが予想されるが，現在のところ詳細な変換経路は不明である。

6　組換え*E. coli*を用いた1-プロパノール生産

組換え*E. blattae*によるグルコースからの1-プロパノール生産は可能となったものの，培養液にグリセロールを添加しなくてはならない，1,2-PD生産量が*E. coli*を用いた時と比べて低い，生成した1,2-PDも全量が1-プロパノールへ変換されず一部は別の代謝産物に変換されていることが示唆されるなど改善の余地が見られた。そこで*E. blattae*の1,2-PDを1-プロパノールに変換する酵素系遺伝子をクローニングし，前述の1,2-PD生産*E. coli*に導入することで1-プロパノール生産菌の育種を試みた。dhaレギュロンに含まれる酵素の中で，1,2-PDの1-プロパノールへの変換に直接的に必要な酵素は，グリセロール脱水酵素（GD）とプロピオンアルデヒド還元酵素である。このGDは補酵素型のビタミンB_{12}であるアデノシルコバラミン（AdoCbl）を補因子として要求するが，反応を繰り返すとある割合で不可逆的に不活性化される[13]。不活性化は酵素に固く結合しているAdoCblが損傷し，結合したまま外れないために生じ，連続的かつ効率的な変換反応には損傷補酵素を取り除く酵素再活性化因子と補酵素の再生系が必要となる。そのため，酵素本体に加え，酵素再活性化因子と補酵素再生系を前述の1,2-PD生産*E. coli*に導入した。*E. coli*は

第14章 組換え微生物による1-プロパノール生産

表3 組換え E. coli を用いた1-プロパノール生産（96時間培養）

宿主	導入反応ステップ[a]	AdoCbl	1,2-PD 生産量(mM)	1-プロパノール生産量(mM)
E. coli	①～⑤	無添加	19.4	検出されず
		添加	19.7	検出されず
	①～⑦[b]	無添加	17.2	検出されず
		添加	1.9	16.9

[a] 各反応ステップは図1を参照。
[b] 酵素再活性化因子および補酵素再生系を含む。

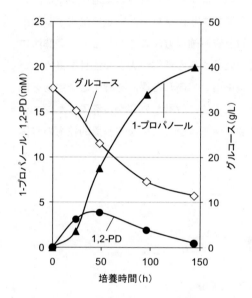

図2 組換え E. coli によるグルコースからの1-プロパノール生産

AdoCblを合成することができないため，作製した組換え E. coli を AdoCbl 無添加の培地で培養すると，1,2-PDの蓄積のみが観察されたが，AdoCblを含む培地で培養することにより培養上清中に1-プロパノールの蓄積が認められた（表3，図2）。この組換え E. coli を用いたグルコースからの1-プロパノール発酵生産は，バッチ培養144時間で消費グルコース133 mM（≈23.9 g/L），1-プロパノール生産量19.9 mM（≈1.2 g/L）であり，対グルコース収率は0.15モル／モル（≈0.05 g/g）であった。また，導入した1-プロパノール生合成経路は解糖系で生じるDHAPを初発物質としており，E. coli によってDHAPを代謝中間体として資化されるグルコース以外の多くの糖を培養基質として用いても，1-プロパノール生成が可能であった。

このように本章では，1-プロパノールの人工的な生合成経路を設計し，それに必要となる酵素の探索と選抜を行い，さらにすべての酵素系を一つの微生物に集約した組換え E. coli を作製した。この組換え E. coli により，グルコースから1-プロパノールを直接生産することに成功し，設計した1-プロパノール人工生合成経路が機能することが証明できた。今後，新たな酵素系スクリーニングやプロテオーム解析，酵素機能の改良などによる人工生合成経路の最適化，宿主微生物の変更や中間生成物代謝経路を破壊した宿主菌株の育種，培養条件の最適化検討などを行い，収率・収量をさらに高め実用化に近づけていきたい。

7 おわりに

合成生物学は比較的新しい研究分野であるが，醸造・発酵工学が発達した日本においては微生

物変異株や遺伝子組換え微生物による有用物質の生産に関する研究は長い歴史を持つ。これらの分野において，従来から行われてきた優良微生物育種・スクリーニング技術に加えて遺伝子組換え技術が本格的に利用されるようになり，それらの延長として合成生物学的なアプローチで有用微生物の育種を行う試みが盛んに行われるのは自然な流れであろう。特に最近は多くの微生物ゲノムの塩基配列が解読され，大規模な遺伝子操作技術も整備されつつあり，菌体そのものをダイナミックに改変する試みも盛んに行われている。

　本章では，バイオマスから汎用ポリマーあるいは燃料を得る方法の一つとして，人工的に設計した代謝経路を導入した組換え *E. coli* を用いるグルコースから1-プロパノール発酵生産法の開発に関する筆者らの研究例を紹介した。作製した菌株についてはまだまだ改良の余地があるが，これまで自然界からの単離では得ることのできなかった，糖類より1-プロパノールを生成する微生物の育種に成功した。現在，地球環境に配慮した持続的な資源確保方法の一つとして，発酵法による再生可能な資源である植物バイオマスからの燃料や製品原料の獲得が大きな注目を集めている。このような社会情勢下において，合成生物学的手法を用いて優れた機能を有する微生物を創り出す試みは今後ますます盛んになるだろう。一方で，人工的に設計し外部から導入したシステムが生物種をまたいで機能する保証や，設計図通りに働く保証はなく，更なる基盤的技術の整備や知見の拡充が必要である。

文　　献

1)　J. S. Chen and S. F. Hiu, *Biotechnol. Lett.*, **8**, 371（1986）
2)　H. A. George *et al.*, *Appl. Environ. Microbiol.*, **45**, 1160（1983）
3)　T. Hanai, S. Atsumi and J. C. Liao, *Appl. Environ. Microbiol.*, **73**, 7814（2007）
4)　T. Jojima, M. Inui and H. Yukawa, *Appl. Microbiol. Biotechnol.*, **77**, 1219（2008）
5)　C. R. Shen and J. C. Liao, *Metab. Eng.*, **10**, 312（2008）
6)　S. Atsumi and J. C. Liao, *Appl. Environ. Microbiol.*, **74**, 7802（2008）
7)　N. E. Altaras and D. C. Cameron, *Appl. Environ. Microbiol.*, **65**, 1180（1999）
8)　N. E. Altaras and D. C. Cameron, *Biotechnol. Prog.*, **16**, 940（2000）
9)　M. Kataoka *et al.*, *Appl. Microbiol. Biotechnol.*, **62**, 437（2003）
10)　R. Daniel, T. A. Bobik and G. Gottschalk, *FEMS Microbiol. Rev.*, **22**, 553（1998）
11)　C. E. Nakamura and G. M. Whited, *Curr. Opin. Biotechnol.*, **14**, 454（2003）
12)　S. Andres *et al.*, *J. Mol. Microbiol. Biotechnol.*, **8**, 150（2004）
13)　T. Toraya, *Cell. Mol. Life Sci.*, **57**, 106（2000）

第15章　実用酵母を用いたビール仕込み粕からのバイオエタノール生産と高効率乳酸生産法の開発

吉田　聡*

1　はじめに

　地球上の人口は2011年には70億人になり，そして2050年には90億人に達すると予測されるほど増加し続けており，一方，石油をはじめとする地下資源は年々急速に減少している。このような状況の下で，環境に対して低炭素化に向かい，環境を保全しようとする機運も高まっている。本章では，特にバイオリファイナリーに対する取組み，つまり再生可能資源であるバイオマスを原料にバイオ燃料や樹脂などを製造する技術について，著者らが取り組んできた研究成果を紹介する。

2　ビール仕込み粕からのバイオエタノール生産

　バイオエタノールは石油代替燃料として古くから注目されてきており，ブラジルでは既に実用化されている。一方，その生産に関してトウモロコシなどのデンプン質を原料に用いた場合，時として食糧価格高騰などの問題を引き起こすリスクがある。そのため，非可食性のセルロース系原料からのエタノール生産が全世界的に期待されている。本取組みにおいては，ビール製造で出てくるビール仕込み粕からの糖化，および仕込み粕糖化液を用いたエタノール発酵生産を検討した。ビール仕込み粕はビールの仕込みの過程で原料である麦汁を濾過するときに出てくる粕であり，飼料，土壌改良材などに使われてきたものである。我々は，まずはじめにビール仕込み粕の構成糖を調査した。その結果，最も多く含まれる糖はセルロースとアラビノキシランであり，それらは全仕込み粕重量の半分近くを占めていることが明らかとなった（図1(A)）。次に，ビール仕込み粕の水分含量が高いことを考慮し，酸加水分解と酵素処理による糖化法を検討した。硫酸，塩酸を用いて処理温度，時間，添加量など，様々な条件で処理を行い，最終的に10％(w/v) の仕込み粕を3％硫酸中で，80℃，3時間処理することにより，全糖の約90％を液化することに成功した[1]。次に，高いエクソ型グルコシダーゼ活性を示す市販酵素剤を選抜し，反応条件を精査した結果，ノボザイム社セルラーゼNS50010，NS50013を用いて，50℃，48時間処理することにより，約90％の収率で単糖を生産させることができた。そこで，両者を組み合わせて仕込み粕の糖化を行ったところ，48時間で約80％の糖化効率を得ることができた。なお，その糖化液の糖組成

---

　*　Satoshi Yoshida　キリンホールディングス㈱　フロンティア技術研究所　主任研究員

はグルコースとキシロースが主であった（図1(B)）。次に，エタノール発酵を行うにあたり，使用する酵母の選抜を行った。糖化液中にはキシロースが3分の1量近く含まれているために，特にキシロース発酵能がある酵母に注目し，その発酵能を調査した。具体的には，糖源としてグルコースのみ，キシロースのみ，もしくはその両方の糖を含む合成培地での発酵試験を行った。その結果，パン酵母 *Saccharomyces cerevisiae* を用いた場合は，文献情報どおりキシロースからエタノールを作ることができなかった。一方，*Pichia stipitis*, *Candida shehatae* は共にキシロースからエタノールを作ることができたが，エタノール発酵能は *P. stipitis* の方が高かった（図2）。そこで，以降の実験では *P. stipitis* を用いることとした。そして，ビール仕込み粕糖化液を *P. stipitis*

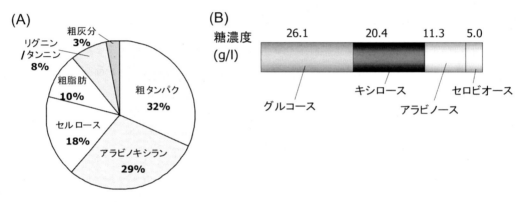

図1　ビール仕込み粕の構成成分(A)と仕込み粕糖化液の糖組成(B)

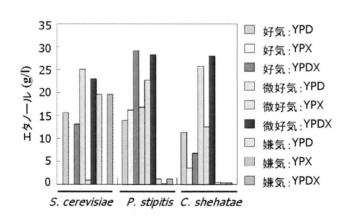

図2　3種の実用酵母のエタノール発酵能

S. cerevisiae, P. stipitis, C. shehatae はそれぞれDV10, NBRC10063, NBRC1983を用いた。培養は，20 g/lペプトン，10 g/l酵母エキス，50 g/lグルコース（YPD），もしくは50 g/lキシロース（YPX），およびその両方の糖を含む培地（YPDX）を用いて30℃にて行った。好気培養，微好気培養，嫌気培養はそれぞれ振盪培養（100 rpm），回転培養（10 rpm），静置培養にて行った。

第15章　実用酵母を用いたビール仕込み粕からのバイオエタノール生産と高効率乳酸生産法の開発

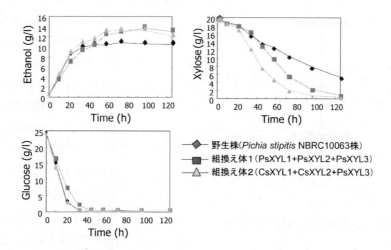

図3　ビール仕込み粕糖化液を用いた P. stipitis 野生株とキシロース代謝強化遺伝子
組換え体の発酵能
発酵は，50 ml の糖化液を含む 100 ml の三角フラスコに初発 $OD_{600}=25$ で植菌し，微
好気（80 rpm），30℃にて行った．Ps, Cs はそれぞれ P. stipitis, C. shehatae を示す．

　野生株により発酵させたところ，30℃，48時間で1.26％（w/v）のエタノールを生産させることができた[1]．さらに，キシロースの資化性を向上させるために，キシロースからキシロース5リン酸までの代謝に関与する遺伝子群（XYL1, XYL2, XYL3）を過剰発現させた P. stipitis 組換え体を作製した．この株では，より多くのキシロースが効率よく代謝され，ペントースリン酸経路を経由してピルビン酸まで作られることが期待できる．そして，キシロース培地で発酵試験を行ったところ，発酵速度が最大で27％向上した．さらに，ビール仕込み粕糖化液を用いた発酵においても，遺伝子群を導入していないコントロール株と比べて最終的にエタノール収率が20％向上した（図3）[2]．

　以上のようにビール仕込み粕は，バイオエタノールを生産するためのバイオマス資源としても活用できることが明らかになった．しかしながら，その実用化には生産性の向上，糖化プロセスの低コスト化などの多くの課題がまだ残されており，この分野におけるさらなる基礎的，応用的な技術開発が期待される．

3　Candida 酵母を用いた L-乳酸生産

　地球温暖化現象が急速に深刻化している昨今，世界規模での二酸化炭素削減が叫ばれており，効率的な炭素循環システムの構築が望まれている．植物などのバイオマスを用いて微生物発酵によって作られるバイオプラスチックは，焼却や分解で生じる二酸化炭素は元々植物由来であることから，所謂，追加的な二酸化炭素放出にならないという意味でカーボンニュートラルとされて

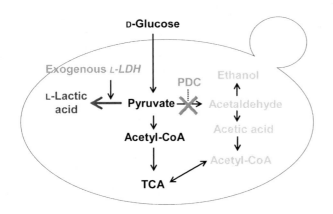

図4 L-乳酸高生産酵母の育種戦略

いる。また，生分解性プラスチックは，環境に対する負荷が少ないという利点もある。このような状況の下で，バイオマスを発酵して得られるL-乳酸を用いて重合により作られる生分解性プラスチックのポリ乳酸は，世界的に活発に研究が行われている。L-乳酸を生産するための宿主として注目されてきているS. cerevisiaeは，乳酸菌に比べてストレスに強いなどの特長がある一方で，Crab-tree効果が陽性であることから副産物としてエタノールを生成することが問題視されている。そこで，本取組みではCrab-tree効果陰性の酵母であるCandida属酵母を宿主とする効率的なL-乳酸生産システムの構築を試みた。具体的には，Candida属酵母として，C. boidiniiとC. utilisの2つの酵母についてL-乳酸生産技術の開発を行った。

酵母によるL-乳酸生成の育種は以下の戦略で行った（図4）。酵母はグルコースをピルビン酸に変換し，ピルビン酸脱炭酸酵素（PDC）の働きによりアセトアルデヒドを経てエタノールを生成する。本来，酵母は乳酸を生産しないので，外来のL-乳酸脱水素酵素をコードする遺伝子（L-LDH）を導入することにより，ピルビン酸を基質として乳酸を生産させる。その際，エタノールは副産物となるので，PDC遺伝子を破壊することにより，エタノールへの経路をシャットアウトする，という戦略である。

3.1 Candida boidiniiを用いたL-乳酸生産

はじめに紹介するC. boidiniiは，メタノール資化性の酵母であり，メタノール培地を用いたタンパク質生産誘導システムも開発されている[3]。まずはじめに，C. boidiniiの乳酸生産のポテンシャルを探るために，C. boidiniiとS. cerevisiaeのストレス耐性，特に低pHに対する耐性を比較した。その結果，C. boidiniiはS. cerevisiaeよりも低pHに対して耐性であることが明らかとなった（図5）[4]。次に，ピルビン酸脱炭酸酵素をコードするS. cerevisiaeのScPDC1遺伝子の配列を基に，C. boidiniiゲノムよりCbPDC1遺伝子を新規にクローン化した。そして，一倍体であるC. boidiniiにおいて，本遺伝子を破壊したところ，野生株に比べて若干の増殖遅延は示すものの，S. cerevisiaeの場合のような重篤な増殖遅延を示すことはなかった。また，Cbpdc1遺伝子破壊株はエタノールをほとんど生産しないことも確認された（図6）。

次に，C. boidiniiのコドン使用頻度にあわせて全合成したウシL-LDH遺伝子をCbpdc1遺伝子破壊株に導入した。そして，その株を用いてフラスコ，およびジャーファーメンターによる詳細

第15章 実用酵母を用いたビール仕込み粕からのバイオエタノール生産と高効率乳酸生産法の開発

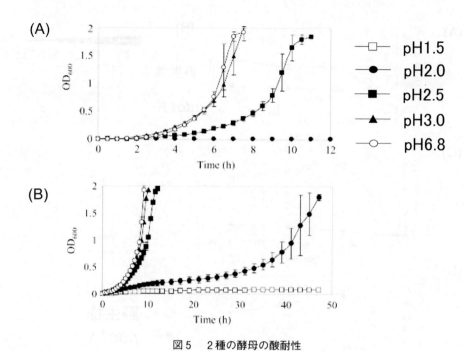

図5 2種の酵母の酸耐性
S. cerevisiae(A)と*C. boidinii*(B)の酸耐性について，YPD2培地における増殖を指標に評価した。

な発酵条件の検討を行い，乳酸生産の最適条件を調査した。具体的には，まずはじめにフラスコを用いて通気量，初発菌体量，発酵温度についてそれぞれ調査した。通気量については100 mlのフラスコに入れる培地の量を変化させ，また振盪培養のスピードを調整することにより実施した。その結果，初発の菌体量にかかわらず，20 ml，80〜100 rpmで培養したとき，最も乳酸生産効率が高かった。また，この時にわかったこととして，乳酸生産量と最終到達ODは通気量が下がるにつれ連動して低下しており，*C. boidinii*においては増殖と発酵は密接に関係していることが示唆された。そして，それを証明するために，グルコース単独の培地と10％のグルコースを含む富栄養培地（YPD）での発酵試験を行ったところ，グルコース培地ではほとんど乳酸を作っておらず，グルコースの消費も低いことが明らかとなり，*C. boidinii*においては増殖と発酵が連動していることが示された（図7）[4]。

次に，培養条件の検討として，発酵に供する前培養の菌体について，対数増殖期の菌体，定常期の菌体，それぞれを用いて比較した結果，定常期の菌体を用いた場合に乳酸生産量が高いことが明らかとなった。さらに，発酵に供する菌体量についてOD_{660}で2〜15の間で検討したところ，発酵72時間後の結果として$OD_{660}=15$のときが最も乳酸生産量が高かった。また，発酵温度については，25〜35℃の間で検討を行ったところ，温度が低いとグルコース消費は多いが乳酸生産量が下がり，温度が高いと糖換算での乳酸生産効率は高いものの乳酸生産量が低下した。この理由としては，前者では発酵より呼吸にグルコースが使用されていること，後者では高温によるストレ

199

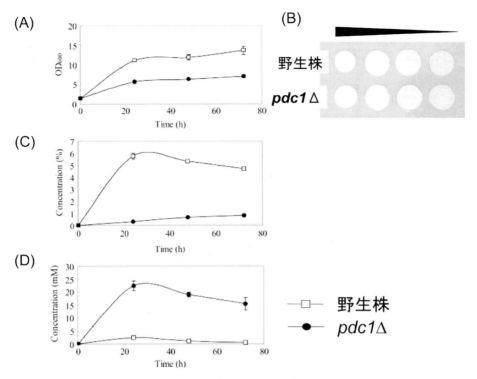

図6 *C. boidinii*における*pdc1*破壊株の増殖能，エタノール，乳酸生産能
YPD培地における増殖能(A)，エタノール生産量(B)，ピルビン酸生産量(C)，YPD2プレートにおける増殖能(D)をそれぞれ示す。培養は全て30℃にて行った。

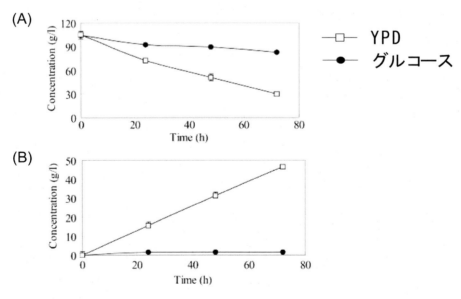

図7 YPD培地，およびグルコース中でのグルコース消費量，および乳酸生産量
各培地でのグルコース消費量(A)，乳酸生産量(B)をそれぞれ示す。

第15章　実用酵母を用いたビール仕込み粕からのバイオエタノール生産と高効率乳酸生産法の開発

スを菌体が受けていることが考えられる。最終的な結果として，発酵最適温度は30〜32℃が良いことが明らかとなった。

さらに，この株を用いてpHの影響を調査した。pHを4〜7で変化させたところ，中性付近で乳酸生産量が高いことが明らかとなり，効率的な生産には発酵過程での中和が必要であることが示唆された。そして，炭酸カルシウムで中和させた条件で発酵させたところ，L-乳酸の生産量が飛躍的に伸び，また非中和条件で生産されてしまうD-乳酸の生産量も大幅に低下し，結果として光学純度が72.7%から98.4%にまで上昇した。なお，中和剤として，炭酸カルシウム以外に水酸化ナトリウム，水酸化カリウムを検討したが，炭酸カルシウムで最も高い効率が得られた。

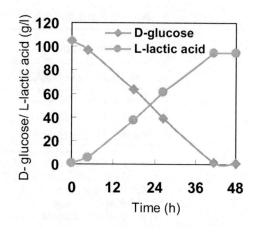

図8　L-乳酸高生産株での発酵試験
L-乳酸生成量は48時間で80〜90.4 g/lの間であり，その生産効率は0.77〜0.96 g/g D-glucoseであった。

以上のフラスコ培養で得られた条件を基に，ジャーファーメンターを用いてYPD培地で48時間発酵させたところ，32℃，3%炭酸カルシウム添加により，100gのグルコースから全くエタノールを生産せずに，光学純度で99.6%のL-乳酸を90g近く（生産効率約0.9 g/g D-glucose）生産させることに成功した（図8）[4]。

3.2　*Candida utilis*を用いた乳酸生産

同様のストラテジーで，Crab-tree効果が陰性である*C. utilis*においてL-乳酸生産を検討した。*C. utilis*はトルラ酵母とも呼ばれており，*S. cerevisiae*と同じくアメリカ食品医薬局（FDA）が食品添加物としての安全性を認可した数少ない食用酵母の1つである。また，本酵母は無機窒素の同化能が高く，キシロースも資化できることから，広葉樹の糖化液や製紙工場から出る亜硫酸パルプを糖源として，菌体の工業生産が行われた経緯がある酵母である[5]。さらに，電気パルス法による形質転換法を含む遺伝子組換えツールが整備され，モネリンなどの異種タンパク質の高生産にも利用されてきた[6]。まず，この*C. utilis*において，ピルビン酸脱炭酸酵素をコードする*CuPDC1*遺伝子を単離，同定し，破壊することとした。*C. utilis*は，核含量の測定から高次倍数体であることが示唆されていたが，*CuPDC1*遺伝子を破壊する過程で親株として用いた*C. utilis* NBRC0988株は4倍体であることが明らかとなった。また，*C. boidinii*同様，*Cupdc1*完全破壊株は*S. cerevisiae*のPDC破壊株のような重篤な生育遅延を示さないことが明らかとなった[7]。

次に，この*Cupdc1*完全破壊株にウシ由来のL-LDH遺伝子を染色体に組み込んで発現させた。そのとき，コピー数の異なる株を取得しその発酵特性を調査したところ，2コピー組み込んだ形

201

合成生物工学の隆起

表1 L-乳酸生産，グルコース消費へのコピー数，発酵温度の影響

Strain name/Temperature	L-Lactic acid (g/l/h)	Glucose (g/l/h)
Cupdc1Δ4-LDH1/30℃	3.5±0.1	3.8±0.3
Cupdc1Δ4-LDH2/30℃	4.2±0.1	5.2±0.2
Cupdc1Δ4-LDH2/25℃	2.9±0.1	3.1±0.1
Cupdc1Δ4-LDH2/35℃	4.9±0.2	5.3±0.1

*Cupdc1*完全破壊株にウシ*L-LDH*を1コピー（LDH1），もしくは2コ
ピー（LDH2）導入した株を作製し，フラスコ培養にて評価した。15 ml
のYPD10培地を100 mlのフラスコに入れ，菌体添加量は初発$OD_{600}=10$と
し，中和剤として炭酸カルシウムを添加し，微好気培養にて発酵試験を
行った。表は33時間発酵させたときの結果を示す。

質転換体の方が1コピー組み込んだ形質転換体よりもL-乳酸生産量，グルコース消費量共に高か
った（表1）。そして，2コピー組み込んだ形質転換体を用いて発酵試験を行い，温度などの最適
条件をフラスコ培養で検討した。その結果，L-乳酸生産量，グルコース消費量共に，最適温度は
35℃であることが明らかになった（表1）。最終的にジャーファーメンターにて，中和剤として
4.5%炭酸カルシウムを添加した35℃での発酵条件で，109 g/lのグルコースから，33時間で99.9
%を超す光学純度のL-乳酸を103 g/l生産させることに成功した[7]。

3.3 今後の展望

我々は，さらに廃糖蜜（スクロース）からのD-乳酸の生産[8]，キシロースからのL-乳酸生産[9]
についての検討も行い，90%を超える収率でこれらを生産させることに成功した。ちなみに，キ
シロースからの生産については，過去に酵母を用いて発酵生産させた文献報告[10]（147時間で100 g/
lキシロースから効率58%で乳酸を生産）をはるかに凌駕（42時間で100 g/lキシロースから効率92
%で93.8 g/lのL-乳酸を生産）していた。なお，ビール酵母仕込み粕糖化液を用いた発酵生産も
行っているところである。今後は，中和剤を使わずに生産することによる低コスト化，バイオマ
スからの高効率生産などの課題が挙げられる。このような課題は，微生物を用いた様々な物質を
生産する際の課題ともいえ，技術のブレークスルーにより，より一層環境に配慮した生産法の開
発が期待される。

4 おわりに

*Candida*属酵母を用いた発酵生産において，*C. boidinii*は一倍体であるために遺伝子操作が容
易である一方で，増殖にビオチンなどの栄養素の添加が必要である。また，L-乳酸生産において
は*C. utilis*には見られなかったD-乳酸の副産物生成が見られた。一方，*C. utilis*は倍数性が高い

第15章　実用酵母を用いたビール仕込み粕からのバイオエタノール生産と高効率乳酸生産法の開発

ために，遺伝子操作が容易ではないという一面はあるが，その増殖能の高さという点で他の酵母より優位である。また，Candida属酵母以外にも，Pichia属酵母をはじめとして様々な有用な実用酵母が存在している。今後は，これらの酵母を中心として微生物を用いた物質生産の技術を洗練化し，より発展させることで，将来に向けたバイオリファイナリーの実用化への取組みを行っていきたい。

謝辞

　本研究はキリンホールディングス・フロンティア技術研究所の足海洋史，西田武央，大澤文，藤井敏雄，米田俊浩，生嶋茂仁，玉川英幸，小林統，およびトヨタ自動車・バイオ・緑化研究所の大西徹，保谷典子，多田宣紀の各氏が中心となって行ったものを筆者が代表して記したものである。この場を借りて共同研究者各位に感謝申し上げたい。

文　　献

1)　足海洋史ほか，日本農芸化学会大会講演要旨集，p.99（2009）
2)　玉川英幸ほか，日本農芸化学会大会講演要旨集，p.99（2009）
3)　T. Komeda *et al.*, *Biosci. Biotechnol. Biochem.*, **66**, 628（2002）
4)　F. Osawa *et al.*, *Yeast*, **95**, 215（2009）
5)　H. Boze *et al.*, *Crit. Rev. Biotechnol.*, **12**, 65（1992）
6)　K. Kondo *et al.*, *Nat. Biotechnol.*, **15**, 453（1997）
7)　S. Ikushima *et al.*, *Biosci. Biotechnol. Biochem.*, **73**, 1818（2009）
8)　堀江暁ほか，バイオインダストリー，**28**, 11（2011）
9)　H. Tamakawa *et al.*, *J. Biosci. Bioeng.*, **113**, 73（2012）
10)　M. Ilmén *et al.*, *Appl. Environ. Microbiol.*, **73**, 117（2007）

第16章　海藻からエタノールを生産する微生物育種

村田幸作*

1　はじめに

　エタノール（バイオエタノール）は，現在の高い石油依存度と地球温暖化などの問題に対処可能な方策として期待が寄せられている。確かに，二酸化炭素を吸収して成長した植物を原料とする限り，カーボンニュートラルの観点から，化石燃料を使う場合よりも温室効果ガスの排出が抑制されると考えられる。しかし，エタノールの実用的生産には，解決されるべき技術的・社会的諸問題が山積している。20世紀の科学技術がそうであったように，社会と環境に視点を置いた俯瞰的（シナリオ）研究が不十分なままに技術開発が進められたことは否めない。

　トウモロコシに含まれるデンプン質を対象とした場合は，ヒトの食糧や家畜の飼料との競合やその栽培面積の確保に大きな問題がある。将来的に農耕地の拡大が望めない中で，現在70億人の世界人口と家畜は，今後，まだまだ増えるのである。穀粒以外の茎や葉（セルロース質）などを使うことも考えられるが，植物全体を農地から取り去ることは農地の貧栄養化のみならず，それを防止するための過剰追肥により環境と農業に大きな負担を生じかねない。また，セルロース，ヘミセルロース，およびフェニルプロパン体が複雑に結合した高分子リグニンの環境負荷の高い処理技術に加え，セルロースを分解するセルラーゼの低活性もエタノールの実用的生産の大きな障害となっている。雑草，低木，あるいは廃材をエタノール製造の原料として利用するとしても，セルロース質を対象とする限り，同様の問題を排除できる訳ではない。加えて，ヘミセルロースに含まれる五単糖の処理法も十分ではない。サトウキビなどに含まれる糖を利用する方法もあるが，この場合も栽培面積の拡大に伴う環境破壊が懸念される。セルラーゼの分子機能改変による高活性化や炭化水素生産微生物の育種も，少なからずの時間を要するであろう。我が国でも，エタノールの原料に関して供給源，供給量，運搬法，並びに分解法（セルロース質の糖化）の問題が大きく立ちはだかっている。

　こうしたデンプン質とセルロース質といった「陸性バイオマス」に付随した諸問題を回避する方向として，第三世代と云われる「海性バイオマス」の利用が考えられる。幸い我が国は広大な排他的経済水域を有し，そこでは膨大なバイオマスの生産が可能である。また，海性バイオマスの二酸化炭素固定量は莫大であり，地球温暖化問題の軽減も期待できよう。このような観点から，筆者らは海性バイオマス，特に褐藻類に含まれている多糖（アルギン酸，ラミナリン，セルロー

---

*　Kousaku Murata　京都大学　大学院農学研究科　食品生物科学専攻　生物機能変換学分野
　　　教授

第16章　海藻からエタノールを生産する微生物育種

ス）や糖（マンニトール）の全てをエタノールに転換する総合的な研究を進めている。特に，アルギン酸は褐藻類に乾燥重量で30～60％含まれる主要な海性バイオマスであり，その利用法の開発なくして海性バイオマスの総合的利用の展望は拓けない。

本章では，アルギン酸に焦点を当て，そのエタノールへの転換技術を紹介する。

2　アルギン酸

アルギン酸は，互いにC5位エピマーの関係にあるβ-D-マンヌロン酸（M）とα-L-グルロン酸（G）の二種類のウロン酸から成る直鎖状の酸性多糖である[1]（図1）。両ウロン酸は，ホモ（Gブロック，Mブロック）或いはヘテロ（MGブロック）なブロック構造をとってアルギン酸分子上に配位している。分子量は数百万に達する。粘性が強く，金属キレート能も有する。褐藻類に大量に含まれる他，緑膿菌や窒素固定細菌などによっても生産される。アルギン酸の一部は，食品，化学，医薬分野でも利用されているが，エタノール生産への転用によるこれら産業分野との競合は少ない。

世界の海藻全体および褐藻類の生産量は，中国が半分以上を占め，次いで日本，韓国，ノルウェーと続く。我が国の藻場で生産される海藻類の95％以上は，アルギン酸含量の高い褐藻類であると推測される。生産量，生産性，アルギン酸含量，コストなどを総合的に判断し，アルギン酸原料として大型褐藻類であるコンブ科のマコンブとホンダワラ科のアカモクが最適と判断された[2]。

マコンブの生産は我が国で最大であり，その流通経路も確立している。一部食糧などに利用される以外は，アルギン酸の最大の供給源となる。アカモクは，食糧への利用率も5％以下であり，養殖とその機械化が可能であり，加えて簡単な天日干で保存もできるため，主要なアルギン酸供給源になり得る。アカモクは日本の沿岸一帯で生産され，丹後半島の極一部の海域だけでも毎年5～6トン（湿重量），松島湾沿岸でも年間3,000～5,000トン（湿重量）の生産が見込まれている[2]。また，京都府農林水産技術センターではアカモクの養殖が始まっている。アカモク利用の拡大は，我が国の沿岸海域の開発と雇用の創出にも繋がる。

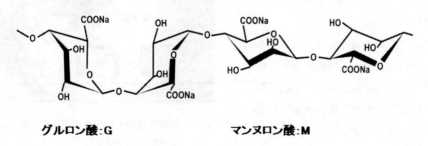

グルロン酸：G　　　　　　　　マンヌロン酸：M

図1　アルギン酸の構造

3 アルギン酸資化細菌

デンプン質やセルロース質からのエタノールの生産では，グルコースが直接的な原料となるのに対し，アルギン酸からの場合にはウロン酸となる（図2）。ウロン酸は，グルコースのヒドロキシメチル（–CH$_2$OH）基が酸化されてカルボキシル（–COOH）基になった構造をもつ。しかし，後述するように，アルギン酸の糖化産物は強い細胞毒性を示すため，糖化と発酵を独立させたエタノール生産法の構築は難しい。これらが従来のエタノール生産法とは異なる特徴であり，アル

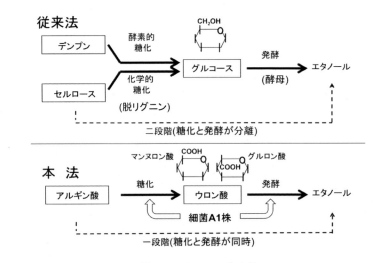

図2 エタノール生産法
デンプンやセルロースを原料とする従来法（上）とアルギン酸を原料とする本法（下）との差異

ギン酸からのエタノール生産には新たな方法論が求められる。そこで，アルギン酸（つまりウロン酸）を強力に資化する微生物として，スフィンゴモナス（*Sphingomonas*）属細菌A1株（以下，A1株と略称）を用いた（図3）。

スフィンゴモナス属細菌は，シュードモナス（*Pseudomonas*）属細菌から分枝されたグラム陰性細菌である。本細菌群の最大の特徴は，グラム陰性細菌に特有のリポ多糖を細胞表層にもたず，代わりに真核細胞に特有のスフィンゴ糖脂質をもつことにある。それ故，A1株の細胞表

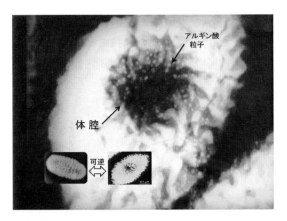

図3 A1株の体腔と体腔へのアルギン酸ゲル粒子（白球状物質）の濃縮
挿入図：左，酵母エキス生育細胞（体腔非形成細胞）
挿入図：右，アルギン酸生育細胞（体腔形成細胞）

第16章 海藻からエタノールを生産する微生物育種

層は，一般グラム陰性細菌のそれよりも疎水的である。加えて，A1株は細胞表層に開閉自在の孔「体腔」を形成し，そこからアルギン酸を細胞内に取り込み，細胞内で分解する高度な機能をもつ[3]（図3）。A1株は鞭毛をもたないが，アルギン酸を炭素源として生育した場合には，鞭毛タンパク質であるフラジェリンが誘導的に合成され，細胞表層に局在する。しかも，フラジェリンは極めて強いアルギン酸結合能を有する（注：アルギン酸結合能は，全ての細菌のフラジェリンに共通した性質である）[4]。A1株は，アルギン酸やペクチンなど，ウロン酸含有多糖の資化に特化されたような細菌である。

4 アルギン酸代謝

A1株において，体腔から取り込まれたアルギン酸はピルビン酸に転換される（図4）。この経

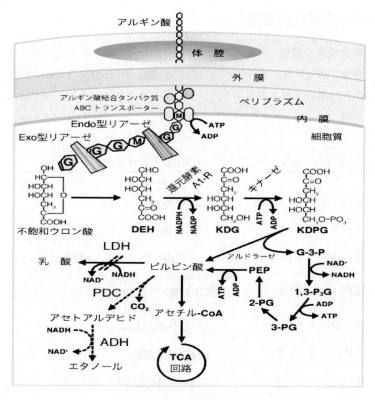

図4 A1株のアルギン酸代謝経路とその改変
実線矢印，A1株が元来もつ代謝経路；点線矢印，導入したエタノール合成経路；点線斜線，遺伝子破壊により遮断した乳酸合成経路；G, グルロン酸；M, マンヌロン酸；DEH, 4-deoxy-L-erythro-5-hexoseulose uronic acid; KDG, 2-keto-3-deoxy-D-gluconate; KDPG, 2-keto-3-deoxy-phosphogluconate; G-3-P, glyceraldehyde-3-phosphate; 1,3-P$_2$G, 1,3-bisphospho-D-glycerate; 3-PG, 3-phospho-D-glycerate; 2-PG, 2-phospho-D-glycerate; PEP, phosphoenolpyruvate

路の中で，アルギン酸を単糖に分解する糖化反応と生じた単糖［不飽和ウロン酸：非酵素的に細胞毒性を有するα-ケト酸（正式にはDEH：4-deoxy-L-erythro-5-hexoseulose uronic acid）となる］を無毒な2-keto-3-deoxy-D-gluconate（KDG）に変換する解毒反応が重要である。糖化反応は，細胞質局在性のエンド型アルギン酸リアーゼ（3種類：A1-I，A1-II，A1-III）とエキソ型アルギン酸リアーゼ（A1-IV）によって触媒される。アルギン酸リアーゼは，多糖分子内のウロン酸残基を認識し，その1,4-グリコシド結合をβ-脱離反応により切断する。生じた不飽和ウロン酸は不安定であり，開環して細胞毒性の強いDEHとなる。DEHは，直ちにNADPH依存α-ケト酸還元酵素（A1-R）によってKDGに転換される。KDGはリン酸化された後，アルドラーゼによってピルビン酸とグリセルアルデヒド-3-リン酸（G-3-P）に開裂される。しかし，A1株において，ピルビン酸脱炭酸酵素（PDC）とアルコール脱水素酵素（ADH）によって触媒されるエタノール合成活性は皆無に等しい。

5　エタノール生産株の育種[2]

5.1　エタノール合成系の構築

　エタノール生産菌*Zymomonas mobilis* ZM4のPDC遺伝子（*pdc*）とADH遺伝子（*adhB*）の各々を，*Z. mobilis* ZM4のプロモーターと共にスフィンゴモナス属細菌で機能する広宿主性プラ

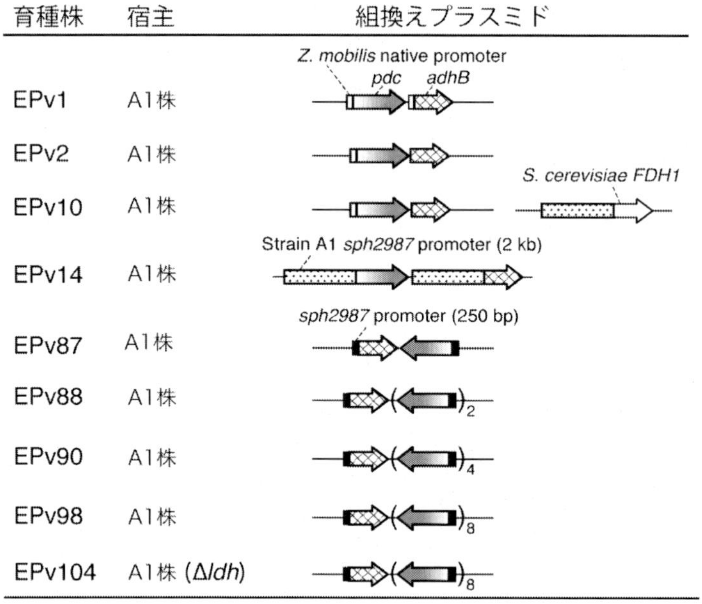

図5　組換えプラスミドの構造
括弧と下付き数字，*pdc*コピー数

第16章 海藻からエタノールを生産する微生物育種

スミド（pKS13）に連結し，この組換えプラスミドをA1株に導入することによって，A1株内にエタノール合成経路を構築した（図4）。得られた組換え株EPv1は，微好気条件下［50 strokes per minute（spm）］での培養10日間で0.2～0.3 g/lのエタノールを生産した。EPv1の変異体として，pdcのプロモーターにpdcとadhBをタンデムに連結したEPv2，更にEPv2にNADH再生系（酵母のギ酸脱水素酵素：FDH）を導入したEPv10も作製した（図5）。EPv10は，培養10日間でエタノール10 g/lを生産し，エタノール合成活性の顕著な増大が確認された。

5.2 プロモーターの強化

EPv1やEPv10のPDCおよびADH活性は，一般的なエタノール生産菌のそれらに比べて低い。エタノール生産性を高めるため，pdcおよびadhBを高発現させるプロモーターの利用を検討した。

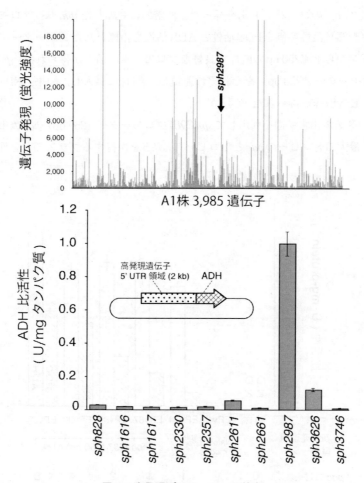

図6　高発現プロモーターの特定
上，アルギン酸に生育したA1株における高発現遺伝子（矢印）の検索
下，adhをレポーター遺伝子とする強発現プロモーター（sph2987遺伝子プロモーター）の特定

合成生物工学の隆起

先ず，アルギン酸を炭素源として増殖したA1株のDNAマイクロアレイ解析（図6：上）により高発現遺伝子群を特定した．次に，特定された遺伝子のプロモーター活性をADH活性を指標にしたレポーターアッセイで測定し，転写制御因子*sph2987*遺伝子のプロモーターが強力であることを見出した（図6：下）．*pdc*および*adhB*を*sph2987*プロモーター（2 kb）と連結し，A1株に導入して作製したEPv14のPDC活性はEPv1の10倍，ADH活性は44倍に達した（図5）．EPv14を微好気条件下（50 spm）で培養し，7日間でエタノール10 g/lの蓄積を確認した．

5.3 *pdc*の多コピー化

EPv14のADH活性は，一般的なエタノール生産菌のそれと遜色ないのに対し，PDC活性はADH活性の1/10程度と低く，PDC反応がエタノール生産の律速になっていると判断された．そこで，*pdc*の多コピー挿入を行い，PDC活性およびエタノール生産性の向上を試みた．先ず，*sph2987*プロモーター（2 kb）のコンパクト化を行った．段階的に短縮した*sph2987*プロモーター領域のプロモーター（転写）活性評価をPDC活性とADH活性を指標としたレポーターアッセイにより行い，開始コドンから上流250 bpの断片で良好なプロモーター活性が得られた．*pdc*および*adhB*に*sph2987*プロモーター（250 bp）をそれぞれ連結し，A1株に導入した結果，EPv14よりもPDC活性が上昇したEPv87株が得られた（図5）．

次に，*Xba*Iのメチル化感受性を利用して*sph2987*プロモーター（250 bp）-*pdc*カセットの挿入を繰り返し行い，最大で8コピーの*pdc*と1コピーの*adhB*を保持するプラスミドを作製した．得ら

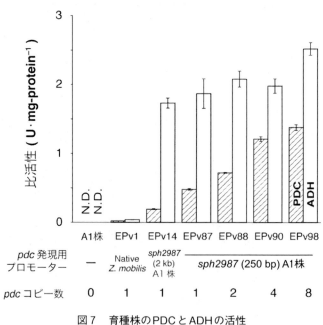

図7　育種株のPDCとADHの活性
育種株EPv1〜EPv98については図5参照

第16章 海藻からエタノールを生産する微生物育種

れた組換えプラスミドをA1株に導入し，EPv88～EPv98を作製した。これらの株のPDC活性は，導入した*pdc*のコピー数に従って上昇した（図7）。*pdc*を8コピー導入したEPv98のPDC活性は，EPv1の69倍，EPv14の7倍に達した。

5.4 培養制御

A1株は絶対好気性細菌であるため，エタノール生産は培養時の通気量によって影響を受ける。好気条件下（100 spm）で培養することにより，生育とエタノール生産性が共に最高になり，150 spmではエタノールの生産性が減り，アセトアルデヒドの蓄積が増加した（図8）。また，通気量に拘わらずエタノールのみが生産され，他の低級アルコールの生産は見られなかった。これもA1株を用いる上での有利な点である。100 spmで好気的に培養することでエタノール生産性の向上と同時に培養時間も大幅に短縮され，EPv98は培養3日間（100 spm）でエタノール11 g/lを蓄積した。PDC活性が低い株では，TCA回路にピルビン酸が消費され過ぎないように通気量を制限する必要があったが，同時にそれが生育やアルギン酸取り込みと代謝に必要なエネルギー生産の制限にもなっていた。好気条件下にあっては，本来TCA回路に流れる筈のピルビン酸を，高めたPDC活性でエタノール生産経路に強引に取り込み，エネルギー生産とエタノール生産が両立したと考えられる。

5.5 代謝側鎖の遮断

アルギン酸代謝系に関してメタボローム解析を行った結果，A1株およびEPv10株において，細胞内外に乳酸が高レベルで蓄積していることが判明した（図9）。乳酸合成はピルビン酸とNADHを消費し，エタノール生産と直接的に競合する。そこで，乳酸脱水素酵素（LDH）遺伝子（*ldh*）を破壊し，LDH活性がA1株のそれの1/5に低下した株（Δ*ldh*）を作製した（図4）。この遺伝子破壊株に，

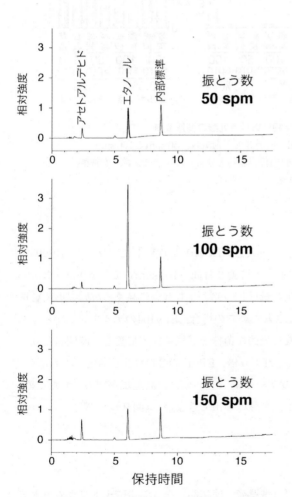

図8 育種株EPv104のエタノール生産性に及ぼす通気量の効果
ガスクロマトグラフィー分析

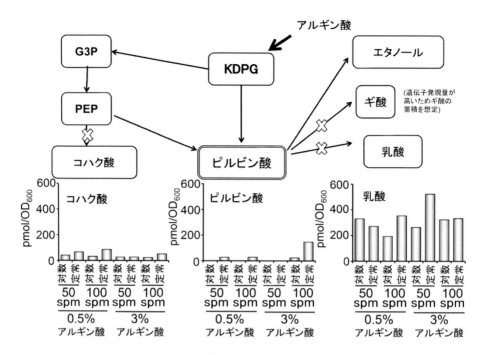

図9　アルギン酸資化過程における乳酸の多量蓄積
A1株を種々の条件（アルギン酸濃度，0.5％と3％；通気量，50 spmと100 spm）で培養し，対数増殖期と定常期における細胞内代謝産物を分析した。アミノ酸，有機酸，核酸，脂質などで著量蓄積を示す物質は見られなかった。

EPv98に導入したプラスミドと同じプラスミドを導入し，EPv104を作製した（図5）。EPv98と同様に，EPv104は強力なアルギン酸資化能を示し，培養3日間（100 spm）で13 g/lのエタノールを生産した[5]（図10）。EPv104のエタノール生産量はEPv98よりも有意に高く，ldh破壊がA1株のエタノール生産性向上に寄与したことが確認された。この場合，EPv104のアルギン酸からエタノールへの変換効率は54％であった。作製した代表的な菌株を好気条件で培養し，時間当たりのエタノール生産速度を比較すると，EPv104はEPv1の6倍，EPv14の2倍の生産性を示した。尚，DNAマイクロアレイによりピルビン酸：ギ酸リアーゼ遺伝子（pfl）の高発現が認められたため，ギ酸の蓄積も想定される（メタボローム手法上，ギ酸は検出できない）（図9）。

6　実際的生産に向けて[2]

マコンブ（北海道産：凍結品）とアカモク（宮城県産：凍結品）を5％炭酸ナトリウム熱水溶液に浸漬することにより，容易にアルギン酸を抽出できる。両藻体から抽出されたアルギン酸の分子量は530〜580 kDaと小さく，その溶液の粘性も低くなるため，アルギン酸の取り扱いが容易

第16章 海藻からエタノールを生産する微生物育種

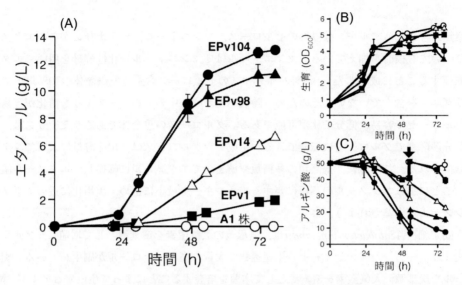

図10 育種株によるアルギン酸からのエタノール生産
5％アルギン酸培地（100 mL/300 mL容フラスコ）にて100 spm，30℃で育種株（図5参照）を培養し，エタノール生産量(A)；生育(B)；培地中のアルギン酸濃度(C)を測定した。なお，(C)における矢印は，アルギン酸フィーディング（1 g/フラスコ）を示す。グラフ中の値とエラーバー，3回の独立した実験の平均値と標準偏差（$n=3$）。

になる。A1株のエンド型アルギン酸リアーゼ（A1-III）を発現した大腸菌をポリアクリルアミドゲルに固定化し，これを充填したカラムを用いてアルギン酸からのオリゴ糖（3〜4糖）の連続生産が可能である。このバイオリアクターシステムの半減期は，30℃，空間速度（Space velocity）＝$0.5\,h^{-1}$で約30日と算出された。このようにして調製したアルギン酸とアルギン酸オリゴ糖は，上記の分子育種株EPv104によって効率よくエタノールの生産に用いることができる。

7 おわりに

褐藻類の主要なバイオマスであるアルギン酸からエタノールを生産するシステムを世界に先駆けて確立した。このエタノール生産系は，A1株の体腔機能と強力なウロン酸代謝能を土台に，代謝工学と網羅的解析技術（DNAマイクロアレイやメタボロミクス）を応用して達成された集積バイオシステム（Integrated Biosystem）である。このシステムの更なる条件検討により，例えば低分子化アルギン酸の高濃度仕込みなどにより，エタノール生産性の向上が期待される。尚，本章に記載した以外に，A1株のエタノール耐性の増強，糖化活性の強化（*Agrobacterium tumefaciens* C4のエキソ型アルギン酸リアーゼの導入），NADPH依存性をNADH依存性に分子変換した変異型α-ケト酸還元酵素（変異型A1-R）の導入など，多くの改造を検討したが，その詳細は省略す

る[2]。

　褐藻類に含まれるアルギン酸以外のセルロース，マンニトール，ラミナリンからのエタノール生産についても検討を加えている。マンニトールは，マンニトール資化性酵母を用いてエタノールに転換することに成功した[6]。海性バイオマスのセルロース含量は乾燥藻体の10％以下であるが，リグニンを含んでいない。そのため，陸性バイオマス中のセルロースよりも糖化が容易であり，セルラーゼで容易に低分子化が可能である。グルコースの重合体であるラミナリンは，ラミナリン分解酵素でグルコースに転換できる。生成したグルコースは，出芽酵母によってエタノールに転換される。この様に，褐藻類の多糖類や糖を全てエタノールに転換し，エタノール濃度を上げることによりエタノールの蒸留に要するエネルギーを最小に止め，実用化に近いエタノール生産システムが構築されよう。

　窒素固定細菌 *Azotobacter vinelandii* は，無尽蔵の大気窒素を窒素源として増殖し，アルギン酸を合成する。一方，バイオディーゼル生産過程で大量の廃グリセロールが副生している。廃グリセロールを炭素源，大気窒素を窒素源として本菌を培養することによって生成するアルギン酸は，褐藻由来のアルギン酸と共にエタノールの生産に使用できることも明らかにしている[2]。海域圏に止まらず，大気圏の窒素ガスの利活用まで含めた「大環境バイオテクノロジー」の構築を基軸とした研究を企てている。

文　　献

1) P. Gacesa and N. J. Russell, Pseudomonas infection and alginates, 29-49, Chapman and Hall（1990）
2) 村田幸作，イノベーション創出基礎的研究推進事業（発展型研究），研究成果報告書（公開版）（2011）
3) Y. Aso *et al.*, *Nature Biotechnol.*, **24**, 188（2006）
4) Y. Maruyama *et al.*, *Biochemistry*, **47**, 1393（2008）
5) H. Takeda *et al.*, *Energy Environ. Sci.*, **4**, 2575（2011）
6) 太田安里ほか，日本生物工学会大会平成23年度大会，講演要旨集，p.114

第17章 微生物工場による「多元ポリ乳酸」創製のための合成生物工学

渡辺剛志[*1]，越智杏奈[*2]，田口精一[*3]

1 はじめに

これまでの長い間，石油文明に浴してきた人類にとって，石油依存の産業体系や日常生活に大きな変革がもたらされている。全てのモノづくりの主原料であった石油から再生可能バイオマスに少しずつ原料転換を迫られている今日，どのようにして従来の製品を生み出していけるのか？そのための製造プロセスをどのように構築していくのか？関連の生産現場では重要な課題の一つになっている。まさに画期的な"グリーンイノベーション"が求められている。石油化学製品の代表ともいえるプラスチックは，世界で年間2億トン弱生産されており，日本はその約1割を生み出している[1]。そこで，バイオマス由来のプラスチック（バイオベースプラスチック）が，石油系プラスチックの1割でも代替できれば，巨大なシェアであることを考えれば大きな貢献である。バイオベースプラスチックの代表格であるポリ乳酸[2,3]は，世界の多くの企業が生産を始め，ステレオコンプレックスによる耐熱性向上など，日進月歩の勢いで物性改善がなされている[4]。

このような背景の中，ポリ乳酸あるいはポリ乳酸を超えるバイオベースプラスチック素材を「微生物工場」によって生産するというのが，最近我々が取り組んでいる研究である。微生物工場とは，微生物細胞の物質生産能力に着目して，その性能を引き出しながら高付加価値の化学品素材やプラスチック素材を生産することを意図した言葉である。工場と命名する以上，ブラックボックスのハンドリングで偶然の産物を期待するものではなく，微生物細胞内で運用されている各種代謝経路の作動原理をよく理解した上で，合理的に目的生産物を合成できるプロセス開発をする必要がある。従来の代謝工学という概念からさらに進んで，構成的な「仕掛け」を細胞内にシステマティックにインストールすることで，目的物質の最適な生産を実現することが使命である。このような考え方やアプローチは，微生物を用いた「合成生物工学」と呼ばれている。

本章では，ポリ乳酸あるいはポリ乳酸を超えるバイオベースプラスチック素材（"多元ポリ乳

---

* 1 Tsuyoshi Watanabe 北海道大学 大学院工学研究院 生物機能高分子部門 生物工学分野 バイオ分子工学研究室 博士研究員

* 2 Anna Ochi 北海道大学 大学院工学研究院 生物機能高分子部門 生物工学分野 バイオ分子工学研究室 博士研究員

* 3 Seiichi Taguchi 北海道大学 大学院工学研究院 生物機能高分子部門 生物工学分野 バイオ分子工学研究室 教授

酸"と命名）を合成生物工学的にどのように微生物生産するか？について解説する。キーワードは，多元ポリ乳酸，乳酸重合酵素，進化工学，代謝改変，ポリヒドロキシアルカン酸（PHA），である。

2 背景

2.1 微生物ポリエステルPHA

ポリヒドロキシアルカン酸（PHA）は，図1に示されるようなモノマー構造を有する微生物ポリエステルである。PHAは，植物由来の糖や植物あるいは二酸化炭素から直接微生物合成できることから，資源循環型の環境調和素材であり，PHAを石油系プラスチックの代替品として利用すれば，カーボンニュートラルという観点でプラスチック産業の環境負荷を軽減できると期待されている。たとえば，PHA研究の初期に報告された水素細菌 *Ralstonia eutropha* をはじめ多くのPHA生産菌は，3-ヒドロキシ酪酸（3HB）のホモポリマーであるポリヒドロキシ酪酸（P(3HB)）を生産する。P(3HB)は，硬くて脆い性質であることから，実用化のためには物性の改善が必要であった。本課題を解決するための先駆的な研究は，3HBモノマーと比べて，炭素鎖が1つ長い3-ヒドロキシ吉草酸（3HV）モノマーを共重合化したP(3HB-*co*-3HV)共重合ポリマー（コポリマー）の生合成であった[5,6]。さらに，第二モノマー成分として3HVよりも側鎖長の長い3-ヒドロ

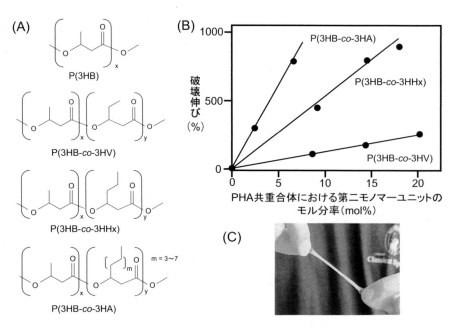

図1　PHAの化学構造とその第二モノマーユニットが柔軟性に与える影響
(A)PHAの化学構造式，(B)各PHAの第二モノマーユニットの分率と破壊伸びの関係性，(C)柔軟性が向上したPHA。

第17章 微生物工場による「多元ポリ乳酸」創製のための合成生物工学

キシヘキサン酸（3HHx）やそれ以上の炭素鎖を含む3-ヒドロキシアルカン酸（3HA）ユニットを導入し，分率を向上させることで，破壊伸びが向上したことにより柔軟なポリマーの合成に成功してきた[7,8]。

2.2　PHAの生合成経路

図2に微生物細胞内における代表的なPHA生合成経路を示す。PHA生合成は①モノマー供給のための代謝経路と，②PHA重合酵素（PhaC）による重合反応プロセスに大別できる。①に関して，PHA生産菌における内在性のモノマー供給経路は，主に3つ知られている。まず，グルコースなどの糖から解糖系を経て生じるアセチルCoAからβ-ケトチオラーゼ（PhaA）と，アセトアセチルCoAリダクターゼ（PhaB）による二段階反応で3HB-CoAモノマーを供給する*de novo*経路である。2つ目は，脂肪酸からβ酸化系によって供給される経路である。一部のPHA生産細菌（*Pseudomonas*属細菌など）は，脂肪酸β酸化系の中間体から3HA-CoA（および3HB-CoA）へ変換する酵素であるエノイルCoAヒドラターゼ（PhaJ）を有しているため，脂肪酸やその誘導体を炭素源として，3HAモノマーを供給することができる。3つ目は，脂肪酸生合成経路であり，3HA-CoAが供給されることが知られている。これら供給されたモノマーは，最終段階でPhaCの重合反応のモノマー基質として利用され，ポリマーが合成される。3HB-CoAに対して基質特異性を有するPHA重合酵素はP(3HB)を合成し，幅広い基質特異性を有する酵素は側鎖長の異なる3HBと3HAユニットからなるP(3HB-*co*-3HA)コポリマーを合成する。この際，PHA重合酵素の基質特異性はコポリマー中の3HBと3HAの分率に大きく影響する（図1）。

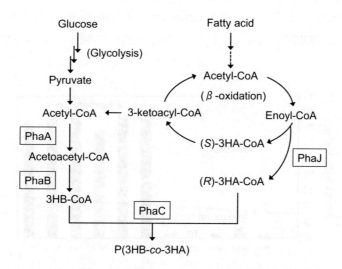

図2　微生物におけるPHA生合成経路
　PHA生合成は，モノマー供給，重合反応に大別できる。モノマー供給経路として，解糖系で生じたアセチルCoAからPhaAおよびPhaBを介して3HB-CoAが供給される*de novo*経路と，脂肪酸からβ-酸化経路を通じて3HA-CoAを供給する経路がある。重合反応はPhaCが担う。

2.3 PHA重合酵素の進化工学によるPHAの高性能化

コポリマーのモノマー組成は，材料の物性に影響を与える因子の一つであるため，ポリマー合成の鍵となる重合酵素の基質特異性の改変は応用上極めて重要であった。筆者らは，PHA重合酵素を人工進化させることによって，望みの物性を備えたPHAポリマーを自在に合成することを目標とした。その際，幅広い基質特異性を有する *Pseudomonas* sp. 61-3由来のPHA重合酵素（PhaC1$_{PS}$）を出発酵素として選定した[7,8]。PhaC1$_{PS}$ は，中鎖からなる3HAユニットの取り込みは容易であったが，3HBユニットの取り込み能力が微弱であるという課題があった。そこで，3HBに対する反応性を強化するための酵素改変をP(3HB)ホモポリマーの蓄積能力の向上を指標に実施した[9]。本酵素は，立体構造が未解明であり，改変指針を立てることが困難であったことから，網羅的な遺伝子変異と機能選択による進化工学的アプローチを応用した。

まず，PHA重合遺伝子の全域に対して，1～2アミノ酸置換が生じるようにランダム変異を導入した。その重合酵素遺伝子を大腸菌でライブラリー化し，ハイスループットスクリーニング法により，高ポリマー蓄積株の取得を目指した。スクリーニング法は，ポリマー生合成量（3HBに対する反応性）をポリマー蓄積の大腸菌コロニーの発色強度で判定できるプレートアッセイ系を用いた[9]。選抜された変異体は，試験管レベルで培養しHPLCによってP(3HB)蓄積能を定量的に調べ，変異部位と置換アミノ酸に関する情報を集積した。最終的には，図3に示すように3HBに高活性を示す優良変異酵素（第一世代）の取得に成功した[10]。さらに，得られた変異体のシングル優良変異を系統的かつ合理的に組み合わせた。その結果，P(3HB)蓄積能力が野生型と比較して約420倍にまで向上する第二世代の優良変異酵素を創製することに成功した[11]。得られたこれら進化型PHA重合酵素ライブラリーを用いて，本題であるモノマー組成制御が可能か検討した。その結果，元々の野生型PhaC1$_{PS}$が合成するコポリマー中のHB分率が14％であったのに対して，3HB分率が70％にまで幅広く増加したコポリマーが合成された（図4）。こうして，筆者らはPHA

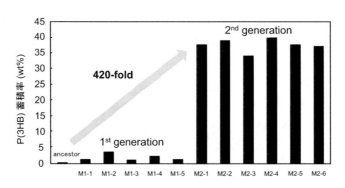

図3　進化工学的手法による *Pseudomonas* sp. 61-3由来PHA重合酵素（PhaC1$_{PS}$）の進化
P(3HB)重合活性を向上させるために，祖先となるPhaC1$_{PS}$にランダム変異を導入することによって，シングル優良変異体を得た（第一世代）。そして，これら変異体を系統的かつ合理的に組み合わせることで，420倍にまで活性が向上した変異体の取得に成功した。

第17章 微生物工場による「多元ポリ乳酸」創製のための合成生物工学

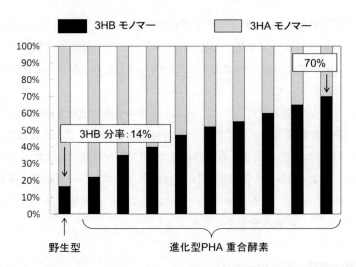

図4 *Pseudomonas* sp. 61-3由来進化型PHA重合酵素によるPHAの組成制御
進化型PHA重合酵素ライブラリーを用いることで，3HB分率が14%から70%まできめ細かに組成制御が可能であることが示された。

重合酵素の分子進化により酵素の基質特異性を変換し，共重合PHAのモノマー組成を広範囲かつ微細に変化させることに成功した。この研究の成果により，用途に応じた組成からなるコポリマー合成を，取得した多くの変異ライブラリーを活用することで，"テーラーメイド"に実現できるようになった。

3 乳酸ポリマー生産微生物工場の誕生・発展

3.1 乳酸重合酵素の発見

前節では，PHA重合酵素の進化工学研究を通じて，既存のPHAの共重合モノマー組成を精密制御できる微生物合成システムの開発について述べた。しかし，既存にない非天然モノマーが導入された新規ポリマーを合成することが我々の長年の夢であった。最初に注目したのは「乳酸（LA）」である。乳酸は，解糖系によってATPが産生される過程で還元力の捨て場として菌体外へ放出される有機酸である。一方，その化学構造に目を向けると3HBに極めて似たヒドロキシ酸である。そこで，もしPHA重合酵素に乳酸をモノマーとして重合する活性があるならば，ポリマー鎖中に乳酸が導入されるであろうと仮説を立てた。では，そのような重合酵素が自然界に存在するのだろうか？少なくとも，生物細胞内で乳酸ポリマーなるものも，ましてや「乳酸重合酵素」と呼べるべきものが報告された例は見当たらない。自然界から乳酸重合酵素を発掘する方法が見出せなかったので，我々は人工的に創出することを着想した。そこで，PHA重合酵素を乳酸重合酵素へ「転用」することを考えた。実際に，進化型PHA重合酵素ライブラリーを用いて，重合酵素の能力のみを純粋に評価できるように，LA-CoAと3HB-CoAを含むインビトロ重合反応系に

合成生物工学の隆起

おいて，天然および変異型のPHA重合酵素をポリマー合成試験したところ，大変幸いなことにPhaC1$_{PS}$(ST/QK)変異体においてポリマー様の沈殿物が生じた。生じた沈殿物の組成分析を行った結果，P(LA-co-3HB)のコポリマーであることが明らかとなり，待望の乳酸重合酵素を発見することができた[12]。

これまで天然のPHA重合酵素を用いて，LA-CoAに対する重合活性を評価する論文はいくつか見られ，世界中で多くの研究者たちが乳酸重合酵素を探索していたことが推察される[13,14]。しかし，ポリマー鎖にLAユニットを取り込む能力を持つPHA重合酵素は見つかっていなかった。したがって，今回の幸運は，数多くの進化型PHA重合酵素ライブラリーを創出・保有していたことによってもたらされたと思っている。加えて，本研究によって，新規ポリマー合成にも進化型重合酵素が対応できるという可能性を示すことができた。

3.2 微生物工場の構築・モデルチェンジ
3.2.1 代謝工学

では，乳酸重合酵素を利用して，乳酸ポリマーをPHAと同様に微生物を利用して生合成することはできないだろうか？そのためには，乳酸ポリマーの材料となる3HBモノマーおよびLAモノマーを細胞内で必要量供給し，乳酸重合酵素で重合させる必要がある。図5にそれを実現するための乳酸ポリマーの微生物工場の設計図を示した。本工場では，大腸菌内に普遍的に存在する乳酸

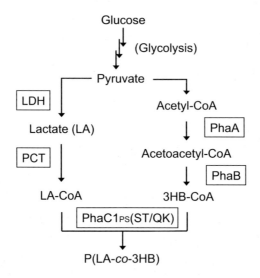

図5 微生物工場における乳酸ベースポリマー生合成
乳酸ベースポリマー微生物工場は，乳酸重合活性を有するPhaC1$_{PS}$(ST/QK)の発見が鍵であった。乳酸モノマー（LA-CoA）を供給するために乳酸脱水素酵素（LDH），プロピオニル-CoA転移酵素（PCT）を作動させた。3HBモノマー（3HB-CoA）の供給は，de novo経路を用いた。そして，PhaC1$_{PS}$(ST/QK)がこれらのモノマーを重合することで，新規のポリマーであるP(LA-co-3HB)の生合成に成功した。

第17章　微生物工場による「多元ポリ乳酸」創製のための合成生物工学

脱水素酵素（LDH）の反応を利用してモノマー前駆体となる乳酸を合成し，外来遺伝子であるプロピオニル-CoA転移酵素（PCT）によって，LAモノマー（LA-CoA）を合成するという代謝経路である。また，3HBモノマー供給経路としては，これまでのphaAB遺伝子を用いた反応を利用し，これらのモノマーを乳酸重合酵素を用いて重合した。その結果，設計どおり微生物工場は駆動し，LA分率6 mol％のP(LA-co-3HB)の生合成に初めて成功した[12]。

　このようにして，乳酸ポリマー微生物工場のプロトタイプができたが，LA分率は6 mol％に留まっており，その物性はP(3HB)に近いものであった。さらにLA分率をさらに向上させるためにはどうすればいいのだろうか？戦略として，初発原料である乳酸の細胞内合成量の増強および乳酸重合酵素のさらなる進化が考えられた。まず最初に，乳酸の合成量を増強することを試みた。炭素源であるグルコースから解糖系によって生成されるピルビン酸は，好気的条件ではアセチルCoAの合成に傾き，嫌気的条件ではLAの合成に傾くことが知られている。そこで，LAモノマーの供給を増加させるために，嫌気条件下で培養を行った。培養後，ポリマーを抽出して分析を行った結果，LA分率は47 mol％と飛躍的に向上していた[15]。得られたポリマーの物性を調べてみたところ，LA分率47 mol％のP(LA-co-3HB)は，P(3HB)と比べて明らかに透明性が増していた。さらに，硬質なPLAおよびP(3HB)に比べ，柔軟な性質を示していた。その後，細胞内での乳酸合成量が向上するための代謝改変株を利用することによって，さらに高生産性が期待できる好気培養へと転換することも可能となった。

3.2.2　酵素進化工学

　LA分率を向上させる別のアプローチとして，乳酸重合酵素の進化が考えられた。乳酸重合酵素は乳酸ポリマーの生合成における鍵酵素であり，生体触媒である酵素の改変は，重合されるポリマーの生産性や物性に直接影響する。先述したように，筆者らは，これまで多くのPHA重合酵素の進化実験を行っており，様々な性質を持つ莫大な数の進化型PHA重合酵素ライブラリーを保有している[8]。その中で，異なる微生物由来のPHA重合酵素で発見された重合酵素の活性を高める優良変異点（FS変異）[16, 17]に着目し，乳酸重合酵素中の対応するアミノ酸残基に変異を導入した（ST/FS/QKと命名）。その結果，ポリマー中のLA分率は45 mol％まで上昇し，種の異なる酵素間に機能的な互換性があることが明らかとなり，より高活性な改変型乳酸重合酵素が創出された（図6）。さらに，この優良変異点に対して総アミノ酸置換を行ったところ，アミノ酸の種類によって様々なLA分率を有するポリマーが生産され，精密なLA分率の制御に効果的であることが分かった。また，最も高いLA分率を示すST/FS/QK変異体を乳酸供給に有利な嫌気条件下で培養したところ，さらにLA分率は62 mol％まで上昇した[18]。前節で示したP(3HB-co-3HA)コポリマーと同様，乳酸ポリマーにおいても酵素の進化によりポリマー中のモノマー組成を微細に変化させることができ，テーラーメイド型のポリマー生産が可能となった[18]。

　では，ポリマー中のLA分率はどこまで上げることができるのだろうか。インビトロの実験で示されていたように，乳酸重合酵素によるLAの重合には3HBモノマーがプライミングユニットとして必須である。そのため，厳密には微生物工場でLA分率が100 mol％のPLAを合成すること

221

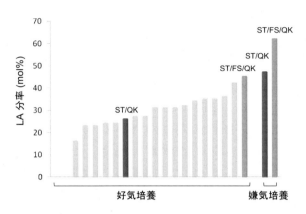

図6　進化型乳酸重合酵素によるLA分率の制御
乳酸重合酵素（ST/QK）の活性を高める優良変異点での総アミノ酸置換を行うことにより，ポリマー中のモノマー分率を微細に変化させることができる。さらに，最も高いLA分率を示すST/FS/QK変異体を嫌気条件下で培養することによって，LA分率は62 mol％まで上昇した。

はできないであろう。乳酸重合酵素が必要とする最小限の3HBモノマーを供給し，残りはLAモノマーが重合されるようなモノマー供給系を確立することができれば，LA分率が限りなく100 mol％に近い乳酸ポリマーの合成が可能となるはずであるが，偶然の発見により，LA分率が96 mol％の乳酸ポリマー（LA96）を合成することができたのである[19]。

　本ポリマーをNMR解析で解析したところ，PLAとほとんど同一のシグナルが観測された。さらに，化学重合されたPLAとLA96の物性・機能性を比較したところ，両者の熱的性質はほぼ同等の値を示しており，微生物工場でもほとんどPLAと変わらない乳酸ポリマーを合成できることが判明した[20]。

4　多元ポリ乳酸への拡張

　PLAと同等の物性や機能を発現するポリマーを微生物合成することに成功したが，さらにPLAと区別化できる魅力的なバイオベースプラスチック素材を作り出すことはできないだろうか？これまでに，微生物によるポリマー合成に使用可能なモノマー種は，3HBを含め150種類以上が報告されており，組み合わせによってはポリマーの機械的性質や熱的性質が変化し，多様な機能を持たせることができる。実際に，乳酸ポリマーは3HBモノマーと共重合化することによって，柔軟性が付与された。乳酸重合酵素は，獲得・強化されたLAおよび3HBモノマーに加え，元来の基質である様々な3HAモノマーを重合することができる。そこで，今回は3HAモノマーに着目し，P(LA-co-3HB)中に新たに3HAユニットを導入した多元ポリ乳酸の一つであるP(LA-co-3HB-co-3HA)の生合成を試みた。

第17章 微生物工場による「多元ポリ乳酸」創製のための合成生物工学

4.1 P(LA-co-3HB-co-3HV) の生合成

最初に，3HBより炭素鎖の1つ長い3HVユニットが3つ目のモノマーとして取り込まれた三元共重合体P(LA-co-3HB-co-3HV)の合成を試みた。当研究室では，すでにプロピオン酸を基質としてPhaAおよびPhaBを導入することで3HVモノマーを供給する，P(3HB-co-3HV)共重合体の微生物生産系の構築に成功している。P(LA-co-3HB)生合成経路はPhaAおよびPhaBを利用しているため，LAおよび3HBの基質となるグルコースに加え，プロピオン酸を添加することで3HVモノマーを供給可能であると考え，図7に示したような生合成経路を設計した[20]。

ポリマー合成用の組換え大腸菌の培養時に添加するプロピオン酸濃度を検討した結果，プロピオン酸濃度が10〜100 mg/Lの時，菌の生育を大きく損なうことなくポリマーの蓄積が見られた。得られたポリマーをGC/MS分析したところ，P(LA-co-3HB-co-3HV)であることが分かった。さらに，NMR解析で3HV-LA配列の連鎖シグナルが見られ，3HVとLAが同じポリマー内に存在していることが証明された。この際，ポリマー中に取り込まれる3HVユニットは，添加するプロピオン酸の濃度に比例して増加し，一方，LAユニットは，3HVユニットの増加に伴い減少していた[20]。このことより，添加するプロピオン酸濃度を変えることによって，P(LA-co-3HB-co-3HV)のモノマー組成を制御でき得ることが示された。

では，P(LA-co-3HB-co-3HV)の物性は，どうであろうか？一般的なPHAの物性は，すでに図1

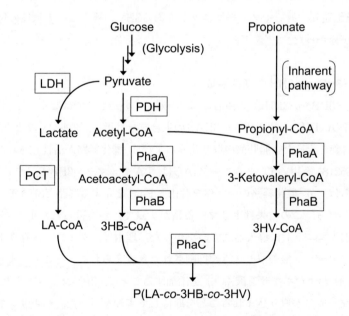

図7 P(LA-co-3HB-co-3HV) 生合成の代謝経路
乳酸ポリマー生合成の微生物工場にプロピオン酸を添加することによって，第三のモノマー成分である3HVモノマー（3HV-CoA）を供給し，P(LA-co-3HB-co-3HV)を合成することができる。また，添加するプロピオン酸濃度を変えることで，コポリマー中のモノマー組成を制御でき得る。

合成生物工学の隆起

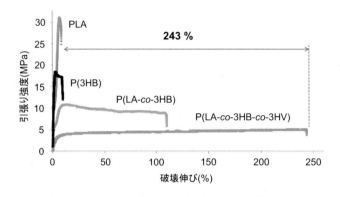

図8　P(LA-co-3HB-co-3HV) の機械的物性
ポリマーフィルムを作製し，引張試験を行った。P(LA-co-3HB-co-3HV) の
破壊伸びは，243%を示した。3HVの導入が柔軟性に寄与したと考えられる。

で述べたが，側鎖の長いモノマーユニットを導入することで柔軟性は向上する傾向が見られる。ゆえにこの多元ポリマーは，P(LA-co-3HB) と比べて柔軟性が増していることが期待された。ポリマーフィルムを作製し，引張試験を行った結果，P(LA-co-3HB-co-3HV) の破壊伸びは243%と計測され（元の長さから2.4倍伸びた），P(LA-co-3HB) より柔軟性が向上していることが示された（図8）。予想通り，第三モノマーユニットである3HVの導入は，柔軟性の付与に大きく貢献していることが分かった。

4.2　P(LA-co-3HB-co-3HHx) の生合成

実は，P(LA-co-3HB-co-3HHx) の生合成は，予期していたものではなく，全く偶然の発見であった。当初，筆者らはP(LA-co-3HB-co-3HA) の生合成を目指し，グルコースとドデカン酸(C12)を含んだ培地で培養を行った。脂肪酸の取り込みおよびβ-酸化経路が活性化された大腸菌代謝改変株（E. coli LS5218）を用いて，グルコースからは，LAモノマーと3HBモノマーの供給を，ドデカン酸の添加からは，β-酸化経路の中間体を経由しPhaJを介する経路で3HAモノマーの供給を狙った[21]。残念ながら，この結果はポリマー蓄積が少量で，かつ得られたポリマーもP(LA-co-3HB) であり，3HAユニットは導入されていなかった。理由は，グルコース存在下ではカタボライト抑制が働き，ドデカン酸の取り込みが抑制されたと考えられた。そこで，より短い脂肪酸であるブタン酸 (C4) およびヘキサン酸 (C6) を添加することで，3HVユニットよりも側鎖の長い，新たな第三モノマー成分が取り込まれることを期待して実験を行った。ヘキサン酸を添加した場合では，細胞の生育は著しく阻害され，ポリマーの蓄積は見られなかった。しかしながら，ブタン酸の添加においては，細胞は通常通りに生育し，ポリマーの蓄積が見られた。得られたポリマーを分析した結果，驚いたことに3HHxモノマーが取り込まれた三元共重合体P(LA-co-3HB-co-3HHx) であった[21]。では，なぜブタン酸から3HHxモノマーが供給されたのだろうか。図9に予

第17章 微生物工場による「多元ポリ乳酸」創製のための合成生物工学

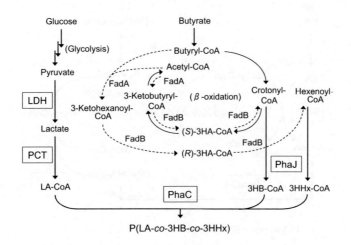

図9 P(LA-co-3HB-co-3HHx)生合成の代謝経路
β-酸化経路が活性化した大腸菌代謝改変株（E. coli LS5218）を用いた。ブタン酸からの3HHxモノマー（3HHx-CoA）の供給は，点線で示したβ-酸化経路の逆反応によるものと推定される。

想されるP(LA-co-3HB-co-3HHx)生合成の代謝経路を示した。現在のところ，ブタン酸からの3HHxモノマー生成は，点線で示したβ-酸化経路の逆反応によるものと思っている。

結果として，ブタン酸を前駆体として用いることで，LAモノマーと3HHxモノマーを同時に供給する系を確立することができ，P(LA-co-3HB-co-3HHx)の合成が達成された。

4.3 P(LA-co-3HB-co-3HA)の生合成

では，より多様な3HAの入った多元ポリ乳酸を合成するにはどうすればいいのだろうか。3HAモノマーの供給源としてドデカン酸は有効であるが，4.2項の結果より，グルコース存在下ではβ-酸化経路がうまく機能しないことが示されている。そこで，次の戦略として，グルコースを添加しない生合成経路の検討を行った（図10）[22]。ドデカン酸からは，β-酸化経路を介した3HAモノマーの供給と，反応中間体であるアセチルCoAを経由したphaABによるde novo経路から3HB-CoAモノマーの供給が期待される。では，LAモノマーの供給をどうするかであるが，乳酸の直接添加法を試すことにした。添加した乳酸は大腸菌細胞内に取り込まれ，PCTによってLA-CoAとして供給される。

図10に設計した乳酸ポリマー生合成経路を示す。乳酸を0.25および0.5 wt%の濃度範囲で培地に添加した場合，ポリマー中にLAが取り込まれ，得られたポリマーはLA, 3HB, 3HHx, 3HO（3-ヒドロキシオクタン酸），3HD（3-ヒドロキシデカン酸），3HDD（3-ヒドロキシドデカン酸）から構成される多元ポリ乳酸P(LA-co-3HB-co-3HA)であった[22]。今回，乳酸を外部添加することによって，LAモノマーおよびβ-酸化経路とPhaJを利用した脂肪酸からの3HAモノマーを同時に供給することが可能となり，様々な3HAモノマーの入った多元ポリ乳酸の生合成に成功した。

225

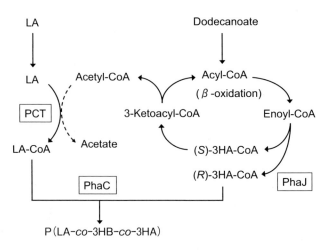

図10 P(LA-co-3HB-co-3HA)生合成の代謝経路
多元ポリ乳酸P(LA-co-3HB-co-3HA)生合成のために，β-酸化経路を基盤とした3HAモノマー（3HA-CoA）供給系を構築した。LAモノマー（LA-CoA）の供給源としてグルコースを用いず，LAを外部添加することでカタボライト抑制を避け，ドデカン酸からの3HA-CoA供給が可能となる。

5 将来展望

　以上述べてきた研究の対象・概念・戦略は，「合成生物工学」の典型的な例といえるであろう。今回は，従来の化学法によって合成されてきたポリ乳酸の同等品を，微生物を基盤としたバイオプロセスで合成することが初期の目標であった。しかし，本微生物工場は乳酸をベースに多種多様なモノマーとの共重合化によってポリ乳酸を超える性能や機能を有する多元ポリ乳酸を合成できることから，これからが本領を発揮するステージである。たとえば，本章ではLAユニットをベースに3HB，3HHxそしてより長鎖の3HAと共重合化したコポリマーの生合成に成功している。今後は，これらのポリマーサンプルを用いて，熱的・機械的性質を系統的に解析し，比較する予定である。また，グリコール酸や2-ヒドロキシブタン酸（2HB）のような乳酸類似モノマーも本バイオプロセスで重合できるようになってきた。グリコール酸ポリマー[22]や2HBポリマー[23]は，ポリ乳酸とは別の物性を発現し，多元ポリ乳酸と同様に，バイオマスから一段階で生合成できるメリットは大きい。特に，グリコール酸ポリマーはすでに実用化され，良好な生体吸収性を武器に手術用縫合糸などの医療材料として展開している[24]。また，2HBポリマーもステレオコンプレックス形成[25]が可能で，ポリ乳酸との組み合わせではヘテロステレオコンプレックス[26]を形成できる。したがって，本微生物工場をモデルチェンジすることで，多元ポリ乳酸と同様に，多元グリコール酸ポリマーや多元2HBポリマーが創製できるはずである。

　このように，多くのモノマーを積極的にポリマー鎖中に導入できる推進力は間違いなく重合酵素のポテンシャルである。その意味で，元々乳酸重合酵素の親分子が有していた広い基質特異性

第17章　微生物工場による「多元ポリ乳酸」創製のための合成生物工学

が次の世代の進化酵素分子にも継承されていることがポイントである。この本質的な酵素の性質を上手に利用しながら，今後多彩な多元ポリ乳酸が微生物工場から次から次へと誕生していくであろう。そもそも，天然の微生物ポリエステルの定義からすれば，乳酸，グリコール酸，2HBのいずれもが「非天然」モノマーである。合成生物工学の醍醐味は，天然システムの拡張に留まらずに，このような人工的な要素を取り込み新しいシステムを構築していける可能性であろう。さて，次にどのような新しいポリマーを合成できるか？楽しみながら日々研究を続けている。

文　　献

1)　工業調査会，プラスチックス，**57**，17（2006）
2)　H. Tsuji *et al.*, *Biopolymers*, **4**, 129, Wiley-VCH, Weinheim（2002）
3)　R. Auras *et al.*, *Macromol. Biosci.*, **4**, 835（2004）
4)　L. Bouapao *et al.*, *Macromol. Chem. Phys.*, **210**, 993（2009）
5)　A. J. Anderson *et al.*, *Microbiol. Mol. Biol. Rev.*, **54**, 450（1990）
6)　P. Holmes, *Physics in Technology*, **16**, 32（1985）
7)　S. Taguchi *et al.*, *Macromol. Biosci.*, **4**, 145（2004）
8)　C. T. Nomura *et al.*, *Appl. Microbiol. Biotechnol.*, **73**, 969（2007）
9)　K. Takase *et al.*, *J. Biochem.*, **133**, 139（2003）
10)　K. Matsumoto *et al.*, *Biomacromolecules*, **7**, 2436（2006）
11)　K. Matsumoto *et al.*, *Biomacromolecules*, **6**, 99（2005）
12)　S. Taguchi *et al.*, *Proc. Natl. Acad. Sci. USA*, **105**, 17323（2008）
13)　W. Yuan *et al.*, *Arch. Biochem. Biophys.*, **394**, 87（2001）
14)　R. Jossek *et al.*, *Appl. Microbiol. Biotechnol.*, **49**, 258（1998）
15)　M. Yamada *et al.*, *Biomacromolecules*, **10**, 677（2009）
16)　S. Taguchi *et al.*, *J. Biochem.*, **131**, 801（2002）
17)　Y. M. Normi *et al.*, *Biotechnol. Lett.*, **27**, 705（2005）
18)　M. Yamada *et al.*, *Biomacromolecules*, **11**, 815（2010）
19)　F. Shozui *et al.*, *Polym. Degrad. Stab.*, **96**, 499（2011）
20)　F. Shozui *et al.*, *Appl. Microbiol. Biotechnol.*, **85**, 949（2010）
21)　F. Shozui *et al.*, *Polym. Degrad. Stab.*, **95**, 1340（2010）
22)　K. Matsumoto *et al.*, *J. Biotechnol.*, **156**, 214（2011）
23)　X. Han *et al.*, *Appl. Microbiol. Biotechnol.*, **92**, 509（2011）
24)　W. Huang *et al.*, *Biomaterials*, **31**, 4278（2010）
25)　H. Tsuji *et al.*, *Macromolecules*, **42**, 7263（2009）
26)　H. Tsuji *et al.*, *Polymer*, **52**, 1318（2011）

合成生物工学の隆起
—有用物質の新たな生産法構築をめざして—　　《普及版》（B1266）

2012 年 4 月 2 日　初　版　第 1 刷発行
2018 年 12 月 10 日　普及版　第 1 刷発行

監　修　　植田充美　　　　　　　　　　Printed in Japan
発行者　　辻　賢司
発行所　　株式会社シーエムシー出版
　　　　　東京都千代田区神田錦町 1-17-1
　　　　　電話03 (3293) 7066
　　　　　大阪市中央区内平野町 1-3-12
　　　　　電話06 (4794) 8234
　　　　　http://www.cmcbooks.co.jp/

〔印刷　株式会社遊文舎〕　　　　　　　　　　Ⓒ M. Ueda, 2018

落丁・乱丁本はお取替えいたします。

本書の内容の一部あるいは全部を無断で複写（コピー）することは，法律
で認められた場合を除き，著作者および出版社の権利の侵害になります。

ISBN978-4-7813-1303-0　C3045　¥4500E